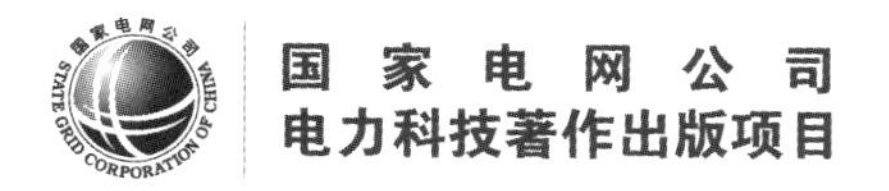

火电厂
超低排放系统优化技术

李德波　廖宏楷　冯永新　宋景慧　编著
赵国钦　王德远　何荣强

中国电力出版社
CHINA ELECTRIC POWER PRESS

内 容 提 要

大型燃煤电厂进行超低排放改造后，存在烟囱排放口氮氧化物动态超标、空气预热器堵塞、FGD脱硫效率低、低负荷下炉膛出口氮氧化物偏高等问题，严重影响了超低排放改造目标的实现。

本书全面总结火电厂超低排放技术改造的工程实践经验，针对超低排放改造后面临的关键技术难题，进行了针对性的研究，并提供大量优化案例，为燃煤电厂超低排放改造后安全、稳定、经济、环保运行提供了重要的指导。

本书可供火力发电、环境保护等领域的科研人员、工程技术人员和管理人员使用，也可作为高等院校相关专业师生的辅助教材。

图书在版编目（CIP）数据

火电厂超低排放系统优化技术 / 李德波等编著 . —北京：中国电力出版社，2021.7
ISBN 978-7-5198-5619-9
Ⅰ . ①火… Ⅱ . ①李… Ⅲ . ①火电厂—排污—研究 Ⅳ . ① X773

中国版本图书馆 CIP 数据核字 (2021) 第 085186 号

出版发行：中国电力出版社
地　址：北京市东城区北京站西街 19 号（邮政编码 100005）
网　址：http://www.cepp.sgcc.com.cn
责任编辑：赵鸣志
装帧设计：赵丽媛
责任印制：吴　迪

印　刷：三河市航远印刷有限公司
版　次：2021 年 7 月第一版
印　次：2021 年 7 月北京第一次印刷
开　本：787 毫米 ×1092 毫米　16 开本
印　张：11.75
字　数：270 千字
印　数：0001—1000 册
定　价：68.00 元

前 言

根据电力发展规划，到 2030 年，我国的风电和太阳能发电总装机容量将达到 12 亿 kW 以上，但其发电能力受自然气象条件影响较大，存在并网难、消纳难、调度难等问题。在从煤电为主过渡到以新能源为主体的新型电力系统期间，煤电将继续发挥着电力稳定生产“压舱石”的作用。因此，如何使煤电生产更高效、清洁、低碳、灵活，成为电力部门当前要研究和着手解决的迫切课题。

燃煤电厂通过超低排放改造，污染物排放浓度达到燃气轮机排放要求，真正实现了煤炭清洁高效利用。以南方电网电力科技股份有限公司李德波博士为学术带头人，联合广东珠海金湾发电公司、广州华润热电有限公司等 10 余家单位，通过产学研用合作模式，组建燃煤电厂超低排放系统优化技术研究团队。团队历时 10 年，充分研究了燃煤机组氮氧化物（NO_x）、二氧化硫（SO_2）及粉尘实现超低排放的系统优化技术。相关研究成果在金湾电厂、华润南沙热电厂等 25 台燃煤机组上成功应用，并通过国家环保部超低排放示范验收，取得了显著的环保和经济效益。

为了系统总结超低排放优化技术成果，解决超低排放改造后面临的一些技术难题，比如烟囱排放口氮氧化物动态超标、锅炉深度调峰下燃烧优化调整、粉尘超低排放节能优化等，研究团队在系统总结研究成果的基础上，结合超低排放工程改造经验，历时 3 年完成本书的编写工作。

本书深入介绍了脱硫、脱硝和除尘系统超低排放优化技术路线，涵盖了锅炉燃烧、SCR 脱硝系统优化运行、除尘系统运行、脱硫系统运行等方面，具有覆盖面广的特点。本书不仅对工程技术改造进行介绍，也详细阐述了相关理论研究成果和数值模拟优化，体现了一定的学术创新性。本书的出版，希望能为我国燃煤电厂超低排放改造以及改造后的优化运行提供有益的参考。

本书在写作过程中得到了煤燃烧清洁利用国家重点试验室、能源清洁利用国家重点试验室等机构的大力支持，浙江大学岑可法院士（教授）、西安交通大学车得福教授、南方电网电力科技股份有限公司廖宏楷副总经理和电源事业部冯永新总经理等多次就本书结构和内容提出了宝贵的意见和建议，在此一并表示感谢。

火电厂超低排放系统优化技术涉及众多专业和学科，工程实践中发现的一些新的问题还需要进一步研究。限于作者专业知识水平，书中难免存在不当之处，恳请读者指正。

李德波

2021 年 6 月于广州

目　录

第一章

燃煤电厂超低排放改造背景及意义

2014年，国家发展改革委和环保部联合下发《煤电节能减排升级与改造行动计划（2014—2020年）》，稳步推进东部地区现役30万kW及以上公用燃煤发电机组和有条件的30万kW以下公用燃煤发电机组实施环保改造，实现污染物排放浓度基本达到燃气轮机组排放限值，即在基准氧含量6%条件下，烟尘、二氧化硫、氮氧化物排放浓度分别不高于10、35、50mg/m^3。

2014年6月，国家发展改革委下发《关于下达2014年煤电机组环保改造示范项目的通知》（国能综电力〔2014〕518号），要求广州华润热电有限公司1号机等13个燃煤机组进行超低排放环保示范改造。同时，广东省环保厅、发展改革委提出燃煤电厂主要大气污染物“趋零排放”的目标，广州市政府也提出按照国家、省对重点地区“燃气轮机大气污染物特别排放限值”的标准，对燃煤电厂进行“超洁净排放”改造，要求广州华润热电有限公司开展1号机组“超洁净排放”改造，实施“50355”工程（穗能源办〔2014〕1号），使电厂大气污染物排放浓度达到氮氧化物50mg/m^{3}以下、二氧化硫35mg/m^{3}以下、烟尘5mg/m^{3}以下（标准状况）。

2014年12月2日国务院常务会议决定，在2020年前，对燃煤机组全面实施超低排放和节能改造，使所有现役电厂每千瓦时平均煤耗低于310g、新建电厂平均煤耗低于300g，对落后产能和不符合相关强制性标准要求的坚决淘汰关停，东、中部地区要提前至2017年和2018年达标。改造完成后，每年可节约原煤约1亿t、减少二氧化碳排放1.8亿t，电力行业主要污染物排放总量可降低60%左右。

与现行的排放标准GB 13223—2011相比较，实现超低排放后大气污染物排放水平会有较大幅度的降低，见表1-1。

表1-1　超低排放与现行排放标准GB 13223—2011主要大气污染物排放浓度对比　（mg/m^3）

排放要求		SO_2	NO_x	烟尘
超低排放		35	50	10
GB 13223—2011	重点地区	50	100	20
	一般地区新建	100	100	30
	一般地区现有	200	100	30
	2014年7月1日前常规锅炉	400	450～1100	50
煤矸石资源利用锅炉		800	450～1100	200
西部非两控区燃用低硫煤坑口电厂锅炉		1200	450～1100	100

从表1-1可以看出，与GB 13223—2011《火电厂大气污染物排放标准》中的燃煤锅炉排放限值相比，超低排放中SO_2、NO_x和烟尘排放要求，分别为重点地区燃煤锅炉特别排放限值的70%、50%和50%，为一般地区新建锅炉排放限值的35%、50%和33.3%，一般地区现有锅炉排放限值的17.5%、50%和33.3%。

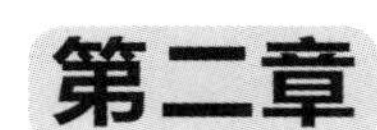

第二章

二氧化硫超低排放系统优化技术研究

第一节　FGD 技术现状

我国能源资源以煤炭为主，在电源结构方面，今后相当长的时间内以燃煤机组为主的基本格局不会改变。大量的燃煤和煤中较高的含硫量必然导致大量的 SO_2 排放，1995 年我国 SO_2 排放量达到 2370 万 t，超过欧洲和美国，成为世界 SO_2 排放第一大国；之后连续多年排放量超过 2000 万 t，由此造成了严重的环境污染，特别是酸雨的污染逐年加重。为适应在电力行业快速发展的情况下做好环境保护工作的需要，控制燃煤电厂 SO_2 排放，从 2003 年起，全国各地的火电厂纷纷进行烟气脱硫（FGD）工程的建设，我国火电厂烟气脱硫呈现了“井喷式”的发展，这为全国的 SO_2 减排做出了巨大贡献。在各种 FGD 技术中，石灰石/石膏湿法 FGD 工艺占 92%以上，海水法约占 3%，氨法约占 2%，烟气循环流化床法约占 2%，其他各种方法约占 1%。

一、石灰石/石膏湿法 FGD 技术

石灰石/石膏湿法 FGD 的主要反应由 SO_2 的吸收、石灰石的溶解、亚硫酸盐的氧化和石膏结晶等一系列物理化学过程组成。

1. SO_2 的吸收

$$SO_2(g)+H_2O \rightleftharpoons H_2SO_3(aq)$$

$$H_2SO_3(aq) \rightleftharpoons H^+ + HSO_3^-$$

$$HSO_3^- \rightleftharpoons H^+ + SO_3^{2-}$$

2. 石灰石的溶解和中和反应

$$CaCO_3(s)+H_2O \longrightarrow CaCO_3(aq)+H_2O$$

$$CaCO_3(aq)+H^+ + HSO_3^- \longrightarrow Ca^{2+} + SO_3^{2-} + H_2O + CO_2(g)$$

$$SO_3^{2-} + H^+ \rightleftharpoons HSO_3^-$$

3. 亚硫酸盐的氧化

$$HSO_3^- + \frac{1}{2}O_2 \longrightarrow HSO_4^- \rightleftharpoons H^+ + SO_4^{2-}$$

$$SO_3^{2-} + \frac{1}{2}O_2 \longrightarrow SO_4^{2-}$$

4. 石膏的结晶和析出

$$Ca^{2+} + SO_4^{2-} + 2H_2O \longrightarrow CaSO_4 \cdot 2H_2O(s)$$

$$Ca^{2+} + SO_3^{2-} + \frac{1}{2}H_2O \longrightarrow CaSO_3 \cdot \frac{1}{2}H_2O(s)$$

$$Ca^{2+} + (1-x)SO_3^{2-} + xSO_4^{2-} + \frac{1}{2}H_2O \longrightarrow (CaSO_3)_{(1-x)} \cdot (CaSO_4)_{(x)} \cdot \frac{1}{2}H_2O(s)$$

式中 x 是被吸收的 SO_2 氧化成 SO_4^{2-} 的摩尔分数。在吸收塔中吸收 SO_2 生成石膏的总反应式可写成：

$$SO_2 + CaCO_3 + \frac{1}{2}O_2 + 2H_2O \longrightarrow CaSO_4 \cdot 2H_2O + CO_2\ (g)$$

另外还存在其他各种副反应，例如烟气中的 HCl 将优先与石灰石中酸可溶性 $MgCO_3$ 反应生成 $MgCl_2$。如果有剩余的 HCl，再与 $CaCO_3$ 反应生成溶于水的 $CaCl_2$，若不排放，Cl^- 的浓度会越来越高，这会对设备造成腐蚀，只有通过废水排放除去；而 F^- 则以溶解度很小的 CaF_2 存在，不会富集。

石灰石/石膏湿法 FGD 工艺的优点主要有：①技术成熟，运行可靠性好，已大型化，占有市场份额最大。②脱硫效率可高达 98%以上，脱硫后的烟气不但 SO_2 浓度很低，而且烟气含尘量也大大减少，有利于满足环保要求。③对煤种变化的适应性强，该工艺适用于任何含硫量和发热量煤种的烟气脱硫。④吸收剂资源丰富，价格便宜。作为吸收剂的石灰石，全世界分布很广，资源丰富，且许多地区石灰石品质也很好，碳酸钙含量在 90%以上。在 FGD 工艺的各种吸收剂中，石灰石价格最便宜，破碎磨细较简单，钙利用率较高。⑤脱硫副产物便于综合利用。脱硫副产物为二水石膏，基本上都能综合利用，这不仅可以增加电厂效益、降低运行费用，而且可以减少脱硫副产物处置费用，延长灰场使用年限。⑥技术进步快，系统可简化。这使得该工艺占地面积较大、造价较高的问题逐步得到妥善解决，运行中易出现的腐蚀、结垢等问题也都得到了更好的控制。

二、海水 FGD 技术

自然界海水呈碱性，pH 值为 7.8～8.3，每克海水碱度为 2.2～2.7mg 当量，一般含盐 3.5%，其中碳酸盐占 0.34%，硫酸盐占 10.8%，氯化物占 88.5%，其他盐占 0.36%，对酸性气体（如 SO_2）具有很强的中和吸收能力。SO_2 被海水吸收后，通过曝气，最终产物为可溶性硫酸盐，而这些硫酸盐已经是海水的主要成分之一。纯海水脱硫的机理如下：

$$SO_2(g) \longrightarrow SO_2(aq)$$

$$SO_2 + H_2O \longrightarrow HSO_3^- + H^+$$

$$HSO_3^- \longrightarrow SO_3^{2-} + H^+$$

$$SO_3^{2-} + 1/2O_2 \longrightarrow SO_4^{2-}$$

碳酸盐在工艺中的化学反应过程如下：

$$CO_3^{2-} + H^+ \longrightarrow HCO_3^-$$

$$HCO_3^- + H^+ \longrightarrow CO_2(aq) + H_2O$$

$$CO_2(aq) \longrightarrow CO_2(g)$$

总的化学反应过程为：

$$SO_2(g) + H_2O + 1/2O_2 \longrightarrow SO_4^{2-} + 2H^+$$

$$HCO_3^- + H^+ \longrightarrow CO_2(g+aq) + H_2O$$

烟气与海水接触后，SO_2 气体被海水吸收，生成 SO_3^{2-} 离子和 H^+ 离子，洗涤液 pH 值随之降低。同时在海水的洗涤过程中，海水中的 HCO_3^- 离子与 H^+ 离子发生反应，生成水和 CO_2，从而阻止或缓和洗涤液 pH 值的继续下降，有利于海水对 SO_2 的吸收。洗涤后的海水为酸性，需经处理达标后排放大海，其中 SO_3^{2-} 离子需氧化为 SO_4^{2-} 离子。

海水 FGD 技术有以下特点：①以海水中的自然碱性物质作为脱硫剂，脱硫副产物经曝气等处理后，与海水一起排回海域。②当海水中的碱性物质满足要求时，不需另添加脱硫剂；系统简单，投资较少；厂用电低（厂用电率小于 1%）；运行费用少；脱硫效率可达 90%～95%。③对海域环境的影响，需经环境影响评价以后才能确定，其中存在脱硫后重金属沉积对海水水体污染的隐患。

海水脱硫工艺除了必须在沿海地区应用的限制外，还有一定的限制条件：①对燃煤含硫量的要求。海水脱硫技术利用海水的天然碱度脱硫，不添加任何化学试剂，脱硫性能的调节能力是有限的。就当前国内、外先进的海水脱硫技术而言，达到 90%～95%的系统脱硫效率，通常要求燃煤的含硫量为 1.0%及以下。当燃煤含硫量增高时，须增加工程投资和运行电耗或降低系统脱硫效率。若燃煤含硫量高于 1.2%，则不适于采用海水脱硫工艺。②对海水碱度的要求。海水中含有大量的可溶盐，具有酸碱缓冲能力，可用于烟气脱硫。但有些火电厂建于河口的海域，受河水的影响，在夏季河水量增大及退潮时，海水中的含盐量减少，海水的 pH 值及碱度降低，能否满足脱硫要求，应根据燃煤含硫量、要求的脱硫率等进行分析和评定，以确定是否可采用海水脱硫工艺。③当地海域功能区的要求。从吸收塔洗涤烟气脱硫后排出的海水呈酸性，含不稳定的亚硫酸盐，为避免对排水口海域造成影响，不能直接排放到海洋中去。在海水脱硫工艺的恢复系统中，脱硫后的海水与新鲜海水混合并曝气处理，使排水的 pH 值、COD（化学需氧量）、DO（溶解氧）及包括重金属等在内的所有环境控制指标全面达到当地海水水质标准后，方可直接排放。

根据国内外海水脱硫工程建设和运行经验，成功的海水脱硫装置的工艺排水可全面达到 3、4 类海水水质标准。因此，海水脱硫工艺应用于电厂排水口附近为 3、4 类海域功能区的火电厂是可行的。在环保要求较高的 2 类海域功能区，应进行全面的环境评价和工艺分析，论证是否可采用海水脱硫工艺。

据不完全统计，国外从 1968 年首套海水脱硫系统投入商业运行以来，迄今已有 50 余套投运，总容量超过 19GW。1998 年以前该工艺多应用于炼铝厂及炼油厂等，近年来在火电厂的应用发展较快，目前应用最多的是挪威 ALSTOM 海水脱硫技术，其他还有德国 BISCHOFF（比晓夫）、日本 FUJKASUI（富士化水）、MISUBISHI（三菱重工）等。

我国首个海水脱硫项目应用于深圳妈湾发电总厂 4 号 300MW 机组，于 1999 年 3 月投产，采用的是挪威 ABB（即现在的挪威 ALSTOM）技术。目前，国内已有 12 个电厂共 47

套在运行或在建，总装机容量超过20GW，居世界首位，其中单机容量世界最大的广东华能海门电厂（4×1036MW）海水FGD系统，于2009～2011年随机组一起投入运行，如图2-1所示。国内掌握海水脱硫技术的公司有武汉晶源公司、东方锅炉厂、北京龙源公司、青岛四洲公司/中国海洋大学等，可自主设计、建造和运行。

图2-1　1000MW级机组海水脱硫系统

三、氨法FGD技术

以液氨作为反应剂，在反应塔内用氨水对烟气进行洗涤，SO_2与NH_3反应，再通过氧化和干燥，最终生成硫酸铵，作为产品出售。主要反应为：

$$SO_2+2NH_3+H_2O \longrightarrow (NH_4)_2SO_3$$

$$(NH_4)_2SO_3+SO_2+H_2O \longrightarrow 2NH_4HSO_3$$

$$(NH_4)_2SO_3+1/2O_2 \longrightarrow (NH_4)_2SO_4$$

氨水洗涤法主要优点有：①氨的脱硫率高，工艺成熟。氨是一种良好的碱性吸收剂，从吸收化学机理上分析，SO_2的吸收是酸碱中和反应，吸收剂碱性越强，越利于吸收，氨的碱性强于钙基吸收剂。而且从吸收物理机理上分析，钙基吸收剂吸收SO_2是一种气—固反应，反应速率慢、反应不完全、吸收剂利用率低，需要大量的设备和能耗进行磨细、雾化、循环等以提高吸收剂利用率，往往设备庞大、系统复杂能耗高。而氨吸收烟气中的SO_2是气—液或气—气反应，反应速率快、反应完全，吸收剂利用率高，可以做到很高的脱硫效率；相对钙基脱硫工艺，氨法FGD系统简单、设备体积小、能耗低。②副产品为硫酸铵，可作为肥料使用，特别是对大容量、烧高硫煤的机组，其经济性较好。③无废渣排放，不需要水清洗，较容易设计成废水“零排放”。④当与基于氨的选择性催化或非催化还原（SCR、SNCR）协同工作时，在上游除去NO_x；在FGD系统中，从上游漏下来的氨即逃逸的氨可得到利用。

氨水洗涤法的主要问题是：①脱硫剂与副产品销售要进行市场分析，在脱硫剂与生产的肥料有可靠来源和市场，而且运行成本合理时方可采用。②气溶胶即蓝色烟羽问题，必须通过湿式电除尘器（WESP）才能除去。

氨法于20世纪70年代在美国开始研制，80年代在德国实现商业化。美国Great Plains Synfuels电厂的350MW机组氨法FGD系统于1996年投入运行。目前我国的氨法也已取得了一定的研究成果和应用。例如2009年8月，广西田东电厂2×135MW机组建成了当时国内最大的氨法脱硫工程，该工程按照二炉一塔方式建设，脱硫塔径为14m，高95m（其中烟囱高53m），设计总烟气量为2×550957m³/h（标态、湿基、实际氧），SO_2含量为7684mg/m³（标态、干基、6%O_2），烟气中的尘含量为130mg/m³（标态、湿基、6%O_2），原烟气温度为141℃，设计脱硫率大于95%。

2010年6月28日，由北京国电龙源环保工程有限公司自主研发的氨法脱硫技术在江苏国电宿迁热电有限公司2×135MW机组上投运。中国石油大庆石化分公司热电厂2台300MW煤粉锅炉采用一炉一塔的氨法烟气脱硫工艺，按照100%烟气量进行脱硫处理，设计脱硫效率大于或等于95%，是国内目前投运的最大氨法FGD系统。

四、烟气循环流化床FGD技术

20世纪70年代末，德国鲁奇·能捷斯（LLAG）公司率先将循环流化床工艺用于烟气脱硫，开发了一种烟气循环流化床干法脱硫工艺（circulating fluidized bed FGD，CFB-FGD），在国内外已有众多运行业绩。图2-2所示为典型的CFB-FGD系统流程。

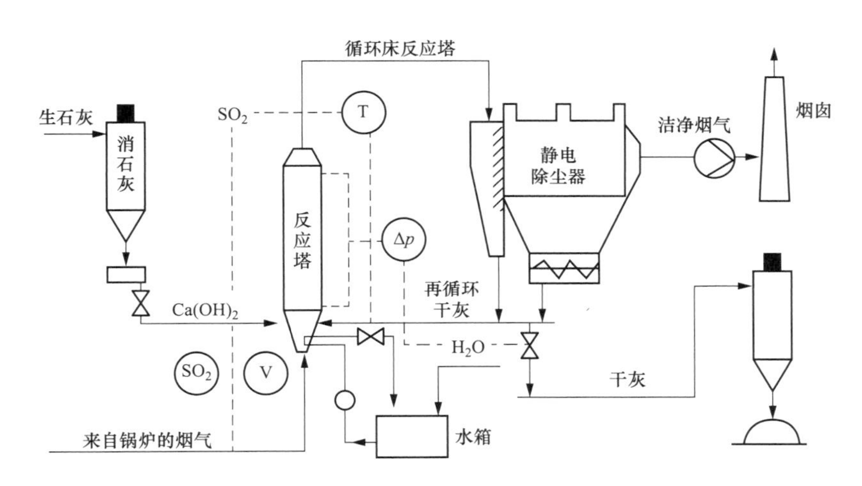

图2-2　典型的烟气CFB-FGD工艺流程

该法以生石灰为脱硫剂，经消化成Ca（OH）$_2$进入脱硫反应塔内与SO_2反应。未反应的脱硫剂和脱硫副产物主要是亚硫酸钙、硫酸钙和未反应的氢氧化钙，被电除尘器捕积后再送回吸收塔循环利用。主要反应式为：

$$CaO+H_2O \longrightarrow Ca(OH)_2$$

$$Ca(OH)_2+SO_2 \longrightarrow CaSO_3+H_2O$$

$$CaSO_3+\frac{1}{2}O_2 \longrightarrow CaSO_4$$

与石灰石/石膏湿法FGD技术相比，烟气CFB-FGD技术脱硫率中等，最高可达90%，系统相对简单，投资较少，厂用电较低，耗水量小，无废水排放，占地较少。但该法在实际运行中也暴露出不少问题，运行稳定性有待进一步提高。该技术早期在我国的许多机组上得到应用，例如云南小龙潭电厂 100MW 机组的 GSA 系统，即类似 CFB 工艺，于 2001 年初投运；2004 年 10、11 月，山西榆社电厂 2×300MW 燃煤机组 CFB-FGD 系统与机组同步投运；2008 年 12 月，华能邯峰电厂 2×660MW 机组 CFB-FGD 系统投运，打破了 600MW 等级机组单一采用石灰石/石膏湿法工艺的传统局面。但随着环保标准的提高，许多电厂建成不久的 CFB-FGD 系统因无法满足 SO_2 排放要求而被拆除，只得重新建设石灰石/石膏湿法 FGD 装置。

五、氧化镁法等 FGD 工艺技术

氧化镁法也是较常用的一种烟气脱硫方法，烟气经过预处理后进入吸收塔，在塔内 SO_2 与制备好的吸收液 $Mg(OH)_2$ 和 $MgSO_3$ 反应，反应式为：

$$Mg(OH)_2 + SO_2 \longrightarrow MgSO_3 + H_2O$$

$$MgSO_3 + SO_2 + H_2O \longrightarrow Mg(HSO_3)_2$$

$$MgSO_3 + O_2 \longrightarrow MgSO_4 \text{（强制氧化）}$$

其中 $Mg(HSO_3)_2$ 还可以与 $Mg(OH)_2$ 反应，反应式为

$$Mg(HSO_3)_2 + Mg(OH)_2 \longrightarrow 2MgSO_3 + 2H_2O$$

$MgSO_3$ 与 $MgSO_4$ 沉降下来时都呈水合结晶态，它们的晶体大而且容易分离，分离后再送入干燥器制取干燥的 $MgSO_3/MgSO_4$，以便输送到再生工段。在再生工段，$MgSO_3$ 在煅烧中（1500℉，约 815℃）高温分解，$MgSO_4$ 则以碳为还原剂进行反应，反应式为：

$$MgSO_3 \longrightarrow MgO + SO_2$$

$$MgSO_4 + \frac{1}{2}C \longrightarrow MgO + SO_2 + \frac{1}{2}CO_2$$

从煅烧炉出来的 SO_2 气体经除尘后送往制硫或制酸，再生的 MgO 与新增加的 MgO 一起经加水熟化成 $Mg(OH)_2$，循环送去吸收塔。

氧化镁法脱硫技术的工艺优点为：①工艺成熟，脱硫率高，吸收剂利用率高，机组适应性强。在镁硫比为 1.03 时，镁法的脱硫率最高可达 99%。②投资少，运行费用低。氧化镁制取浆液比较简单，不用粉磨，而且在吸收塔中液气比小，塔径小，循环泵流量、功率较低，吸收剂的用量也少。③无论是 $MgSO_3$ 还是 $MgSO_4$ 都有很大的溶解度，因此也就不存在如石灰/石灰石系统常见的结垢问题，运行可靠性高。④脱硫副产物亚硫酸镁、硫酸镁容易综合利用，具有较高的商业价值。⑤对煤种变化的适应性强。但镁法脱硫的副产品处理系统比较复杂，副产品有市场、能回收再利用才有显著经济效益；脱硫剂氧化镁成本费用也比较高，仅在镁资源丰富的地区才有优势。我国氧化镁储量为 160 亿 t，占全世界的 80%，主要分布在辽宁、山东、四川、河北等地。

氧化镁法在世界各地也有非常多的应用业绩，其中在日本已经应用了 100 多个项目，台湾省 95%的电厂使用氧化镁法，在美国、德国等地也都有应用。据不完全统计，目前国

内已有10多套氧化镁法烟气脱硫装置投入运行，如山东华能辛店电厂2×225MW机组、威海电厂2×225MW机组，以及一些石化厂、钢铁厂小型锅炉如太原钢铁（集团）有限公司2×130t/h的燃煤锅炉等。山东鲁北化工集团公司2×330MW燃煤机组采用湿式氧化镁法脱硫技术，于2010年投运。广深沙角B电力有限公司沙角B火力发电厂2×350MW机组脱硫设施为满足国家新标准要求进行了增效改造，改造采用氧化镁湿法脱硫，分别于2014年11月和2015年6月投入商业运行，是目前世界上单机规模最大的氧化镁法脱硫装置，如图2-3所示。

图2-3　350MW机组氧化镁法脱硫装置

在日本、德国，活性焦FGD工艺已应用到600MW发电机组，但国内仅应用于小型锅炉。新型的有机胺湿法是在化工行业脱除硫化氢的工艺上发展起来的，也可达到97%以上的脱硫效率。目前，我国第一套工业化有机胺脱硫工程正在贵州福泉电厂（2×660MW机组）投产，总投资近8亿元。这一工艺流程长，需配套下游硫酸装置，一次投资较大，经济性和运行可靠性有待工程投产后检验。如果技术取得成功，比较适合高硫煤及电厂附近有较大硫酸需求的场合。其他FGD技术如旋转喷雾干燥法、新型一体化脱硫（NID）、炉内喷钙尾部加湿活化（LIFAC）、荷电干法（CDSI）等方法脱硫率不高，仅适用于小型机组及低硫煤锅炉。随着环保标准的提高，这些干法、半干法FGD技术应用日益减少，处于被淘汰的状况。

第二节　FGD系统提效技术

对于已投运的FGD装置来讲，要通过扩容改造提高其脱硫能力，最常用的方法主要有提高液气比和优化吸收塔的设置（如增加托盘、增加性能增强环等）。此外，如氧化风量不够或浆池容积不够，还需做相应的改造。采用更高活性的吸收剂也是一种方法。

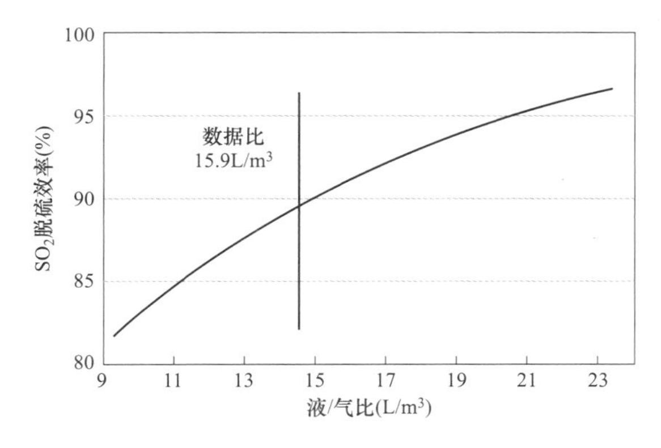

图2-4　液气比与脱硫率的关系

一、提高液气比

循环浆液的流量与烟气流量之比称为液气比。增加系统的液气比对提升其脱硫能力有着明显的作用，如图2-4所示。当机组负荷和燃料确定时，烟气量是确定的，要提升液气比，就是要增加循环浆液的喷淋量。

增加循环浆液流量的方法有以下两种：

（1）增加每层的浆液流量。增加每层

的浆液流量需更换原有的喷淋层，即更换原有的喷嘴（喷嘴的数量和流量都需增加）、循环泵及其电动机。但吸收塔的高度无需升高，相应的烟道也无需调整。

增加每层浆液流量方案的优点主要有：①改造的工作量较小，因此改造投资费用较小。②改造工期较短。③对吸收塔阻力的增加很少，无需改造增压风机。

但增加每层浆液流量方案的最大缺点就是运行的灵活性和可靠性较差。因为单台循环泵的流量很大，因此任一循环泵出现故障需停运都会对脱硫率产生明显影响。同时当系统的二氧化硫负荷发生变化时，难以进行有效的调整，导致二氧化硫在中、低负荷时系统运行的经济性较差。

（2）增加喷淋层数。增加喷淋层数是指保持原有喷淋层不变，在其上增加新的喷淋层及相应的循环泵，相应的吸收塔高度需升高，烟道也需调整。

增加喷淋层方案的最大优点就是提高了系统运行的灵活性和可靠性。因为在一般情况下，系统有一台循环泵可停运，因此若循环泵出现故障便于检修。同时当系统的二氧化硫负荷发生变化时，可通过不同循环泵运行方式的组合进行有效的调整，大大提高了系统在二氧化硫中、低负荷时的运行经济性。

但增加喷淋层方案的缺点主要有：①改造的工作量较大，因此改造投资费用较高；②改造工期较长；③吸收塔阻力增加 300Pa 左右（若增加一层喷淋层），需对增压风机的出力进行评估。

对于新建机组，设计时就按超低排放要求，因此增加喷淋层数是首选方案。

二、增大气液接触

1. 合金托盘

吸收塔内的托盘技术为美国巴威公司的专利技术。合金托盘安装在喷淋层下方（如图 2-5 所示），托盘上开有孔径为 30mm 的孔，开孔率为 30%～50%。托盘技术的优点主要有：

图 2-5　托盘现场照片

（1）托盘可使烟气均匀分布、气液接触面积大，因此在相同液气比的情况下可明显提高脱硫率。

（2）与不带托盘的系统相比，在相同脱硫率的情况下系统能耗较低。

（3）改造的工作量较小，因此改造投资费用较低。

（4）改造工期较短。

托盘技术的缺点主要是系统阻力增加较多，一般情况下风机需增容改造。

目前，已有双托盘技术应用于FGD系统来达到超低排放要求。

2. 性能增强环

由于在吸收塔壁区域循环浆液喷淋的覆盖率相对较低，因此相应的脱硫效果较差。为解决这一问题，美国MET、ALSTOM等公司开发了性能增强环技术，即在喷淋层下方的吸收塔壁布置性能增强环来改变烟气的分布，使之与浆液喷淋量相匹配，继而提高脱硫率（如图2-6所示）。性能增强环技术的优点主要有：

（1）在相同液气比的情况下可提高脱硫率2%～3%，或在相同的脱硫率的情况下可减少约8%的液气比。图2-7所示为某脱硫装置应用性能增强环技术后对脱硫能力提升的效果。

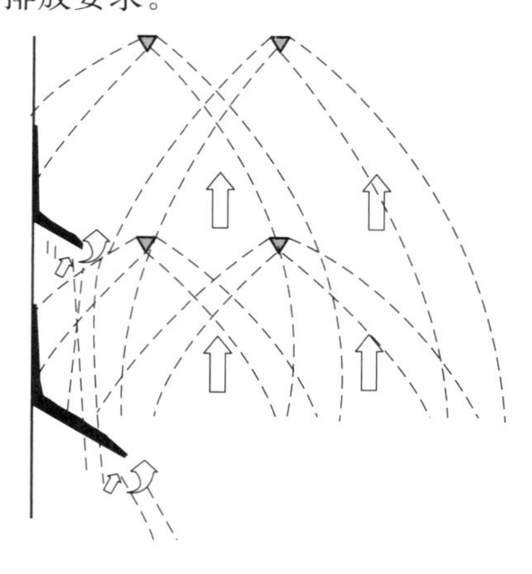

图2-6　性能增强环及其原理

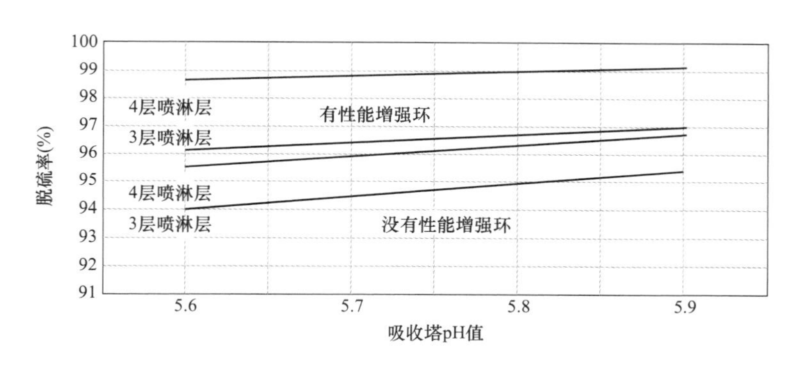

图2-7　性能增强环对脱硫率的影响

（2）对系统的阻力基本没有影响。

（3）改造的工作量很小，因此改造投资费用很低。

（4）改造工期短。

3. 旋汇耦合器

北京清新环境技术股份有限公司（简称清新公司）自主研发的旋汇耦合脱硫技术，最先在陡河发电厂8号炉200MW机组FGD工程中得到实际应用（2003年9月2日开工，2005年3月20日投运）。2003年起，清新公司先后承担了陡河发电厂7号炉200MW机组FGD工程、内蒙古大唐托克托发电有限公司一至四期8×600MW机组FGD、河南信阳华豫电厂2×300MW机组FGD等工程。

旋汇耦合吸收塔（如图2-8所示）是以喷淋塔为基础，吸收了填料塔延长气—液接触

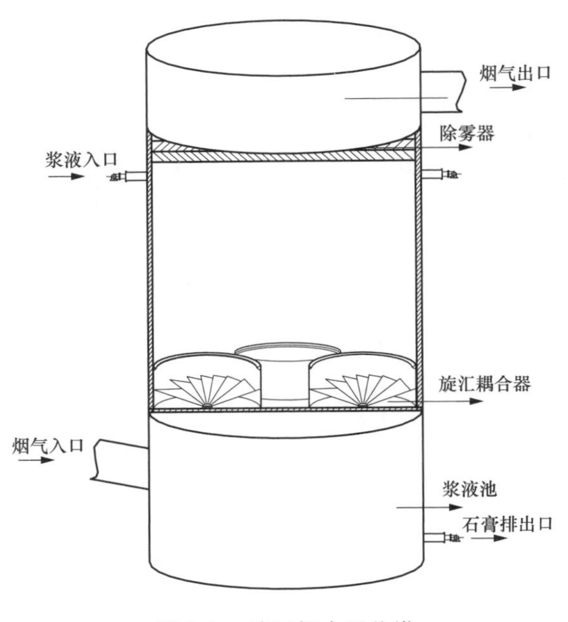

图 2-8 旋汇耦合吸收塔

时间、双回路塔分区控制的技术特点，利用旋汇耦合技术，在吸收塔中对脱硫过程进行有效分区控制，从而获得较高的脱硫效率。

旋汇耦合技术是利用气体动力学原理，通过特制的旋汇耦合装置产生气液旋转翻覆湍流的空间。在此空间内，气液固三相充分接触，迅速完成传质过程，从而达到气体净化的目的。

从引风机引来的烟气进入吸收塔后，首先进入旋汇耦合区，通过旋流和汇流的耦合，在湍流空间内造成一个旋转、翻覆、湍流度很大的有效气液传质体系。在完成第一阶段脱硫的同时，烟气温度迅速下降；在旋汇耦合装置和喷淋层之间，烟气的均气效果明显增强；烟气在旋汇耦合装置反应中，由于形成的亚硫酸钙在不饱和状态下汇入浆液，避免了旋汇耦合装置的结垢。第二阶段进入吸收区，经过旋汇耦合区一级脱硫的烟气继续上升进入二级脱硫区，来自吸收塔上部喷淋联管的雾化浆液在塔中均匀喷淋，与均匀上升的烟气继续反应。净化烟气经除雾后排放。旋汇耦合装置的优点：①进入吸收塔的烟气迅速降温，有效实现了在没有烟气换热器（GGH）情况下对吸收塔防腐层的保护；②均气效果增强，提高了吸收区脱硫效果，降低了能耗和材料消耗；③由于在旋汇耦合区已经完成了相当比例的脱硫，减轻了吸收区脱硫压力，与空塔相比，降低了循环泵的工作负荷和浆液材料消耗。

4. 超声波喷嘴雾化

该技术是华南理工大学开发的，于 2014 年 1 月在广州电厂 2 号吸收塔（2×220t/h 锅炉）上首次应用。在脱硫吸收塔入口烟道新设 2 只喷嘴，在原有三层喷淋层的最下层下部约 2m 处新设 8 只雾化喷嘴，此 8 只雾化喷嘴沿吸收塔筒壁切向布置，如图 2-9 所示，新装一台 90kW 雾化浆液循环泵。蒸汽通过雾化喷嘴产生超声波，进入雾化喷嘴的浆液被雾化后切向进入吸收塔，通过调整蒸汽压力可一定程度调节喷嘴的雾化效果。超声波喷嘴雾化喷淋可增加浆液比表面积，提升浆液反应速率，进而提升脱硫效率，该层雾化喷嘴作用相当于增加一层大的浆液循环泵。

图 2-9 雾化喷淋喷嘴

三、单塔双循环

单塔双循环 FGD 洗涤技术最先是美国 Research-Cottrel（RC）公司于 20 世纪 60 年代开发的；德国诺尔—克尔茨（NOELL-KRC）公司进一步发展了该 FGD 技术，成为目前的第三代优化双循环系统（double-loop wet FGD system，DLWS）。迄今为止，全世界已有 10 个国家超过 40 个电厂、总容量 26000MW 以上的机组应用此技术。单塔双循环系统如图 2-10 所示，塔内分为两段，即吸收塔上段和吸收塔下段。烟气与塔内不同 pH 值的吸收溶液接触，达到高效脱硫目的。

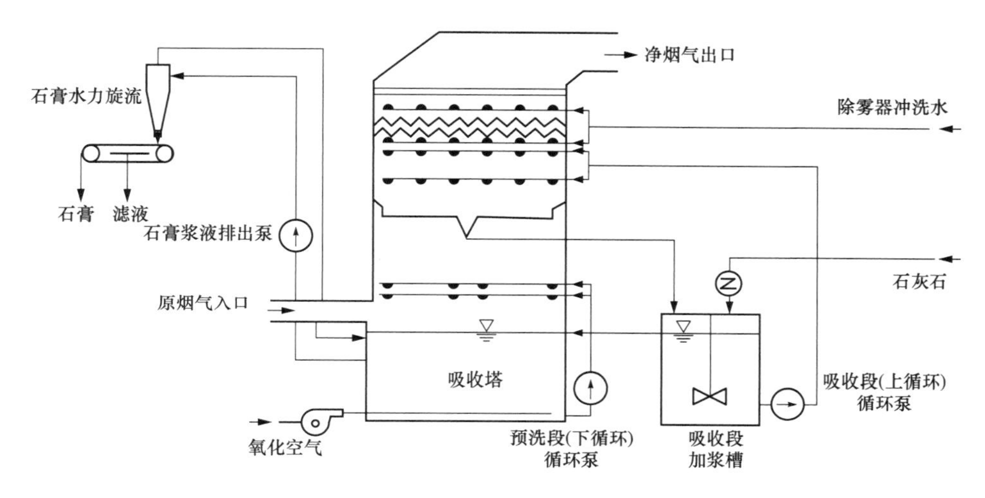

图 2-10　优化双循环湿法 FGD 工艺系统

吸收塔上下两段分别由循环泵循环，称作上循环和下循环。石灰石浆液一般单独引入上循环，但也可以同时引入上、下两个循环。

（1）吸收塔下段（预洗段）。当烟气切向或垂直方向进入塔内时，烟气与下循环液接触，被冷却到饱和温度，同时部分吸收 SO_2。下循环浆液的一部分由上循环液补充，因此含有未反应的石灰石，脱硫时的化学反应如下：

$$SO_2+CaCO_3+\frac{1}{2}O_2+2H_2O=\!=\!=CaSO_4\cdot 2H_2O+CO_2$$

$$CaSO_3\cdot\frac{1}{2}H_2O+\frac{1}{2}O_2+\frac{3}{2}H_2O=\!=\!=CaSO_4\cdot 2H_2O$$

同时浆液发生如下反应，形成 pH 值在 4.0～5.0 之间的缓冲液：

$$SO_2+CaSO_3\cdot\frac{1}{2}H_2O+\frac{1}{2}H_2O=\!=\!=Ca(HSO_3)_2$$

（2）吸收塔上段（吸收段）。烟气在第一级中被石灰石循环浆液冷却，随后烟气进入上部吸收区。上循环浆液的 pH 值约为 6.0，该值有利于 SO_2 的吸收，能保证达到较高的脱硫效率。在上循环中有缓冲反应 $SO_2+2CaCO_3+\frac{3}{2}H_2O=Ca(HCO_3)_2+CaSO_3\cdot\frac{1}{2}H_2O$，生成的碳酸氢钙具有良好的缓冲作用，保证了循环浆液的 pH 值在 5.8～6.5 之间（具体数值取决于石灰石的活性）。

双循环系统在同一个塔中将两个区域分开，使各个过程都保持最佳的化学条件，这种设计对高硫煤及脱硫效率要求很高的电厂有优势。

四、双塔双循环（串联塔）

对高硫煤机组，为到达 SO_2 超低排放，单塔难以满足脱硫效率的要求，串联塔成为一种选择。例如贵州某电厂 4×600MW 机组配套石灰石/石膏湿法脱硫工艺，原设计每炉 1 个吸收塔，收到基硫 S_{ar}=1.6%，校核 2.0%，对应的 FGD 入口 SO_2 浓度为 3344.4mg/m^3 和 4588.9mg/m^3（标态、干基、6%O_2），FGD 入口烟气量为 2027129m^3/h（标态、干基、6%O_2），脱硫效率大于或等于 95%，3、4 号设 GGH，1、2 号无 GGH。投运后由于实际煤种含硫远远大于设计值，烟气量也有所增加，因此原 FGD 系统必须改造以满足环保要求。改造要求煤收到基硫 S_{ar}=4.0%，校核 4.8%，对应的 FGD 系统入口 SO_2 浓度分别为 9320、11184mg/m^3（标态、干基、6%O_2），FGD 入口烟气量为 2283173m^3/h，脱硫效率大于或等于 95%并且净烟气 SO_2 浓度小于或等于 400mg/m^3。电厂最终采用了“预洗塔+原吸收塔”的串联塔方案，设计脱硫效率分别为 95.8%和 96.5%，并拆除了原 3、4 号 GGH。原吸收塔保留不变，在原吸收塔前新增一套 SO_2 吸收系统，包括预洗塔、预洗塔浆液循环泵、石膏浆液排出泵、氧化空气及辅助的放空、排空设施等。图 2-11 和图 2-12 所示为改造前后 FGD 烟气系统的对比及串联塔流程情况。

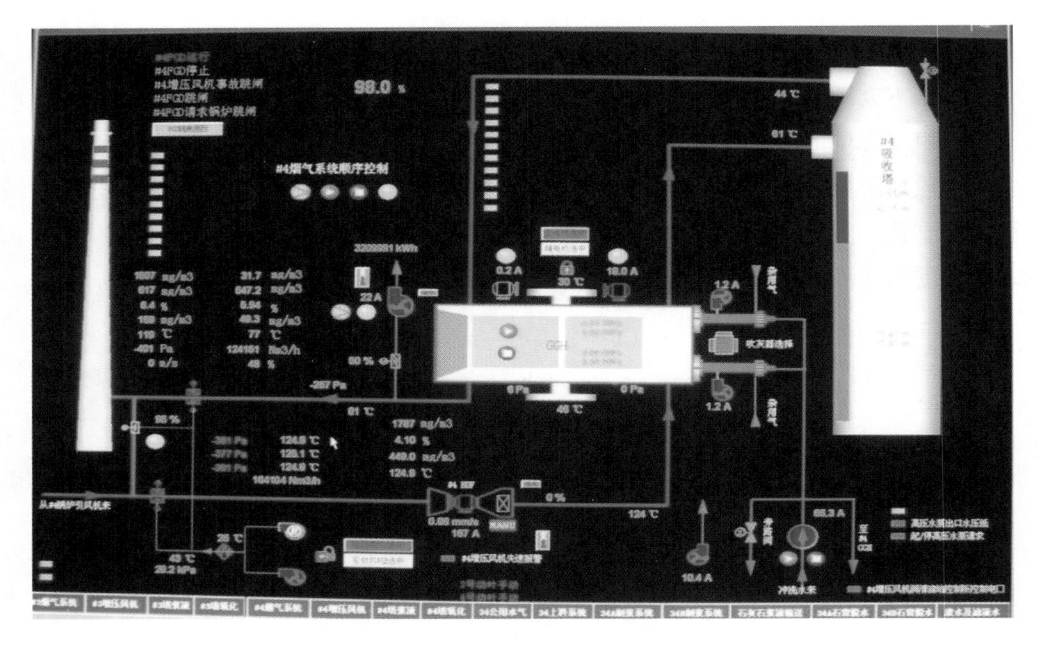

图 2-11 改造前的 FGD 烟气系统

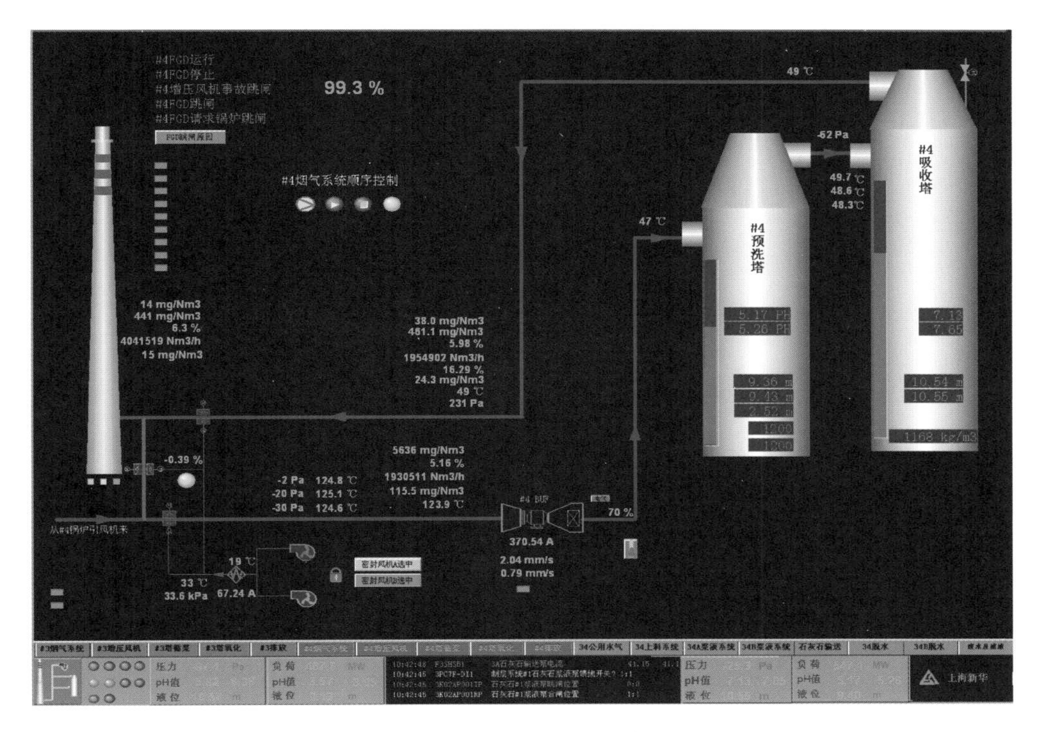

图 2-12　改造后的 FGD 烟气系统

五、采用更高效的吸收剂

1. 石灰粉

目前我国脱硫技术以石灰石/石膏湿法为主，占脱硫机组容量的 90%以上。石灰石/石膏湿法得到如此广泛的应用，完全得益于石灰石储量丰富、价格便宜。而从脱硫效果来讲，由于石灰石难以溶解，其脱硫能力是一般的。因此，当机组燃用高硫煤时，可全部或部分采用 CaO、NaOH 等取代石灰石作为脱硫剂，以提高系统的脱硫能力。

就总的化学反应过程而言，石灰和石灰石 FGD 这两种工艺是十分相似的，都是用碱性吸收剂从烟气中脱除 SO_2，它们的脱硫生成物都是硫酸钙和亚硫酸钙。但在一些关键的反应步骤上仍有重要的差别。另外，这两种工艺在详细设计和运行特点等许多方面也存在不同之处。在石灰石基工艺中，通常石灰石的溶解反应速度是缓慢的，即石灰石溶解速率对整个 SO_2 脱除速率有显著的影响。但对于石灰基工艺来说，$Ca(OH)_2$ 较易溶于水，在 SO_2 吸收过程中，气相 SO_2 溶于水往往是较慢的。

石灰/石膏湿法 FGD 工艺的主要化学反应如下：

气相 SO_2 被液相吸收，反应式为

$$SO_2(g)+H_2O \longleftrightarrow H_2SO_3(l)$$

$$H_2SO_3(l) \longleftrightarrow H^+ + HSO_3^-$$

$$HSO_3^- \longleftrightarrow H^+ + SO_3^{2-}$$

吸收剂溶解和中和反应为

$$Ca(OH)_2 \longrightarrow Ca^{2+} + 2OH^-$$

$$Ca^{2+} + 2OH^- + H^+ + HSO_3^- \longrightarrow Ca^{2+} + SO_3^{2-} + 2H_2O$$

$$SO_3^{2-} + H^+ \longrightarrow HSO_3^-$$

氧化反应为

$$SO_3^{2-} + 1/2O_2 \longrightarrow SO_4^{2-}$$

$$HSO_3^- + 1/2O_2 \longrightarrow SO_4^{2-} + H^+$$

结晶析出反应为

$$Ca^{2+} + SO_3^{2-} + 1/2H_2O \longrightarrow CaSO_3 \cdot 1/2H_2O(s)$$

$$Ca^{2+} + (1-x)SO_3^{2-} + xSO_4^{2-} + 1/2H_2O \longrightarrow (CaSO_3)_{(1-x)} \cdot (CaSO4)_{(x)} \cdot 1/2H_2O(s)$$

式中　x——被吸收的 SO_2 氧化成 SO_4^{2-} 的摩尔分率。

$$Ca^{2+} + SO_4^{2-} + 2H_2O \longrightarrow CaSO_4 \cdot 2H_2O(s)$$

总反应式为

$$Ca(OH)_2 + SO_2 \longrightarrow CaSO_3 \cdot 1/2H_2O + 1/2H_2O$$

$$Ca(OH)_2 + SO_2 + 1/2O_2 + H_2O \longrightarrow CaSO_4 \cdot 2H_2O$$

氢氧化钙（熟石灰）比石灰石中 $CaCO_3$ 的反应活性高得多，国内外新建和改造的FGD工程中都有采用石灰/石膏湿法FGD工艺技术的例子。例如国电重庆（恒泰）万盛电厂2×300MW国产常规燃煤机组石灰石/石膏湿法FGD工程，2007年3月和6月分别完成168h试运。原设计煤种 S_{ar}=3.51%，对应入口 SO_2 为8015mg/m³（标准状态、干基、6%O_2）时，系统脱硫效率不低于95.5%；且同时还要保证在 S_{ar}=4.2%时（对应入口 SO_2 为9620mg/m³）FGD装置能连续安全运行、脱硫率不低于91.6%。但在实际运行过程中，受煤炭市场影响，来煤质量差，硫分高达5%以上，原烟气 SO_2 含量远远高于设计值，达到13000～14000mg/m³；加上石灰石品质不佳，$CaCO_3$ 含量小于80%（设计值大于或等于90%）、SiO_2 含量大于5.3%（设计值小于或等于2.5%）、Al_2O_3 也是严重超标，这样造成脱硫率无法保证，FGD系统无法稳定达标运行。因而在2008年5～10月对FGD装置进行技术改造，以提高脱硫效率，确保电厂烟气达标排放。改造工程采用石灰/石膏法，一炉一塔，每套FGD装置的烟气处理能力为一台锅炉BMCR工况时的烟气量（1094584m³/h，标态、湿基、实际 O_2），系统脱硫效率在原烟气 SO_2 浓度为16000mg/m³ 时不低于97.5%。

2. MgO

$MgCO_3$ 在不过火焙烧时分解得到的MgO，在通常的湿法石灰FGD系统的工况下是可溶解的，即可以水化为Mg（OH)₂，它比石灰石中 $CaCO_3$ 的反应活性高得多，因此脱硫效率也更高。例如广东沙角B电厂综合考虑改造设计煤质条件和评估试验实测数据，将原石灰石/石膏FGD系统改造为MgO法，入口烟气条件按表2-1所列数据设计（单台机组）。

表 2-1　　　　　　　　　　改造设计 FGD 入口烟气条件

<table>
<tr><th>项目</th><th>单位</th><th>数据</th><th>备注</th></tr>
<tr><td>1　烟气参数</td><td rowspan="2">m^3/h</td><td rowspan="2">1355352</td><td rowspan="2">标态、湿基、6%O_2</td></tr>
<tr><td>烟气量（湿基）</td></tr>
<tr><td>烟气量（干基）</td><td>m^3/h</td><td>1261834</td><td>标态、干基、6%O_2</td></tr>
<tr><td>FGD 工艺设计烟温</td><td>℃</td><td>125</td><td></td></tr>
<tr><td>2　FGD 入口处烟气组成</td><td rowspan="6">%</td><td rowspan="2">6.90</td><td rowspan="2">标态、湿基、实际 O_2</td></tr>
<tr><td>H_2O</td></tr>
<tr><td>O_2</td><td>4.61</td><td>标态、干基、实际 O_2</td></tr>
<tr><td>N_2</td><td>76.07</td><td>标态、干基、实际 O_2</td></tr>
<tr><td>CO_2</td><td>12.37</td><td>标态、干基、实际 O_2</td></tr>
<tr><td>SO_2</td><td>0.05</td><td>标态、干基、实际 O_2</td></tr>
<tr><td>3　FGD 入口处污染物浓度</td><td rowspan="2">mg/m^3</td><td rowspan="2">2379.8</td><td rowspan="2">标态、干基、6%O_2</td></tr>
<tr><td>SO_2</td></tr>
<tr><td>SO_3</td><td>mg/m^3</td><td>50</td><td>标态、干基、6%O_2</td></tr>
<tr><td>HCl</td><td>mg/m^3</td><td>50</td><td>标态、干基、6%O_2</td></tr>
<tr><td>HF</td><td>mg/m^3</td><td>30</td><td>标态、干基、6%O_2</td></tr>
<tr><td>灰尘</td><td>mg/m^3</td><td>70</td><td>标态、干基、6%O_2</td></tr>
</table>

MgO 法分析资料见表 2-2。

表 2-2　　　　　　　　　　MgO 法分析资料

名称	数值
氧化镁（%）	≥85
二氧化硅（%）	≤6.0
氧化钙（%）	≤4.0
灼烧失量（%）	≤8.0
细度（10%筛余，目）	200

性能保证值方面，FGD 装置在验收试验期间（在 BMCR 工况下连续运行 7 天），脱硫装置出口 GGH 入口净烟气 SO_2 浓度不大于 26mg/m³（标态、干基、6%O_2）；系统脱硫率不小于 97.9%（GGH 漏风率按 1%计，脱硫塔脱硫率不小于 98.9%），GGH 出口净烟气 SO_2 浓度不大于 50mg/m³（标态、干基、6%O_2）。

性能试验表明，FGD 系统进口 SO_2 浓度在 1823～2051mg/m³（标态、干基、6%O_2）时，脱硫率高达 98.6%～99.1%。脱硫率不同主要是运行 pH 值有差别，pH 值控制高时，脱硫率就较高。

3. 氨法

与石灰石湿法相比，氨法脱硫塔吸收反应速度快，因而脱硫效率可达到很高（大于 98%）；在相同脱硫率时可以采用较小液气比，能耗低；原材料来源也广，可以采用液氨、氨水、废氨水等，还可以采用化肥级碳铵。但其缺点也明显：①脱硫副产物硫铵化肥的销售业绩好坏，直接影响到脱硫成本的高低；②液氨属于化学危险品，运输及储存过程管理要求高；③铵基悬浮微粒即蓝色烟羽问题，在高硫煤时，需要采用湿式电除尘器（WESP）来除去。

4. 其他吸收剂

有机胺是近年来开发应用的一种离子液吸收剂，脱硫工艺采用的吸收剂是以有机阳离子、无机阴离子为主，添加少量活化剂、抗氧化剂和缓蚀剂组成的水溶液；该吸收剂对 SO_2 气体具有良好的吸收和解吸能力。在低温下吸收 SO_2，高温下将吸收剂中 SO_2 解吸出来，从而达到脱除和回收烟气中 SO_2 的目的，同时吸收剂得到再生。

有机胺烟气脱硫工艺流程如图 2-13 所示，其脱硫工艺由预分离器、吸收装置、解吸装置、胺净化装置组成。烟道气体在水喷淋预洗涤器中急冷和饱和，同时去除小颗粒灰尘及大部分强酸，预洗涤器中洗涤液 pH 值低的酸性环境，防止 SO_2 的水解并使其以气相形式进入吸收塔。贫液与 SO_2 逆流接触反应，其中烟气中强酸与吸收剂反应。吸收 SO_2 后的富液经富液泵加压后进溶液换热器，与热贫液换热后进入再生塔上部，在再生塔内被蒸汽汽提，并经再沸器加热再生为热贫液。热贫液经换热后进贫液泵加压，再生出来的贫液返回吸收塔循环利用，其中一部分进入胺净化装置去除热稳定性盐，保证贫液浓度。从再生塔解析出来的 SO_2 经冷却、分离后纯度达到 99%以上（干基），可作为硫酸或硫磺生产中所需原料。

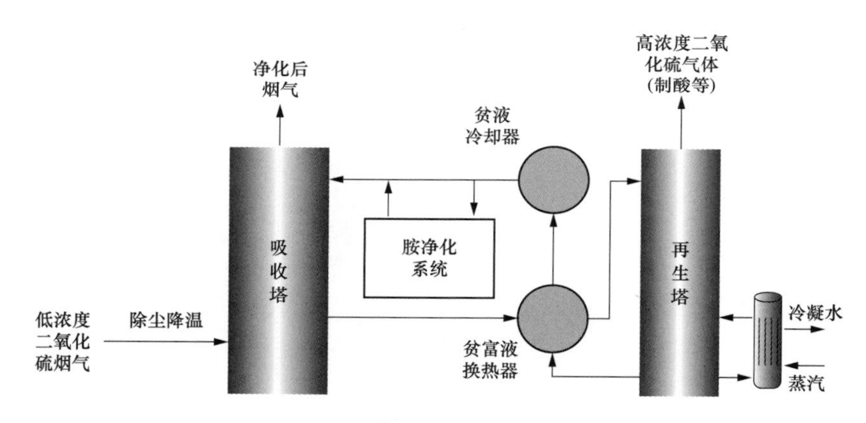

图 2-13　有机胺脱硫流程简图

有机胺法的主要优点是：①脱硫效率高。脱硫效率可达 99.5%，且脱硫效率可灵活调节。②适应范围宽。在烟气 SO_2 含量从 0.02%到 5%的范围内运行成本稳定，对各类烟气无限制。在烟气中硫含量较高时，该技术的投资和操作成本更具优势。主要缺点是：需要配套下游硫黄硫酸生产装置，一次性投资高；存在有机胺的降解损耗和热稳定性盐的脱除问题。

从上述介绍分析可知，与石灰石相比，高效吸收剂虽效率高，但应用均有一定局限性，只适合于特定的地区和电厂。SO_2 的超低排放的技术主流依然是石灰石/石膏湿法 FGD 技术。

六、脱硫系统现场运行优化技术

1. 脱硫吸收塔浆液循环泵运行优化

脱硫系统运行时，在最低浆液循环量的基础上，可以根据机组负荷（FGD 入口硫分）调整浆液循环泵的运行台数和功率选择来实现节能。某电厂改造后 1～5 号浆液循环泵喷淋层的标高分别为 25.5、27.3、29.1、30.9、32.7m，其中 1、2 号泵喷淋量为 6500m^3/h，功率为 630kW，其余 3 台泵流量为 11000m^3/h，功率分别为 1000、1120、1250kW。因此，当吸收塔喷淋量满足脱硫率及脱硫排放阈值时，优先选用总功率较小的组合泵运行，喷淋量和功率对比如表 2-3 所示。

表 2-3　吸收塔喷淋量和浆液循环泵功率对比表

编号	喷淋量（m^3/h）	功率（kW）	泵组合（号）	编号	喷淋量（m^3/h）	功率（kW）	泵组合（号）
1	6500	630	1/2	7	28500	2750 2880 3000	1/2+3+4 1/2+3+5 1/2+4+5
2	11000	1000 1120 1250	3 4 5	8	33000	3370	3+4+5
3	13000	1260	1+2	9	35000	3380 3510 3630	1+2+3+4 1+2+3+5 1+2+4+5
4	17500	1630 1750 1880	1/2+3 1/2+4 1/2+5	10	39500	4000	1/2+3+4+5
5	22000	2120 2250 2370	3+4 3+5 4+5	11	46000	4630	1+2+3+4+5
6	24000	2260 2380 2510	1+2+3 1+2+4 1+2+5				

2. 减少 GGH 漏风率技术

在脱硫改造之前，某电厂多次对 GGH 的漏风率进行测试，机组大小修后漏风率为 1.0%，运行一个小修周期后漏风率达到 2.5%。脱硫增容改造按照入口 SO_2 浓度为 1800mg/m^3、出口浓度小于 35mg/m^3 设计，即使吸收塔脱硫效率达到 100%也必须要求 GGH 的漏风率小于 1.95%。假如 GGH 漏风率控制在修后 1.0%并且不再恶化，吸收塔脱硫效率达到 99.05%才能实现 35mg/m^3 的排放要求，这给吸收塔带来极大的运行压力并且增加过多的能耗。

该电厂 GGH 原烟气是从换热元件的底部向上流动，因此在 GGH 转子从原烟气侧转向净烟气侧处的底部扇形板增加一道清扫隔离风，密封风量为原密封风机风量的 1/3，达 7.4m^3/s，风向与烟气流动方向一致，用来降低 GGH 换热元件的携带漏风。改造完成后测

得 SO_2 脱除率（吸收塔）为 98.8%，SO_2 排放浓度为 10～30mg/m³（标况、干基、6% O_2），除雾器出口液滴含量为 24.14mg/m³（标况、干基、6%O_2），FGD 出口烟尘浓度为 3.28mg/m³（标况、干基、6%O_2），GGH 漏风率为 0.37%，计算总脱硫效率为 98.43%。

七、某电厂石灰石/石膏湿法脱硫效率低原因分析

本部分对广东某电厂湿法脱硫系统在进行改造后，脱硫效率仍然较低的原因进行了深入分析，从 FGD 系统设计、入口烟气因素、石灰石品质和现场运行参数等方面进行分析，找出脱硫率低的原因，为脱硫装置进一步改造提供理论依据。

（一）脱硫设备情况

广东某电厂 1 期为 2 台 125MW 燃煤发电机组，配备 1 套石灰石/石膏湿法脱硫装置，该装置采用奥地利能源公司技术，设计处理机组的全部烟气量。表 2-4 和表 2-5 所示为主要设计参数。

表 2-4　　FGD 装置参数

项　目	单　位	设计工况（S_{ar}=2.5%）
烟气体积流量	m³/h（湿，实际 O_2）	2×545000
FGD 入口烟气 SO_2 含量	mg/m³（干，实际 O_2）	5132
设计脱硫效率	%	81
Ca/S	—	1.05

表 2-5　　吸收剂石灰石参数

项目	设计数据
碳酸钙（$CaCO_3$）含量	≥90%
碳酸镁（$MgCO_3$）含量	<4%
惰性物质	<6%
颗料尺寸	≤44μm(90%)

机组负荷分别为 123、122MW，原烟气 SO_2 浓度（6%O_2）接近 2700mg/m³（标准状况），吸收塔浆液 pH 值在 6.1 左右，系统脱硫率在 77%左右。可以看出，在原烟气 SO_2 浓度明显低于设计值、pH 值很高的情况下，脱硫率仍无法达到设计值，说明系统的脱硫率明显偏低。

（二）脱硫率偏低原因分析

为了深入分析造成脱硫率低的原因，从 FGD 系统设计、脱硫入口烟气因素、石灰石品质，以及现场运行控制参数等四个方面开展研究。

1. FGD 系统设计方面的原因

该电厂原 FGD 吸收塔系统主要设计参数和设备见表 2-6 和表 2-7。

从上述数据可得知影响脱硫率的主要参数为：吸收塔烟气流速（除雾器处）为 4.08m/s；吸收区高度为 6.55m，吸收时间为 1.63s；液气比为 L/G=8.7(L/m³)；氧化空气利用率约为 38%。这些参数是为原设计脱硫率 85%而确定的，理论上只能满足原要求而没有任何裕量，

现要求在入口烟气中 SO_2 浓度为 3000mg/m³ 以上也要达到 90%的脱硫率，则难以满足。

表 2-6　　吸收塔 φ11×27.4m 设计主要参数

几何尺寸	数值	烟气参数	数值	浆液参数	数值（范围）
烟气入口中心高（m）	13.35	入口烟气流量（m³/h）	1090000	pH 值	5.8（5.5～6.2）
入口尺寸（宽×高，m）	8.8×4.0	入口烟气温度（℃）	135	浆液密度（kg/m³）	1105（1060～1119）
喷淋层 1/2 高（m）	18.1/19.9	入口 SO_2 mg/m³（干基、6%O_2）	5805	CL^- 浓度（$\times10^{-6}$）	1943（1922～6856）
除雾器布置区域（m）	21.7～24.2	入口含尘 mg/m³，（干基、6%O_2）	339	含固率（质量%）	15（8～17）
出口尺寸（宽×高，m）	8.0×3.0	出口烟气流量（m³/h）	1171807	浆液温度（℃）	47.1（45.9～55.0）
氧化空气管入口高（m）	3.8	出口烟气温度（℃）	48.1	系统脱硫率（%）	≥85

表 2-7　　原吸收塔系统主要设备参数

序号	设备名	数量	特性
1	吸收塔本体	1	φ11×27.4m，碳钢+衬胶
2	循环泵	2	WARMAN Inter. LTD.，英国，17.8m，5100m³/h，593r/min
3	循环泵电动机	2	上海电机厂，YKK500-10，400kW，6000V，50Hz，593r/min
4	氧化风机	1	Aerzener，GM150S，德国，254kW，0.1μPa，151m³/min
5	风机电动机	1	上海电机厂，YKK400-40，315kW，6000V，50Hz，1466r/min
6	除雾器及冲洗管	2	KOCH-GLITSCH 公司，意大利
7	浆液喷淋层	2	88 个喷嘴/层，55～66m³/(h·个)
8	吸收塔搅拌器	4	MUT-TSCHAMBER，德国，15kW

该电厂于 2016 年 5 月对吸收塔喷淋层进行更换，喷嘴及布置有所变动，但目前尚无足够数据能证明这造成了系统的脱硫率下降。脱硫率低主要是液气比和吸收时间太小，如果要进一步提高脱硫率，只有对吸收塔进行彻底改造，增加喷淋层及相应循环泵。

2. 入口烟气因素

烟气量及烟气中的二氧化硫含量都会明显影响脱硫率。烟气量越大、二氧化硫含量越高，脱硫率就越低。电厂所烧煤种虽有变化，但发热量总体变化不大，排烟温度也相当，2016 年与 2015 年相比，含硫量有了较大的增加，增加幅度达到 40%左右，因此 FGD 系统脱硫率难以达到 2015 年的水平。由此可以得知，主要原因是入口烟气量和二氧化硫浓度增加了。

3. 石灰石原因

石灰石品质主要受到粒径、碳酸钙含量、碳酸镁含量和盐酸不溶物含量等因素影响。根据已有的研究结果和工程应用经验得知，要保证较高的脱硫效率，石灰石品质必须满足如下要求：

（1）粒径。石灰石越细，反应性能就越好，通常要求粒径在 44μm 以下的应达到 90%以上。

（2）碳酸钙含量。碳酸钙含量高，说明活性成分高，石灰石的品质好，通常要求石灰石中的碳酸钙含量应高于 90%。

（3）碳酸镁含量。碳酸镁一般是以白云石（$CaCO_3.MgCO_3$）的形式存在，白云石基本是不溶的，即其中的 $CaCO_3$ 和 $MgCO_3$ 不能被利用。同时白云石还阻碍其他 $CaCO_3$ 的溶解。因此碳酸镁含量高会大大降低石灰石的反应活性，降低系统的脱硫能力。通常要求石灰石中的碳酸镁含量应小于 3%。

（4）盐酸不溶物含量。盐酸不溶物含量基本可代表石灰石中杂质的含量。

图 2-14 所示为石灰石浆液中碳酸钙含量变化的趋势，表 2-8 和图 2-15 所示为 7 月石灰石主要参数的分析结果。从图 2-14 中可以看出，1～6 月石灰石浆液中的碳酸钙含量是很高的，除 4 月初个别样品的碳酸钙含量在 92%以上，其他基本在 95%以上。但 7 月 11 日前后碳酸钙的含量明显下降，在 91%左右。从表 2-8 和图 2-15 可以看出，7 月 9～19 日期间，石灰石的品质明显下降，主要表现在：碳酸镁含量明显上升，除个别样品外，碳酸镁含量基本在 10%及以上，最高已达到 17%；碳酸钙含量有所下降，除个别样品外，碳酸钙含量基本在 90%以下，最低只有 82%；石灰石的粒径变大，44μm 以下的百分比只有 80%左右，最低的还不到 70%。因此从现场数据可以得知，石灰石品质下降直接造成了脱硫效率降低。

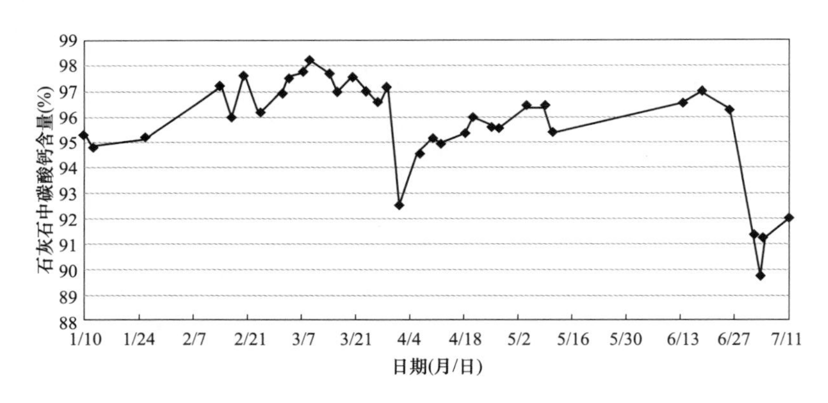

图 2-14　石灰石浆液中的碳酸钙含量

表 2-8　2016 年 7 月石灰石分析结果

日期（月/日）	碳酸钙含量（%）	碳酸镁含量（%）	44μm 以下的百分比（%）	日期（月/日）	碳酸钙含量（%）	碳酸镁含量（%）	44μm 以下的百分比（%）
7/1	93.4	3.7	88.7	7/7	93.3	3.8	88.9
7/2	96.3	1.4	88.4	7/8	89.4	7.5	87.8
7/3	92.6	5.1	90.8	7/9	89.5	9.0	71.9
7/4	91.9	5.1	85.4	7/10	94.1	3.0	88.7
7/5	87.7	8.8	89.6	7/11	87.2	10.3	79.9
7/6	93.1	5.2	87.7	7/12	88.4	10.4	80.3

续表

日期（月/日）	碳酸钙含量（%）	碳酸镁含量（%）	44μm以下的百分比（%）	日期（月/日）	碳酸钙含量（%）	碳酸镁含量（%）	44μm以下的百分比（%）
7/13	86.3	10.9	67.4	7/20	94.6	3.0	92.3
7/14	98.8	0.9	72.4	7/24	93.0	5.1	90.4
7/15	81.6	17.1	76.1	7/25	97.3	0.7	89.7
7/16	84.8	13.8	86.2	7/26	96.1	0.7	90.5
7/17	89.3	9.9	83.3	7/27	94.6	3.0	91.5
7/18	82.7	15.5	84.6	7/28	93.3	3.8	88.4
7/19	85.1	13.7	80.9				

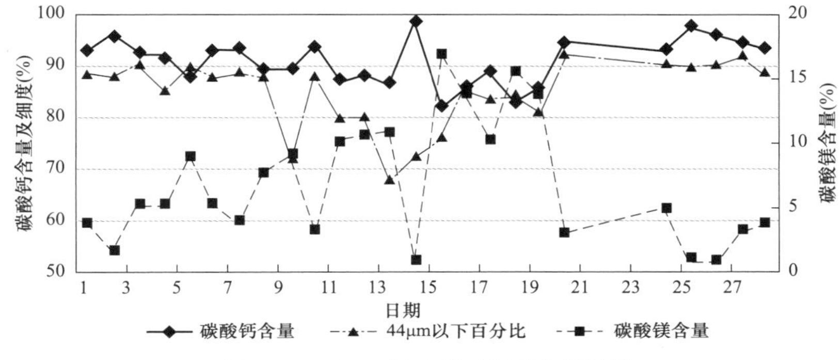

图 2-15　2016 年 7 月石灰石分析结果

运行中石灰石浆液过粗对脱硫率有很大不利影响，且易沉积，磨损泵体和管路。

4. 运行控制参数原因

通过总结湿法脱硫系统运行经验可知，影响脱硫效果的吸收塔浆液成分主要包括：

（1）碳酸钙。在一定范围内，碳酸钙含量越高，脱硫效果就越好。但碳酸钙含量不能过高，否则会造成石灰石屏蔽，反而影响脱硫率；此外，碳酸钙含量高易造成系统的结垢和堵塞。一般要求碳酸钙含量在 3%左右。

（2）盐酸不溶物。吸收塔浆液的盐酸不溶物主要是烟气中的烟尘。若盐酸不溶物含量高，会造成石灰石屏蔽，明显影响脱硫率。盐酸不溶物含量现场要求控制在 5%以内。

（3）亚硫酸钙。亚硫酸钙含量高，说明系统的氧化效果不理想，对脱硫率有不利影响；此外，亚硫酸钙含量高易造成系统的结垢和堵塞。因此通常控制亚硫酸钙含量在 0.3%以内。

该电厂对吸收塔浆液进行了大量的取样并进行了较为全面的分析，见表 2-9。从表中可以看出，吸收塔浆液成分极不正常，主要表现在：亚硫酸钙含量很高，基本在 10%～40%，平均达到 29%；碳酸钙含量很高，基本在 10%～40%，平均达到 26%；石膏纯度很低，硫酸钙含量基本在 20%～60%，平均只有 39%。而通常的吸收塔浆液成分为：亚硫酸钙含量一般低于 0.3%，碳酸钙含量在 3%左右，硫酸钙含量一般大于 90%。

保证脱硫率在 90%以上，运行人员第一反应是向吸收塔内加入大量的石灰石浆液，使 pH 值维持在高位运行（实际都在 6.1 以上），这造成塔内大量的石灰石过量，化学分析结果证明了这一点。大量过粗的石灰石的加入，除了浪费外，粗的石灰石还会沉积在管道底部和塔底，磨损叶轮，严重时堵塞喷淋管和喷嘴，给脱硫系统安全运行带来安全隐患。

表 2-9　　　　吸收塔浆液分析结果

取样日期（年-月-日）	密度（kg/m^3）	pH 值	$CaSO_4 \cdot 2H_2O$(%)	$CaCO_3$(%)	$CaSO_3 \cdot 1/2H_2O$(%)	Ca/S
2016-7-18	1064	6.74	36.36	26	36.07	1.53
2016-7-19	1084	6.67	34.09	20.6	41.46	1.40
2016-7-19	1048	6.58	39.43	25.8	34.56	1.52
2016-7-19	1032	6.54	47.29	17.2	32.72	1.33
2016-7-19	1020	6.45	58.05	11.9	26.22	1.22
2016-7-19	1016	6.31	60.59	34.7	12.91	1.77
2016-7-20	1020	6.19	38.26	40	11.62	2.28
2016-7-20	1026	6.33	20.37	43	16.08	2.77
2016-7-20	1046	6.23	45.43	12.1	18.58	1.30
2016-7-20	1052	6.6	41.05	21.1	24.79	1.49
2016-7-20	1020	6.25	47.55	17	27.27	1.35
2016-7-21	1064	6.4	56.84	21.8	10.1	1.53
2016-7-22	1060	6.85	36.34	30.9	33.61	1.65
2016-7-23	1032	6.67	32.13	29	39.58	1.59
2016-7-23	1060	6.9	28.76	30.1	39.68	1.63
2016-7-24	1052	6.67	28.56	17.8	36.79	1.39
2016-7-24	1060	6.94	26.79	27.3	35.82	1.63
2016-7-25	1068	6.85	24.99	33.2	39.14	1.74
2016-7-25	1052	6.97	—	27.9	35.02	—
平均值	1046	6.59	39	26	29	1.62
参考值	1080	5.8	90	3	0.4	1.05

从表 2-9 所列的数据可以看出，亚硫酸钙含量高，说明系统的氧化效果不理想。根据电厂以前的运行情况，得出两种结论：①氧化空气管有堵塞，空气分布不均匀，利用率下降；②高 pH 值使亚硫酸氧化效果大大下降。

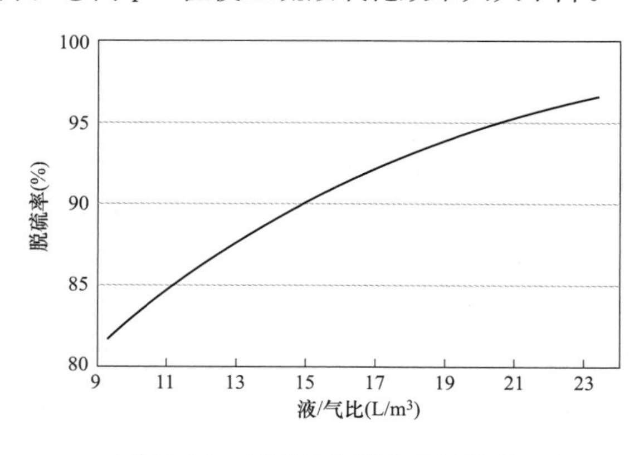

图 2-16　液气比与脱硫率的关系

另外，若循环泵的流量下降，脱硫率也会下降，图 2-16 所示为某吸收塔液气比与脱硫率的关系，随着液气比的增加，脱硫率是增加的。表 2-10 所示为 2 号循环泵有关的运行参数，从表中可以看出，与检修前相比（检修后 6 月 13 日脱硫系统投运），2 号循环泵的运行电流略有下降。而运行 1 个多月后，2 号循环泵的运行电流进一步在下降，说明该循环泵的浆液流量在减少，可能的原因是泵叶轮磨损或喷淋层有堵塞。

表 2-10　　2 号循环泵有关参数

日期	吸收塔浆液密度（kg/m^3）	2 号循环泵入口压力（kPa）	2 号循环泵电流（A）
2 月 1 日	1071	53.2	41.0
6 月 14 日	1084	64.5	39.4
7 月 26 日	1087	52.7	38.3

（三）结论和建议

本部分对某电厂在进行脱硫系统改造后，脱硫效率仍然较低的现象进行了分析，综合考虑了 FGD 系统设计、入口烟气因素、石灰石品质、运行控制参数等方面，找到了造成石灰石/石膏脱硫系统效率低的原因如下：

（1）该电厂脱硫系统脱硫率下降的主要原因是 FGD 系统设计裕量偏小，以及石灰石粉太粗、入口 SO_2 浓度偏大。

（2）由于还存在吸收塔浆液亚硫酸钙含量过高、循环泵电流下降、除雾器压差大等情况，建议对系统做进一步的检查。

（3）吸收塔浆液的碳酸钙含量长期明显偏高，易造成系统的结垢和堵塞。建议适当减少石灰石的供给，控制 pH 在 5.8 以下，控制碳酸钙含量在 5%左右。但为了保证脱硫率在 90%以上，电厂应加大配煤力度，尽量控制入口 SO_2 浓度在 $2500mg/m^3$ 以下。

（4）要加强石灰石粉的品质管理，除 $CaCO_3$ 要高于 90%外，粒度越细越好，至少要保证 90%在 44μm 以下。

（5）要从根本上提高 FGD 系统的脱硫能力，只有对吸收塔进行彻底改造，增加喷淋层及相应循环泵，仅更换喷淋管和喷嘴难以再提高 FGD 系统的脱硫率。

八、600MW 火电机组超低排放下湿法脱硫系统增容改造后性能试验研究

某电厂 3 号 600MW 超临界锅炉机组进行了脱硫系统增容改造来满足超低排放要求。改造后，针对脱硫增容改造的主要运行性能指标进行了现场性能试验研究，包括 FGD 系统的 SO_2 脱除率、出口 SO_2 浓度、GGH 漏风率等指标。性能试验结果表明，FGD 的主要性能指标均达到设计的性能要求。

（一）改造概况

1. 设备简介

该电厂一期 3、4 号机组 2×600MW 超临界锅炉是在引进 ALSTOM 美国公司超临界锅炉技术的基础上，由上海锅炉厂结合自身技术生产的超临界锅炉，型号为 SG-1913/25.4。该锅炉为超临界参数变压运行螺旋管圈直流炉，单炉膛、一次中间再热、四角切圆燃烧方式、平衡通风、全钢架悬吊结构 Π 型露天布置、固态排渣。

2. 脱硫系统增容改造简介

脱硫系统增容及取消旁路改造工程，采用石灰石/石膏湿法脱硫，一炉一塔脱硫装置，要求出口（烟囱 70m 处）SO_2 稳定排放浓度小于 $50mg/m^3$（标态、干基、6%O_2）。

该次脱硫改造取消增压风机，脱硫系统阻力由引风机克服；改造还包括 GGH 密封系

统改造，达到1个小修期内（1年半）GGH漏风率小于0.7%（初始漏风率小于0.5%）；取消烟气旁路提高脱硫系统的可靠性。同时进行了吸收塔系统、石灰石粉浆液制备系统、石膏脱水系统等公用系统的增容，吸收塔上面增加2层喷淋层（原来有3层），还新增1套事故浆液系统，并包括涉及的所有电气、热工控制系统等的改造。

3. 改造后脱硫系统性能

3号机组FGD改造工程将实现的性能保证如下［性能保证值基于以下设计条件：单台机组烟气量为2000000m^3/h（标态、湿基、实际O_2），SO_2浓度为2200mg/m^3（标态、干基、6%O_2），烟气入口温度为125℃，入口烟气灰尘含量为小于或等于60mg/m^3（标态、干基、6%O_2）］。

（1）SO_2排放浓度。在验收试验期间，FGD出口（烟囱高70m处）SO_2排放浓度小于或等于50mg/m^3（标态、干基、6%O_2），并按修正曲线计算出入口SO_2浓度为1897mg/m^3（标态、干基、6%O_2）时的SO_2排放浓度。

（2）SO_2脱除率。FGD装置在验收试验期间（BMCR工况下），按入口SO_2浓度为2200mg/m^3（标态、干基、6%O_2）计，脱硫塔脱硫率不小于98.7%。

（3）Ca/S摩尔比。设计条件下，按入口SO_2浓度2200mg/m^3（标态、干基、6%O_2）计，SO_2排放浓度及SO_2脱除率满足要求的情况下，Ca/S摩尔比不大于1.03。

（4）烟尘排放浓度。FGD进口烟尘浓度为60mg/m^3（标态、干基、6%O_2）的条件下，FGD出口烟尘排放浓度（标态、干基、6%O_2）小于20mg/m^3。

（5）GGH漏风率。设计条件下，初始GGH漏风率小于或等于0.5%。

（6）除雾器出口液滴携带量。设计条件下，除雾器出口液滴携带量小于或等于50mg/m^3（标态、干基、6%O_2）。

（7）石膏品质。自由水分低于10%，$CaSO_4 \cdot 2H_2O$含量高于90%，$CaCO_3$含量小于3%（以无游离水分的石膏作为基准）。

（8）吸收塔系统压降。原吸收塔压降性能保证值为800Pa（含除雾器），改造后吸收塔阻力增加量不大于800Pa。

（二）试验项目和试验仪器

该次试验所包括的项目如表2-11所列。

表2-11　FGD试验的主要测试项目

序号	试验项目
1	SO_2脱除率（原/净烟气SO_2浓度）
2	SO_2排放浓度
3	除雾器出口液滴携带量
4	FGD出口烟尘浓度
5	GGH漏风率
6	Ca/S摩尔比
7	吸收塔压力损失

续表

序号	试验项目
8	石膏品质 自由水分； $CaSO_4 \cdot 2H_2O$ 含量； $CaCO_3$ 含量

该试验所需的主要仪器设备如表 2-12 所列。

表 2-12　　试验主要仪器设备

序号	型号名称	精度	数量
1	NGA2000/PMA10 型烟气分析仪	1.0%	1
2	NGA2000 型二氧化硫分析仪	1.0%	2
3	PMA10 型氧量分析仪	1.0%	2
4	标准气体（NO、SO_2）	1.0%	若干
5	高纯氮（0%O_2）	1.0%	1
6	毕托管（靠背管）	1.0%	1
7	3kPa 量程微压计	1.0%	1
8	1kPa 量程微压计	1.0%	1
9	3012 型烟尘采样仪	1.0%	2
10	DYM3 大气压力表	1.0%	1
11	粉尘测试仪	1.0%	1
12	氮氧化物分析仪	1.0%	2
13	电源、胶管等	—	若干

（三）试验依据

现场性能试验中，主要采用了下列技术标准和相关的技术资料：

（1）GB 13223—2011《火电厂大气污染物排放标准》。

（2）GB/T 13931—2002《电除尘器性能测试方法》。

（3）GBT 15187—2005《湿式除尘器性能测定方法》。

（4）GB/T 16157—1996《固定污染源排气中颗粒物测定与气态污染物采样方法》。

（5）GB/T 21508—2008《烟气脱硫设备性能测试方法》。

（6）烟气中的汞测试采用 30B（总汞）和安大略（OHM 法分价态汞）。

（7）GB 10184—1988《电站锅炉性能试验规程》。

（8）设备制造厂的技术标准及相关资料。

现场性能试验的位置如图 2-17 所示。

（四）试验结果分析与讨论

1. SO_2 脱除率

对 FGD 系统进出口 SO_2 浓度标定结果见表 2-13 和表 2-14（其中仪表的单位为 ppm，即相当于 μL/L、2.86mg/m^3），实测值略低，原烟气 SO_2 浓度的实测为 1855mg/m^3（标况、干基、6%O_2）。FGD 系统脱硫率都在 98.2%以上，最高达到 99.5%，平均在 98.7%

以上，考虑到GGH的漏风，FGD脱硫塔的脱硫率应该不小于99%，满足设计值98.7%的要求。

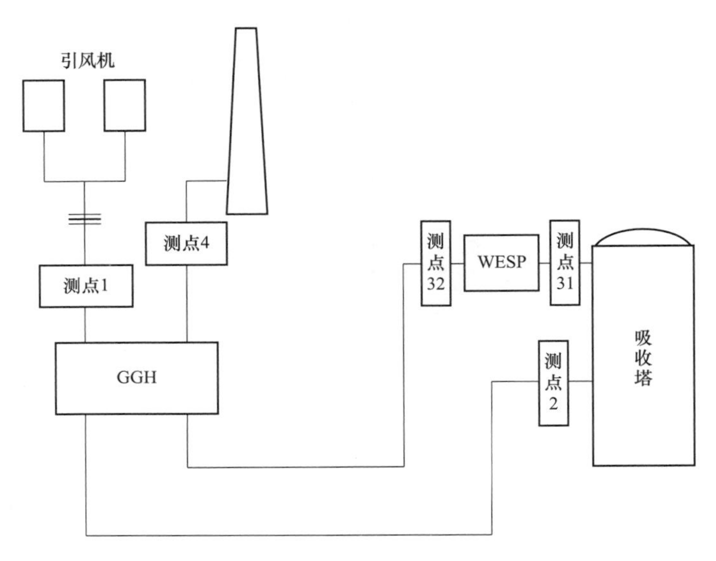

图2-17　WESP试验测点位置示意图

表2-13　　FGD系统原烟气SO_2浓度标定结果

1月12日	14:35	14:45	14:55	15:05	测试平均值	CEMS平均值
SO_2浓度（μL/L）	695/699/698/700	703/708/705	710/718/718/716	714/718/716/716	709	1933mg/m³（标况、干基、6%O_2）
O_2测量（%）	4.55	4.53	4.69	4.65	4.61	4.58

表2-14　　FGD系统出口SO_2浓度标定结果

时间（1月14日）	SO_2测量值（μL/L）	O_2（%）	SO_2实测（mg/m³，标况、干基、6%O_2）	CEMS的SO_2（mg/m³，标况、干基、6%O_2）
16:48	10.8	4.82	28.64	33.87
16:49	11.2	4.87	29.79	33.60
16:57	11.5	4.87	33.25	33.61
16:59	12.1	4.89	32.22	33.50
17:01	11.9	4.92	31.75	33.35
17:02	12.0	4.93	32.03	33.20
17:05	11.7	5.07	31.51	32.83
17:07	12.1	5.05	32.54	32.56
17:10	12.4	5.00	33.25	32.04
17:13	11.9	4.95	31.81	31.60
17:15	11.3	4.95	30.20	31.52
17:18	11.3	4.93	30.17	31.30
17:20	11.8	4.92	31.48	31.28

续表

时间（1月14日）	SO_2 测量值（μL/L）	O_2（%）	SO_2 实测（mg/m³，标况、干基、6%O_2）	CEMS的 SO_2（mg/m³，标况、干基、6%O_2）
17：22	11.6	4.87	30.85	31.00
17：25	11.4	5.00	30.57	30.40
17：27	11.2	5.08	30.18	30.00
17：30	11.1	5.04	29.84	29.69
17：32	11.4	4.94	30.45	29.17
平均值	11.6	4.95	31.14	31.92

2. SO_2 排放浓度

如表2-14所示，在满负荷情况下，FGD系统出口 SO_2 浓度大部分时间在30mg/m³以下，均达到设计的50mg/m³以下要求，也满足了环保标准要求。

3. FGD出口烟尘浓度

表2-15所示为FGD系统出口（烟囱入口，在GGH净烟气加热后）粉尘取样和分析结果，实测的粉尘平均浓度为3.28mg/m³（标况、干基、6%O_2），满足超低排放的要求。

表2-15 FGD系统出口（烟囱入口）粉尘取样和结果

位置	O_2（%）	取样压力（Pa）	温度（℃）	大气压（Pa）	取样体积（L）	滤筒增重（mg）	粉尘含量（mg/m³，标况、干基、实 O_2）	粉尘含量（mg/m³，标况、干基、6%O_2）	平均含量	仪表显示值
烟囱入口	5.1	−14403	78	102130	583.2	0.0017	4.33	4.08	3.28	4.25
	5.0	−15290	83	102130	593.1	0.0011	2.82	2.65		2.47
	5.0	−14813	82	102130	590.7	0.0013	3.32	3.11		3.58

4. GGH漏风率

GGH漏风率的计算式为：

$$L=\frac{C_{SO_2\text{-测点4}}-C_{SO_2\text{-测点32}}}{C_{SO_2\text{-测点1}}-C_{SO_2\text{-测点32}}}\times 100\%$$

式中 $C_{SO_2\text{-测点1}}$——折算到标准状态、6%O_2 下的原烟气中 SO_2 浓度；

$C_{SO_2\text{-测点32}}$——折算到标准状态、6%O_2 下的湿电出口烟气 SO_2 浓度；

$C_{SO_2\text{-测点4}}$——折算到标准状态、6%O_2 下GGH出口烟气 SO_2 浓度。

在5台循环泵运行、入口 SO_2 浓度在2200mg/m³左右时，实际测得的吸收塔出口 SO_2 浓度在6.6～11.7mg/m³之间，在湿式电除尘器（WESP）出口烟气中的 SO_2 浓度也极低，而且水分含量大。由1月14日下午的运行数据（见表2-14）可见，在入口 SO_2 浓度为2000～2200mg/m³时，出口 SO_2 浓度在14mg/m³以下，这样根据GGH漏风率计算公式可得到其范围为

$L_1=(14-6.6)/(2000-6.6)=0.37\%$；$L_2=(14-11.7)/(2000-11.7)=0.12\%$。

GGH漏风率完全满足设计的0.5%要求。

5. 除雾器出口液滴携带量

吸收塔浆液滤液及取样冷凝液的 Mg^{2+} 含量化验和计算结果见表 2-16，计算得到 3 号塔除雾器出口（也即湿式电除尘器进口处）液滴含量为 24.14mg/m³（标况、干基、6%O_2），达到了保证值小于或等于 50mg/m³ 的要求。

表 2-16　　除雾器出口液滴携带量计算结果

位置	采样体积（L，标况、干基）	雾滴分析体积（mL）	雾滴中 Mg^{2+} 含量（mg/L）	塔浆液中 Mg^{2+} 含量（mg/mL）	烟气中雾滴含量（mg/m³，标况、干基、6%O_2）	平均值
湿电 A 侧进口	437.85	60.4	0.63	4.17	24.26	24.14
湿电 B 侧进口	435.14	47.0	0.82	4.26	24.02	

6. Ca/S 摩尔比和石膏品质

单独测取的 3 号吸收塔石膏样分析结果见表 2-17，石膏中自由水分平均为 7.62%，满足 10%的要求；石膏纯度为 90.66%，达到 90%的设计保证值；$CaSO_3 \cdot 1/2H_2O$ 含量只有 0.065%，表明塔内氧化充分，但吸收塔中的石灰石含量偏高，平均达 7.16%，这样造成计算的 Ca/S 摩尔比高达 1.135。分析原因认为，为了达到出口 SO_2 浓度小于 35mg/m³ 的排放要求，在试验时加了较多的石灰石浆液，使 pH 值从 5.0 左右提高到 5.4 以上，脱硫效率很高，出口 SO_2 浓度在 30mg/m³ 以下甚至在 20mg/m³ 以下，而设计值在 50mg/m³ 以下。

表 2-17　　石膏成分分析

序号	样品名称	自由水分（%）	$CaSO_4 \cdot 2H_2O$（%，干基）	$CaSO_3 \cdot 1/2H_2O$（%，干基）	$CaCO_3$（%，干基）	Ca/S 摩尔比	取样时进口/出口 SO_2 浓度（mg/m³）	脱硫效率/pH 值
1	1 月 13 日石膏	6.48	90.13	0.09	7.55	1.14	2537/25.5	98.85%/5.42
2	1 月 14 日石膏	8.76	91.18	0.04	6.76	1.13	2045/25.5	98.74%/5.40
3	电厂 1 月 7 日石膏	10.20	93.83	0.65	2.20	1.04	—	—/5.0

（五）结论与建议

针对该电厂 600MW 燃煤机组超低排放下 FGD 增容改造的主要运行性能指标进行了现场性能试验研究，包括 FGD 系统的 SO_2 脱除率、出口 SO_2 浓度、GGH 漏风率等指标，主要结论如下：

（1）FGD 的主要性能指标均能达到设计的性能要求，完全满足超低排放的要求。

（2）FGD 系统出口 SO_2 浓度大部分时间在 30mg/m³（标况、干基、6%O_2），达到了超低排放（50mg/m³ 以下）的要求。

（3）FGD 系统出口（烟囱入口，在 GGH 净烟气加热后），实测的粉尘平均浓度为 3.28mg/m³（标况、干基、6%O_2），满足超低排放的要求。

（4）GGH 漏风率完全满足设计的 0.5%。

第三节　FGD超低排放系统优化

一、不同含硫量的煤粉炉超低排放技术

SO_2 超低排放技术的选择与锅炉燃煤含硫率即FGD系统入口的 SO_2 浓度有直接关系。根据GB/T 15224.2—2010《煤炭质量分级　第2部分：硫分》的规定（见表2-18），煤中干燥基全硫含量 $S_{t,d}>3.00\%$ 的煤为高硫分煤，该标准适用于煤炭勘探、生产和加工利用中对煤炭按硫分分级。在煤炭流通和使用领域，$S_{t,d}>2.00\%$ 的煤就应该称为高硫煤。本节中将电厂的煤按收到基硫分分为三类：①低硫煤，$S_{ar}\leqslant 1.00\%$；②中硫煤，$1.00\%<S_{ar}\leqslant 2.00\%$；③高硫煤，$S_{ar}>2.00\%$，以此来选择 SO_2 超低排放的FGD技术。由于锅炉烟气中 SO_2 的实际排放浓度和折算含硫量 S_{ZS} 成正比，即科学地判断不同煤种的 SO_2 排放浓度，不能只比较其收到基含硫量，而应比较其折算含硫量，即要与煤的发热量联系起来。因此对于相同容量的锅炉，燃用不同发热量的煤种，即使煤的收到基含硫量相同，其 SO_2 的实际排放浓度是不同的。

表2-18　　煤炭硫分分级

序号	级别名称	代号	硫分 $S_{t,d}$(%)	序号	级别名称	代号	硫分 $S_{t,d}$(%)
1	特低硫煤	SLS	≤0.50	4	中高硫煤	MHS	1.51～3.00
2	低硫煤	LS	0.51～0.90	5	高硫煤	HS	>3.00
3	中硫煤	MS	0.91～1.50				

一般来说，煤每1MJ发热量所产生的干烟气体积在过量空气系数 $\alpha=1.40(6\%O_2)$ 时为 $0.3678m^3/MJ$，这个估算值的误差在±5%以内。相应于煤每1MJ发热量的含硫量称为折算含硫量 S_{ZS}，即

$$S_{ZS}=\frac{S_{ar}}{Q_{ar,net,p}}\times 1000 \quad (g/MJ)$$

式中　S_{ar}——煤的收到基含硫量，%；

$Q_{ar,net,p}$——煤的收到基低位发热量，MJ/kg。

这样，可得到烟气中 SO_2 的实际排放浓度 C_{SO_2} 为

$$C_{SO_2}=\frac{2\times S_{ZS}\times 10^3\times K}{0.3678}=5438\times KS_{ZS} \quad (mg/m^3,标态、干基、6\%O_2)$$

式中　K——燃煤硫的排放系数。

对于燃煤硫的释放率，国内尚无统一办法，大多通过试验得出部分数据，用数学手段处理这些数据后得到一些统计规律，燃煤硫的排放系数主要处于0.70～0.90范围内。对于普通煤，K 一般取0.80～0.85；而对高钙含量的神府东胜煤、铁法煤和神木煤，自身固硫率可达30%左右，这些煤 K 取值约为0.70。

若环保标准要求 SO_2 的排放浓度限值为 $C_{SO_2}^*$，则满足环保标准的脱硫率为

$$\eta_{SO_2}=\frac{C_{SO_2}-C_{SO_2}^*}{C_{SO_2}}\times100\%$$

SO_2 的排放浓度 $C_{SO_2}^*$ =35(mg/m³，标态、干基、6%O_2)，则达到超低排放要求的脱硫率为

$$\eta_{SO_2}=\frac{C_{SO_2}-35}{C_{SO_2}}\times100\%$$

表 2-19 所示为本部分推荐的不同含硫量煤种 SO_2 到达超低排放浓度时推荐采用的 FGD 技术。

表 2-19　　不同含硫量煤种达到超低排放推荐采用的 FGD 技术

序号	FGD 系统入口 SO_2 浓度* (mg/m³)	所需脱硫率 (%)	推荐采用 FGD 技术
1	≤2212	约 98.42	常规多喷层吸收塔、托盘塔、旋汇耦合塔等，可设置 GGH
2	2213～4424	98.42～99.21	单塔双循环、双托盘塔，取消 GGH
3	>4424	>99.21	双塔双循环、高效吸收剂，取消 GGH

* 假定煤 $Q_{ar,net,p}$ 为 20.9MJ/kg(5000kcal/kg)，K 取 0.85。

二、GGH 取舍问题

1. GGH 的缺点

吸收塔出口烟气温度在 50℃左右，目前有加热排放和不加热直接排放两种方式。设置 GGH 的缺点主要有：

(1) 降低脱硫效率。GGH 原烟气侧向净烟气侧的泄漏会降低系统的脱硫效率，尽管回转式 GGH 的泄漏可以控制在 1.0% 以下，但毕竟是一种无谓的损失。SO_2 排放要在 35mg/m³ 以下，设置 GGH 的 FGD 系统难以稳定达标，而对电厂来说，达标排放是第一位的。

(2) 投资和运行费用增加。首先是安装 GGH 的直接设备费用，如计及因安装 GGH 而增加的风机提高压力、控制系统增加控制点数、烟道长度增加和 GGH 支架及相应的建筑安装费用等，其总和约占 FGD 总投资的 20%。GGH 本体对烟气的压降为 1.2kPa。为了克服这些阻力，必须增加风机的压头，使 FGD 系统的运行费用大大增加。据德国火力发电厂的统计，热交换器占总投资费用的 7.0%；珞璜电厂 3、4 号脱硫装置在主要设备进口的情况下，2 台国产光管和螺旋肋片管烟气加热器 (GGH) 占总设备费用的 3.5%左右。若取消 GGH，则降低了 FGD 系统总压损、增压风机容量和电耗，可大大减少运行和检修费用。根据经验，燃用高硫煤的 GGH 检修、改造费用相当高。

(3) FGD 系统运行故障增加。原烟气在 GGH 中由 130℃左右降低到 80℃，在 GGH 的热侧会产生大量黏稠的浓酸液。这些酸液不但对 GGH 的换热元件和壳体有很强的腐蚀作用，而且会黏附大量烟气中的飞灰。另外，穿过除雾器的微小浆液液滴在换热元件的表面上蒸发后，也会形成固体结垢物，这些固体物会堵塞换热元件通道，进一步增加 GGH 的压降。国内已有因 GGH 沾污严重而造成增压风机振动过大的例子。实践证明：堵塞和腐

蚀已成为GGH难以克服的致命弱点，对于蒸汽加热和水触媒管式加热器，也常出现结垢堵塞、腐蚀从而影响FGD系统的正常运行。对于目前取消旁路烟道的FGD系统，FGD系统停运意味着机组要停运，这显然是难以接受的。

随着除雾器（ME）、烟道、烟囱设计的改进和结构材料的发展，从技术和经济的角度来说，省却GGH是可行的。在大多数情况下，一套精心设计的湿烟囱FGD系统的总投资和运行、维护费用较装有GGH的FGD系统要低得多。据德国、美国等国30多年的经验，湿法FGD系统省却GGH是可行的，而且经济优势十分明显，但必须重视湿烟囱排放对烟流扩散的不利影响，防止烟流下洗和“降雨”，重视湿烟道、湿烟囱防腐材料的选择。

2. 其他加热方法

除GGH外，其他几种烟气再加热方式是：无泄漏型GGH（MGGH）、蒸汽管式加热器、热管式加热器、热空气混合加热等，其中MGGH在超低排放系统中日益得到应用。日本基本上采用MGGH型式，其流程如图2-18所示。MGGH的加热器可分为两部分：热烟气室和净烟气室，在热烟气室热烟气将部分热量传给循环水，在净烟气室净烟气再将热量吸收。通常将吸收塔上游侧的热交换器称作降温换热器，将下游侧的换热器称为再加热器，在这两组换热器之间通过泵送传热流体来实现热量的传递，这是一种无泄漏的GGH，它不存在原烟气泄漏到净烟气内的问题。MGGH通过控制热媒体的流量可以调节出口烟气温度，并可加装辅助加热器，例如蒸汽加热器，当出口烟气达不到要求的温度时，通过控制蒸汽流量来提升烟温。MGGH的另一优点是布置方式灵活，可以不增加烟道的长度。其缺点是占据的空间大，防腐蚀问题不好解决，换热管一旦腐蚀穿孔必须停机处理，修复难度大，往往要割管，这样换热效率将下降。另外，当积灰严重时只能停机冲洗，不像回转GGH可以在线冲洗。

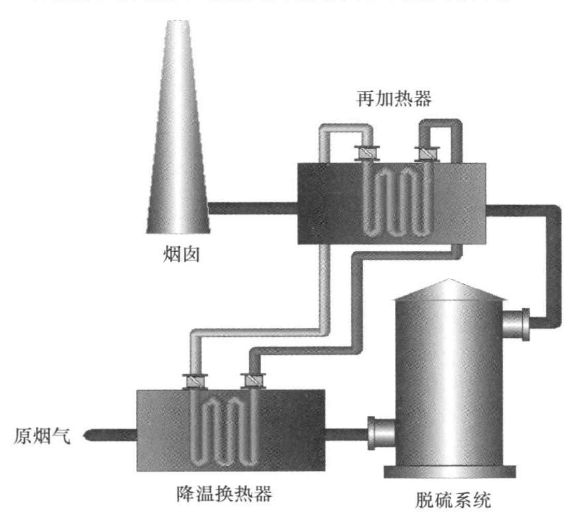

图2-18 无泄漏型GGH（MGGH）流程示意

3. 湿烟气排放

FGD再加热系统取消后，除湿烟囱排放外，净烟气还可以通过自然通风冷却塔排放，即“烟塔合一”技术。目前德国新建火电厂中，已广泛地利用冷却塔排放脱硫烟气，成为没有烟囱的电厂，同时部分老机组也完成改造工作。国内首个采用“烟塔合一”技术的电厂是华能北京热电厂，这也是亚洲首个烟塔合一工程。4套830t/h锅炉FGD系统于2006年底通过168h试运行，与常规的FGD系统相比，FGD系统设计主要的区别在于没有GGH，仅有进入吸收塔前的烟气降温装置即烟气冷却器。

表2-20列出了各种FGD烟气加热及排放方式的比较，采用加热或冷却塔排放方式时，可降低或消除湿烟囱“石膏雨”现象。

表 2-20　　各种 FGD 烟气加热及排放方式的比较

排放方式			优点	缺点
加热方式	利用换热器加热	GGH	利用余热，有利于脱硫，应用最为广泛，适用于各种容量机组	泄漏影响脱硫率；有腐蚀、堵塞问题，初投资和运行维护费用较大
		无泄漏型 GGH（MGGH）	利用余热，有利于脱硫，布置灵活，无烟气泄漏	腐蚀、堵塞，初投资和运行维护费用大，日本应用较多，国内应用逐渐增多
		热管换热器	利用余热，有利于脱硫，无烟气泄漏	腐蚀、堵塞，初投资和运行维护费用大，大机组应用业绩很少
		蒸汽加热器	初投资低，系统简单，无烟气泄漏	腐蚀，消耗蒸汽，运行费用大，应用较少
	直接混合加热	燃烧烟气与净烟气混合	简单方便，无腐蚀、堵塞问题	消耗大量能源，只适用于工业锅炉和石化工业的小型 FGD 系统中
		未脱硫烟气与净烟气混合	投资低，运行维护费用少，简单方便，无 GGH 的腐蚀、堵塞	总的脱硫率低；混合区烟道腐蚀严重，需很好的防腐措施；适合含硫量低的煤及对脱硫率要求不高的 FGD 系统
		高温空气与净烟气混合	投资低，运行维护费用少，简单方便，无 GGH 的腐蚀、堵塞问题	送风量增加，风机电耗增大，降低锅炉效率
排放方式	烟囱排放	烟囱位于吸收塔顶排放	投资低，运行维护费用少，简单方便，占地少	只适用于工业锅炉和石化工业的小型 FGD 系统中
		防腐湿烟囱排放	投资不高（与 GGH 比），运行维护费用低；无泄漏、堵塞问题	烟囱防腐要求高，有时有白烟和石膏雨发生
	冷却塔排放	FGD 系统在冷却塔内	结构紧凑，简化了 FGD 系统，节省用地，投资、运行维护费用低；烟羽抬升好	对循环水水质有不良影响，冷却塔需加固、防腐
		FGD 系统在冷却塔外	简化了 FGD 系统，节省用地，投资、运行维护费用低；烟羽抬升好。欧洲及我国都有较多的应用	对循环水水质有不良影响，冷却塔需加固、防腐

总的来说，对于超低排放，MGGH 或湿烟囱是首选，除低硫煤外，在中、高硫煤 FGD 系统中，GGH 应尽量不用。

三、循环流化床（CFB）锅炉 SO_2 超低排放技术路线

部分 CFB 锅炉通过炉内加石灰石并在一定条件下（如合适的床温、Ca/S 摩尔比、高活性的石灰石等），其计算脱硫效率（包含煤的自身脱硫率）可达 90%甚至 99%，SO_2 排放浓度一般小于 200mg/m^3，可满足非重点地区的环保要求，但仍满足不了重点地区的要求，更不用说超低排放的要求。特别是燃烧一些高硫、低热值的劣质燃料，如洗煤泥、煤矸石、油页岩、石油焦、石煤等，而这些正是煤粉炉不能燃用而 CFB 锅炉最适合的燃料。另外还有许多 CFB 锅炉由于各种原因靠炉内脱硫仅能达到 50%左右的脱硫效率，因此需要采用尾部烟气脱硫技术来达标排放，这是必然的趋势。

目前火电厂成熟应用的烟气脱硫技术主要有石灰石/石膏湿法、氨法、MgO 法、海水法、烟气循环流化床法等。对于 CFB 锅炉，尽管炉内能脱除 50%以上的 SO_2，使得尾部脱

硫系统 SO_2 入口浓度大大降低，但要将 SO_2 排放浓度降低到 $35mg/m^3$ 以下，本推荐采用湿法脱硫技术而不采用干法或半干法技术，这里以石灰石/石膏湿法和烟气循环流化床法作比较进行说明。

目前石灰石/石膏湿法有各种成熟的提效技术，可使脱硫率稳定达到 98%以上，加上 CFB 炉内脱硫，整体脱硫率很容易达到 99%以上，使 SO_2 浓度满足超低排放要求。而烟气循环流化床法尽管在低硫条件下也能达到 95%以上的脱硫率，但条件苛刻，实际运行中受煤种变化、石灰粉品质及运行负荷波动，特别是在低负荷下脱硫塔床层压降难以维持等各种因素，实际脱硫率不稳定，造成 SO_2 浓度达不到超低排放要求。

实践表明，烟气循环流化床法尽管初投资较低，但为了提高脱硫效率，其实际 Ca/S 摩尔比会达到 1.6 以上，脱硫剂年消耗费用将比湿法脱硫高出 50%～100%，而且运行电耗也很高，运行经济性比较差。目前石灰石/石膏湿法的国产化程度很高，系统内腐蚀、磨损、堵塞等问题已得到很好的解决和控制，其投资和运行成本已大大下降。

采用石灰石/石膏湿法可减少炉内脱硫的比例，甚至可不投用炉内脱硫，使 CFB 锅炉的灰渣实现很好的综合利用，且脱硫本身的副产品能得到很好利用。而采用烟气循环流化床法后脱硫副产品性质不稳定，对粉煤灰的综合利用有着严重的影响，可能产生新的固体废弃物处理难题。

采用石灰石/石膏湿法可有效地实现烟尘的协同治理，结合干法除尘器和湿式电除尘器，可使烟尘达到 $5mg/m^3$ 以下的超低排放要求；而烟气循环流化床法则难以做到，针对 CFB 锅炉推出的“SNCR＋CFB－FGD＋COA”的烟气净化系统即使采用布袋除尘器，也不能解决烟尘超低排放问题。

综上所述，CFB 锅炉要达到 SO_2 小于 $35mg/m^3$ 的超低排放要求，湿法脱硫工艺是首选，即便是 SO_2 排放要求不高的机组，也应如此。只有在特殊条件下，如严重缺水或寿命短的老机组、采用半干法脱硫能满足当地环保要求的，才考虑选用半干法烟气脱硫技术。图 2-19 所示为 CFB 锅炉基于湿法 FGD 技术的 SO_2 超低排放技术路线，同时给出了 NO_x、烟尘协同超低排放的技术路线。

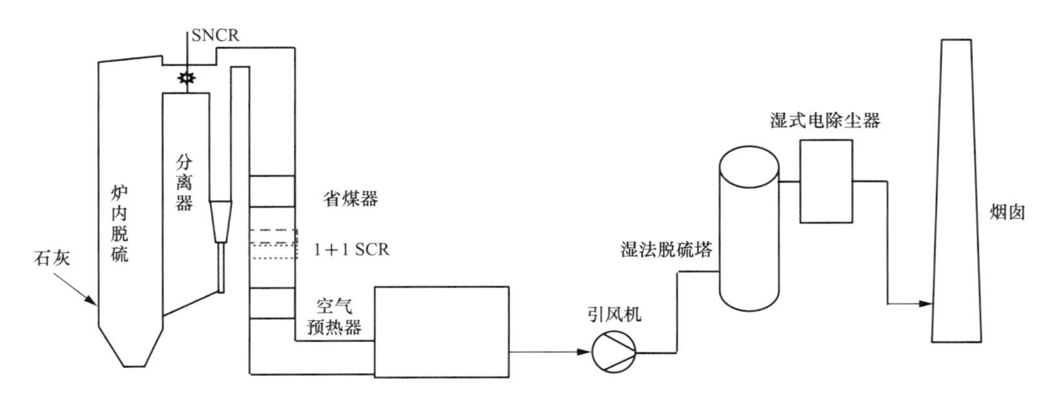

图 2-19　基于石灰石/石膏湿法 FGD 的 CFB 锅炉超低排放术路线示意图

广东云浮电厂 2×300MW CFB 锅炉无旁路 FGD 系统，是我国也是世界上第一套 300MW CFB 锅炉+湿法石灰石/石膏 FGD 系统，如图 2-20 所示。两台机组分别于 2010 年 7 月和 8 月通过 168h 试运，投入商业运行。CFB 锅炉没有设置炉内喷石灰石脱硫装置，而是在五电场电除尘器后尾部烟道配备了一套湿法石灰石/石膏 FGD 系统，并且不设旁路烟道，无 GGH，增压风机和引风机合并，由 2 台动叶可调轴流式引风机来克服 FGD 系统的阻力。5 年多来，电厂 300MW CFB 锅炉石灰石/石膏湿法 FGD 系统在运行中表现出高脱硫效率和高稳定性，高达 95%以上的脱硫率仅靠炉内脱硫是难以达到的，如图 2-21 所示，这充分表明 CFB 锅炉+石灰石/石膏湿法 FGD 系统是 CFB 锅炉超低排放的最佳模式之一。

图 2-20　云浮电厂 300MW CFB 锅炉无旁路 FGD 系统

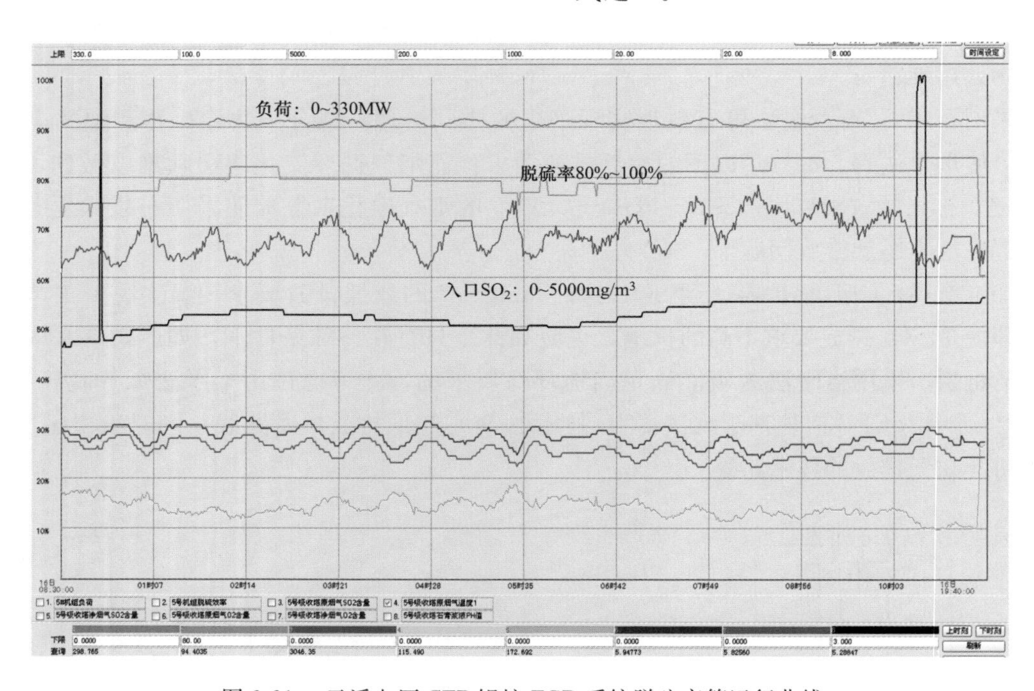

图 2-21　云浮电厂 CFB 锅炉 FGD 系统脱硫率等运行曲线

锅炉侧精细燃烧调整

第一节　1000MW 燃煤电厂燃烧调整试验

大型燃煤电厂进行超低排放改造后，烟囱排放口的氮氧化物（NO_x）排放浓度控制在 50mg/m^3，由于电厂煤质多变，尤其是机组频繁参与电网调峰，导致大型燃煤电厂 SCR 脱硝系统运行过程面临很多技术问题，包括烟囱排放口氮氧化物动态超标、SCR 脱硝系统出口氨逃逸导致空气预热器堵塞等。因此从锅炉源头上控制氮氧化物的生成，包括锅炉精细燃烧调整优化等，在保证锅炉效率的前提下降低炉膛出口氮氧化物浓度，减轻尾部 SCR 脱硝系统减排压力，是目前迫切需要解决的关键技术问题。

针对某电厂 1000MW 燃煤电厂 2 号锅炉开展了精细燃烧优化调整试验研究，主要研究了热态下一次风调平、变燃尽风开度、变燃尽风摆角、变氧量等现场调整项目，主要目的是研究不同负荷下锅炉效率和脱硝入口 NO_x 浓度变化的规律，找出不同负荷下较好的运行方式，兼顾锅炉效率和 NO_x 浓度。

一、锅炉设备介绍

某电厂 2 号机组锅炉（1000MW）采用上海锅炉厂引进 ALSTOM 技术制造的超超临界、一次中间再热、全钢结构、露天布置、双切圆八角喷燃、平衡通风、固态排渣螺旋管圈直流煤粉锅炉。锅炉点火采用等离子点火装置直接点燃煤粉，并设有低负荷稳燃所需的燃油装置。炉膛由膜式壁组成，水冷壁采用螺旋管圈布置方案。炉膛上部布置分隔屏过热器和后屏过热器，水平烟道依次布置高温过热器和高温再热器，尾部烟道布置低温再热器、低温过热器和省煤器。锅炉燃烧系统按配中速磨煤机正压直吹式制粉系统设计。48 只直流式燃烧器分 6 层布置于炉膛下部四角和中部，在炉膛中呈双切圆方式燃烧。过热器汽温通过煤水比调节和三级喷水来控制。再热器汽温采用烟气挡板调温、燃烧器摆动和过量空气系数的变化调节，低温再热器进口连接管道上设置事故喷水。尾部烟道下方设置两台三分仓受热面旋转容克式空气预热器，炉底排渣系统采用机械出渣方式。额定工况及 BMCR 工况主要参数见表 3-1。锅炉设计煤种为内蒙古准格尔煤和印尼煤按 1∶1 配比的混煤，校核煤种为印尼煤，煤质分析见表 3-2。燃油采用 0 号轻柴油。

表 3-1　　额定工况及 BMCR 工况主要参数

名称	单位	最大连续蒸发量 BMCR	额定工况蒸发量 BRL
过热蒸汽流量	t/h	3093	2946
过热器出口蒸汽压力	MPa	27.46	27.34
过热器出口蒸汽温度	℃	605	605
再热蒸汽流量	t/h	2582	2466
再热器进口蒸汽压力	MPa	6.05	5.77
再热器出口蒸汽压力	MPa	5.85	5.58
再热器进口蒸汽温度	℃	376	368
再热器出口蒸汽温度	℃	603	603
省煤器进口给水温度	℃	299	295

表 3-2　　锅炉煤质分析

项目	符号	单位	设计煤种（1∶1 混煤）	校核煤种（印尼煤）	内蒙准格尔煤
收到基水分	M_{ar}	%	18.1	25.8	10.3
空气干燥基水分	M_{ad}	%	9.57	14.21	5.41
收到基灰分	A_{ar}	%	8.75	1.54	16.24
干燥无灰基挥发分	V_{daf}	%	43.65	50.32	37.54
收到基碳	C_{ar}	%	56.26	53.90	57.87
收到基氢	H_{ar}	%	3.79	3.94	3.62
收到基氧	O_{ar}	%	12.11	13.96	10.73
收到基氮	N_{ar}	%	0.82	0.72	1.00
收到基全硫	$S_{t,ar}$	%	0.17	0.14	0.24
收到基低位发热量	$Q_{net,ar}$	MJ/kg	21.13	20.01	22.13
哈氏可磨性指数	HGI	—	58	55	63

二、现场燃烧调整试验内容

采用 GB 10184—2015 规定的方法开展现场试验。2 号锅炉精细燃烧优化调整试验在 50%、75%、100%负荷工况进行。现场试验内容包括：磨煤机出口风速调平、煤粉细度测量、变氧量运行试验、变配风运行试验、最佳运行方式试验、空气预热器漏风试验。

三、现场燃烧优化调整结果分析与讨论

（一）热态一次风调平试验

首先开展的是磨煤机出口风速热态调平，调平目的主要是保证锅炉燃烧器出口风粉混合均匀，避免局部热负荷过高或者过低情况发生，影响炉膛内热负荷分布。

1. A 磨煤机测试结果

调整前 A 磨煤机粉管平均风速为 25.8m/s，A1、A2、A4、A7、A8 粉管速度偏差较大，最大偏差达到 19.9%。经多次调整后，偏差大幅缩小，具体数据见表 3-3 和表 3-4。A 磨煤机热态试验调整结束后，达到了较好的效果。

表 3-3　　A 磨煤机热态调平（调整前）

粉管编号	温度（℃）	静压（Pa）	动压（Pa）				计算风速（m/s）	各角偏差（%）
			1	2	3	4		
A1	57.5	1100	800	900	690	856	31.0	19.9
A2	51	1600	350.0	360.0	420.0	430.0	21.2	－17.9
A3	46.3	1250	630.0	590.0	620.0	650.0	26.7	3.3
A4	63.1	2100	390.0	420.0	440.0	430.0	22.4	－13.3
A5	59.9	1700	600.0	630.0	640.0	630.0	27.2	5.4
A6	52	1350	580.0	560.0	500.0	520.0	25.1	－3
A7	40.7	1500	450.0	500.0	560.0	500.0	23.7	－8.2
A8	59.1	1400	700	720	740	750	29.4	13.8

表 3-4　　A 磨煤机热态调平（调整后）

粉管编号	温度（℃）	静压（Pa）	动压（Pa）				计算风速（m/s）	各角偏差（%）
			1	2	3	4		
A1	55	2200	850.0	800.0	750.0	700.0	30.1	9.5
A2	52	2000	580.0	550.0	650.0	600.0	26.2	－4.7
A3	47	2000	700.0	600.0	600.0	550.0	26.4	－3.8
A4	55	2500	600.0	600.0	650.0	500.0	26.4	－4
A5	55	2100	700.0	620.0	640.0	580.0	27.4	－0.4
A6	49	1500	600.0	700.0	700.0	500.0	26.9	－2.1
A7	49	2000	700.0	720.0	600.0	600.0	27	－1.6
A8	52	1600	700.0	720.0	800.0	700.0	29.4	6.9

2. B 磨煤机测试结果

调整前 B 磨煤机粉管平均风速为 26.1m/s，B1、B2、B5、B8 粉管速度偏差较大，最大偏差达到－18.6%。经多次调整后，偏差大幅缩小，具体数据见表 3-5 和表 3-6。

表 3-5　　B 磨煤机热态调平（调整前）

粉管编号	温度（℃）	静压（Pa）	动压（Pa）				计算风速（m/s）	各角偏差（%）
			1	2	3	4		
B1	57	1350	750	650	850	900	30.5	16.5
B2	49.1	1700	400	420	430	500	22.4	－14.3
B3	51.3	1150	650	630	600	650	27.1	3.7
B4	61.9	1500	730	640	600	400	26.5	1.3
B5	64.3	1600	650	620	850	900	30.1	14.9
B6	52.8	1200	500	470	550	640	25.1	－4.1
B7	49.3	1175	550	500	660	700	26.3	0.7
B8	56.9	2200	450	350	350	400	21.3	－18.6

3. C 磨煤机测试结果

调整前 C 磨煤机粉管平均风速为 25.9m/s，粉管之间速度偏差较小，未进行调整，具体数据见表 3-7。

表 3-6　　B 磨煤机热态调平（调整后）

粉管编号	温度（℃）	静压（Pa）	动压（Pa）				计算风速（m/s）	各角偏差（%）
			1	2	3	4		
B1	55	1800	600	650	700	800	28.3	8.2
B2	47	1500	500	550	550	450	24.2	−7.5
B3	50	1000	600	600	550	550	25.8	−1.2
B4	60	2000	670	650	500	440	25.8	−1.4
B5	63	2000	500	600	730	730	27.6	5.5
B6	51	1200	580	500	500	520	24.7	−5.6
B7	48	1400	650	580	700	650	27.2	4.0
B8	56	2500	480	500	500	550	24.3	−7

表 3-7　　C 磨煤机热态调平（调整前）

粉管编号	温度（℃）	静压（Pa）	动压（Pa）				计算风速（m/s）	各角偏差（%）
			1	2	3	4		
C1	63	2350	1100	500	300	370	25.1	−3.1
C2	48	1350	1200	800	400	530	28.4	9.5
C3	43	1500	600	550	490	470	24.4	−6
C4	61	1900	1200	700	300	100	24.1	−7.1
C5	58	2300	750	600	350	530	25.4	−2.3
C6	59	1250	800	750	400	450	26.4	1.8
C7	55	1200	1300	800	250	390	27.1	4.4
C8	60	1900	1100	700	340	400	26.7	2.8

4. D 磨煤机测试结果

调整前 D 磨煤机粉管平均风速为 26.1m/s，D2、D4 粉管速度偏差较大，最大偏差达到−27.6%。经多次调整后，偏差大幅缩小，具体数据见表 3-8 和表 3-9。

表 3-8　　D 磨煤机热态调平（调整前）

粉管编号	温度（℃）	静压（Pa）	动压（Pa）				计算风速（m/s）	各角偏差（%）
			1	2	3	4		
D1	57	1800	800	700	480	350	25.8	−1.2
D2	51	1500	540	380	260	130	18.9	−27.6
D3	57	1500	520	630	600	640	26.5	1.4
D4	58	2100	700	700	750	800	29.4	12.6
D5	60	2100	780	630	550	600	27.4	4.9
D6	61	1400	500	540	550	570	25.4	−2.8
D7	59	1250	750	650	600	630	27.9	6.8
D8	60	2000	550	650	680	720	27.7	5.9

5. E 磨煤机测试结果

调整前 E 磨煤机粉管平均风速为 25.5m/s，E2、E3、E5、E8 粉管速度偏差较大，最大偏差达到−13.2%。经多次调整后，偏差大幅缩小，具体数据见表 3-10 和表 3-11。

表 3-9 D 磨煤机热态调平（调整后）

粉管编号	温度（℃）	静压（Pa）	动压（Pa）				计算风速（m/s）	各角偏差（%）
			1	2	3	4		
D1	55	1700	750	700	500	400	26	−2.4
D2	53	1400	750	600	550	350	25.3	−4.7
D3	58	1400	500	600	550	550	25.5	−4.3
D4	59	2200	650	550	750	750	28.1	5.6
D5	58	2000	800	650	550	550	27.3	2.5
D6	62	1500	550	550	500	600	25.6	−3.7
D7	61	1300	800	600	650	550	27.8	4.3
D8	58	1900	500	650	700	700	27.3	2.6

表 3-10 E 磨煤机热态调平（调整前）

粉管编号	温度（℃）	静压（Pa）	动压（Pa）				计算风速（m/s）	各角偏差（%）
			1	2	3	4		
E1	52	1700	800	700	260	350	24.1	−5.6
E2	49	1250	630	450	340	320	22.2	−13.2
E3	60	1100	1150	700	350	500	27.7	8.5
E4	55	1700	800	700	260	350	24.2	−5.1
E5	33	1600	1200	750	400	600	27.8	9
E6	59	1250	700	440	510	440	24.8	−2.9
E7	58	1250	950	500	470	390	25.7	0.8
E8	57	1500	1100	630	450	500	27.7	8.4

表 3-11 E 磨煤机热态调平（调整后）

粉管编号	温度（℃）	静压（Pa）	动压（Pa）				计算风速（m/s）	各角偏差（%）
			1	2	3	4		
E1	46	1500	900	900	420	430	27	−1.8
E2	45	800	720	700	650	600	27.6	0.32
E3	56	500	800	780	450	620	27.8	1.3
E4	52	2000	1000	950	380	600	28.6	3.9
E5	31	1500	720	690	500	500	25.5	−7.4
E6	57	1000	200	850	900	950	28.3	2.9
E7	55	1200	800	750	500	450	26.9	−2.3
E8	55	1500	700	700	650	700	28.4	3.1

6. F 磨煤机测试结果

调整前 F 磨煤机粉管平均风速为 26.4m/s，E2、E4、E6 粉管速度偏差较大，最大偏差达到−32.8%。经多次调整后，偏差大幅缩小，具体数据见表 3-12 和表 3-13。

（二）变燃尽风开度试验

燃尽风开度主要影响炉内温度场和 NO_x 的生成，变燃尽风开度现场试验主要观察汽温的变化和 NO_x 浓度的变化。变燃尽风开度试验在 1000MW 和 750MW 两个负荷工况下进行。500MW 负荷工况下，由于风箱差压只有 0.057kPa，已没有调整空间，未进行变燃尽风开度试验。

表 3-12　F 磨煤机热态调平（调整前）

粉管编号	温度（℃）	静压（Pa）	动压（Pa）				计算风速（m/s）	各角偏差（%）
			1	2	3	4		
F1	62	1750	1100	700	190	400	25.5	−3.6
F2	58	1450	1000	850	480	620	29.2	10.5
F3	59	1400	1100	500	250	650	26.4	−0.3
F4	57	1900	1100	870	520	490	29.2	10.1
F5	62	1900	1150	450	380	550	26.8	1.2
F6	58	3400	300	290	250	250	17.8	−32.8
F7	61	1650	1000	660	470	640	28.5	7.5
F8	61	1180	1100	900	300	550	28.4	7.4

表 3-13　F 磨煤机热态调平（调整后）

粉管编号	温度（℃）	静压（Pa）	动压（Pa）				计算风速（m/s）	各角偏差（%）
			1	2	3	4		
F1	56	1600	1000	900	580	800	30.9	3.8
F2	55	1500	1000	1000	590	630	30.5	2.5
F3	56	1300	1000	1000	360	710	29.5	−0.7
F4	54	1500	1000	800	500	510	28.3	−4.7
F5	60	2000	1000	1000	450	620	29.8	0.02
F6	57	2000	1000	950	500	480	28.9	−2.8
F7	59	1500	1000	1000	550	580	30.2	1.4
F8	58	1700	1000	1000	500	600	29.9	0.5

1. 1000MW 负荷工况下变燃尽风开度试验

1000MW 负荷工况下变燃尽风开度试验在 80%、60%、40%三个开度条件下进行。不同燃尽风开度下，NO_x 浓度、排烟温度和主/再热汽温参数见表 3-14。由表可知，1000MW 负荷工况下，燃尽风开度对排烟温度和 NO_x 的生成无明显影响，对主/再热汽温有显著的影响。随着燃尽风开度的减小，主/再热汽温明显下降。与 80%开度相比，60%开度主汽温下降 4.75℃，再热汽温下降 7℃；40%开度主汽温下降 14.25℃，再热汽温下降 12.25℃。现场调整试验表明，1000MW 负荷工况下，燃尽风开度建议运行在 60%开度以上。

表 3-14　不同燃尽风开度下运行参数变化

运行参数	单位	80%开度	60%开度	40%开度
A 排烟温度	℃	127	128	128
B 排烟温度	℃	130	133	133
A 侧 NO_x	mg/m^3	127.9	120.1	120.3
B 侧 NO_x	mg/m^3	108.2	101.1	105
主蒸汽温度	℃	594.6	589.8	580.4
再热蒸汽温度	℃	597	590	584.7

2. 750MW负荷工况下变燃尽风开度试验

750MW 负荷工况变燃尽风开度试验在 60%、40%、20%三个开度条件下进行。

不同燃尽风开度下，NO_x 浓度、排烟温度和主/再热汽温参数见表 3-15。由表可知，750MW 负荷工况下，燃尽风开度对排烟温度和主汽温度无明显影响。随着燃尽风开度的减小，再热汽温有下降趋势，与 60%开度相比，40%和 20%开度再热汽温分别下降 2.5℃和 4.75℃。燃尽风开度从 60%下降至 40%，NO_x 生成量无变化，但开度进一步下降至 20%时，NO_x 生成量显著增加，A 侧增加 43.7mg/m³，B 侧增加 38mg/m³。750MW 负荷工况下，燃尽风开度建议运行在 40%开度以上。

表 3-15 不同燃尽风开度下运行参数变化

运行参数	单位	60%开度	40%开度	20%开度
A 排烟温度	℃	123.3	122.6	122.5
B 排烟温度	℃	122.2	121.9	121.4
A 侧 NO_x	mg/m³	84.5	83.2	126.9
B 侧 NO_x	mg/m³	70.2	71.9	109.9
主蒸汽温度	℃	602.6	604.6	604.1
再热蒸汽温度	℃	599.2	596.7	594.5

变燃尽风开度试验结果表明，1000MW 负荷工况时建议运行在 60%以上开度，开度减少至 40%时，由于燃烧中心下移导致主/再热汽温降低；750MW 负荷工况时建议运行在 40%以上开度，开度减少至 20%时，NO_x 生成量明显增加。燃尽风开度的变化对排烟温度无明显影响。

（三）变燃尽风摆角试验

燃尽风摆角主要影响炉内温度场和 NO_x 的生成，变燃尽风摆角试验主要观察壁温、汽温的变化，以及 NO_x 浓度的变化。变燃尽风摆角试验在 1000、750MW 和 500MW 三个负荷工况下进行。

1. 1000MW负荷工况下变燃尽风摆角试验

1000MW 负荷工况下变燃尽风开度试验在 0°、−25°、25°三个角度条件下进行。不同燃尽风摆角下，NO_x 浓度、排烟温度和主/再热汽温参数见表 3-16。由表可知，1000MW 负荷工况下，燃尽风摆角对汽温影响较小。燃尽风摆角向下对排烟温度没有影响，燃尽风摆角向上时，排烟温度有增加趋势。燃尽风摆角向下对 NO_x 生成量影响较小，燃尽风摆角向上时，NO_x 生成量明显减少。

表 3-16 不同燃尽风摆角下运行参数变化

参数	单位	−25°摆角	0°摆角	+25°摆角
A 排烟温度	℃	127.6	127	130.3
B 排烟温度	℃	130.2	130	133.5
A 侧 NO_x	mg/m³	116.3	127.9	103.3
B 侧 NO_x	mg/m³	105.9	108.2	89.5
主蒸汽温度	℃	595.6	594.6	594.6
再热蒸汽温度	℃	595.7	597	597

2. 750MW 负荷工况下变燃尽风摆角试验

750MW 负荷工况变燃尽风开度试验在 0°、−25°、25°三个角度条件下进行。

不同燃尽风摆角下，NO_x 浓度、排烟温度和主/再热汽温参数见表 3-17。由表可知，750MW 负荷工况下，燃尽风摆角对汽温和排烟温度影响较小。燃尽风摆角向下对 NO_x 生成量影响较小，燃尽风摆角向上时，NO_x 生成量明显减少。

表 3-17　不同燃尽风摆角下运行参数变化

运行参数	单位	−25°摆角	0°摆角	+25°摆角
A 排烟温度	℃	123.3	123.3	123.2
B 排烟温度	℃	122.2	122.2	122.4
A 侧 NO_x	mg/m³	82.2	84.5	73.5
B 侧 NO_x	mg/m³	74.9	70.2	62.4
主蒸汽温度	℃	603	602	602
再热蒸汽温度	℃	599	599.25	597.75

3. 500MW 负荷工况下变燃尽风摆角试验

500MW 负荷工况变燃尽风开度试验在 0°、−25°、25°三个角度条件下进行。不同燃尽风摆角下，NO_x 浓度、排烟温度和主/再热汽温参数见表 3-18。由表可知，500MW 负荷工况下，燃尽风摆角对排烟温度、NO_x 生成量和汽温影响较小。

表 3-18　不同燃尽风摆角下运行参数变化

运行参数	单位	−25°摆角	0°摆角	+25°摆角
A 排烟温度	℃	122.2	121.7	122.1
B 排烟温度	℃	117.5	117	117.3
A 侧 NO_x	mg/m³	72.2	69.2	67.1
B 侧 NO_x	mg/m³	66.5	67.1	60.9
主蒸汽温度	℃	597	598	598
再热蒸汽温度	℃	591	594	594

变燃尽风摆角试验结果表明，750～1000MW 负荷工况下不同燃尽风摆角对汽温没有影响；摆角向上时，排烟温度有升高趋势，NO_x 生成量明显减少。在低负荷工况下燃尽风摆角对排烟温度、NO_x 生成量和汽温均无明显影响。

试验过程发现，燃尽风摆角变化对壁温有积极影响，调整燃尽风摆角后，壁温超温的现象减少。分析认为，燃尽风摆角的调整会扰动燃烧动力场，可以通过调整燃尽风摆角改善炉膛出口的温度场，使受热面受热更均匀从而减少局部超温。运行人员可以将调整燃尽风摆角作为超温时的一个调整手段。

（四）变氧量运行试验

1000MW 负荷工况下变氧量运行试验在习惯工况 2.5%氧量和调整工况 3%氧量下进行。变氧量运行的热效率试验数据见表 3-19，两次试验的磨煤机运行方式相同。由表可知，2.5%氧量运行工况的热效率更高，建议 1000MW 负荷在 2.5%氧量下运行。

表 3-19　　**1000MW 负荷工况变氧量运行热效率数据**

参数名称	符号	单位	来源	2.5%O_2	3%O_2
机组负荷	—	MW	DCS	1000	1000
磨煤机运行方式	—	—	—	ABCDE	ABCDE
飞灰可燃物	C_{fh}	%	实测	1.015	0.9
炉渣可燃物	C_{fh}	%	实测	0.03	0.06
排烟氧量	O_2''	%	实测	3.91	4.56
排烟温度	θ_{py}	℃	实测	133.0	136.3
排烟中的一氧化碳	CO''	μmol/mol	实测	187.02	113.99
排烟热损失	q_2	%	计算	5.372	5.816
化学不完全燃烧损失	q_3	%	计算	0.077	0.049
固体不完全燃烧损失	q_4	%	计算	0.089	0.129
设计散热损失	q_5	%	设计值	0.19	0.19
灰渣物理热损失	q_6	%	计算	0.044	0.073
输入系统的外来热量	q_{ex}	%	计算	0.202	0.274
锅炉热效率	η	%	计算	94.43	94.02

750MW 负荷工况下变氧量运行试验在习惯运行工况 3.2%氧量、调整工况 2.5%氧量和调整工况 4%氧量下进行。变氧量运行的热效率试验数据见表 3-20，2.5%氧量试验由于设备原因，磨煤机运行方式与另外两个工况不同。由表可见，750MW 负荷下 2.5%氧量运行工况的热效率最高，建议 750MW 负荷在 2.5%氧量下运行。

表 3-20　　**750MW 负荷工况变氧量运行热效率数据**

参数名称	符号	单位	来源	2.5%O_2	3.2%O_2	4%O_2
机组负荷	—	MW	DCS	750	750	750
磨煤机运行方式	—	—	—	ABDF	ABDE	ABDE
飞灰可燃物	C_{fh}	%	实测	0.485	0.51	0.505
炉渣可燃物	C_{fh}	%	实测	0.02	0.02	0.01
排烟氧量	O_2''	%	实测	4.955	5.21	5.39
排烟温度	θ_{py}	℃	实测	126.3	127.9	128.7
排烟中的一氧化碳	CO''	μmol/mol	实测	67.63	16.82	4.59
排烟热损失	q_2	%	计算	5.351	5.575	5.672
化学不完全燃烧损失	q_3	%	计算	0.03	0.008	0.002
固体不完全燃烧损失	q_4	%	计算	0.043	0.072	0.072
设计散热损失	q_5	%	设计值	0.19	0.19	0.19
灰渣物理热损失	q_6	%	计算	0.043	0.069	0.070
输入系统的外来热量	q_{ex}	%	计算	0.150	0.244	0.287
锅炉热效率	η	%	计算	94.49	94.33	94.28

500MW 负荷工况下变氧量运行试验在习惯工况 3.6%氧量和调整工况 3%氧量下进行。变氧量运行的热效率试验数据见表 3-21，两次试验的磨煤机运行方式相同。由表可知，3%氧量运行工况的热效率更高，建议 500MW 负荷在 3%氧量下运行。

表 3-21　500MW 负荷工况变氧量运行热效率数据

参数名称	符号	单位	来源	$3\%O_2$	$3.6\%O_2$
机组负荷	—	MW	DCS	500	500
磨煤机运行方式	—	—	—	BDE	BDE
飞灰可燃物	C_{fh}	%	实测	0.34	0.355
炉渣可燃物	C_{fh}	%	实测	0.03	0.03
排烟氧量	O_2''	%	实测	5.37	5.95
排烟温度	θ_{py}	℃	实测	120.5	120.9
排烟中的一氧化碳	CO''	μmol/mol	实测	2.02	1.98
排烟热损失	q_2	%	计算	5.153	5.363
化学不完全燃烧损失	q_3	%	计算	0.001	0.001
固体不完全燃烧损失	q_4	%	计算	0.03	0.031
设计散热损失	q_5	%	设计值	0.19	0.19
灰渣物理热损失	q_6	%	计算	0.041	0.041
输入系统的外来热量	q_{ex}	%	计算	0.132	0.126
锅炉热效率	η	%	计算	94.72	94.5

（五）锅炉热效率测试

2 号机组锅炉进行了三个负荷工况的效率测试，分别是 1000、700MW 和 400MW，结果依据 GB 10184—2015《电站锅炉性能试验规程》进行锅炉效率计算。

试验时，每个负荷工况的飞灰在空气预热器出口 A、B 侧进行连续取样，各取一个灰样进行分析；炉渣在捞渣机出口取一个样进行分析。外来输入热量只考虑进入系统空气带入的热量，不考虑其他损失（q_{oth}）。试验主要结果与修前试验结果的对比见表 3-22。由表可知，与修前相比，各工况下飞灰、炉渣可燃物和排烟温度均有下降，锅炉效率明显提高。

表 3-22　锅炉效率测试主要结果

项目	符号	单位	来源	修前			修后		
				工况 1	工况 2	工况 3	工况 1	工况 2	工况 3
机组负荷	—	MW	DCS	1000	700	400	1000	700	400
磨煤机运行方式	—	—	—	ABCDE	ACDE	BDE	ABCDE	ABDF	ABD
排烟氧量	O_2''	%	实测	4.75	5.6	7.1	3.91	4.92	5.46
排烟温度	θ_{py}	℃	实测	142.65	128.5	122.15	133.07	125.75	120.2
排烟中的一氧化碳	CO''	μmol/mol	实测	1375.45	154.3	10	187.02	67.79	1.58
排烟热损失	q_2	%	计算	6.103	5.625	5.681	5.372	5.296	5.153
化学不完全燃烧损失	q_3	%	计算	0.597	0.071	0.005	0.077	0.030	0.001
固体不完全燃烧损失	q_4	%	计算	0.208	0.297	0.239	0.089	0.034	0.031
设计散热损失	q_5	%	设计值	0.19	0.19	0.19	0.19	0.19	0.19
灰渣物理热损失	q_6	%	计算	0.062	0.058	0.045	0.044	0.042	0.041
输入系统的外来热量	q_{ex}	%	计算	0.574	0.353	0.344	0.202	0.117	0.140
锅炉热效率	η	%	计算	93.41	94.11	94.18	94.43	94.52	94.72

四、结论

部分 1000MW 燃煤电厂精细燃烧调整试验研究的主要目的是研究不同负荷下锅炉效率和脱硝入口 NO_x 浓度变化的规律，找出不同负荷下较好的运行方式，实现锅炉效率和 NO_x 浓度同时最优。主要结论如下：

（1）热态一次风调平试验调整前，部分磨煤机出口粉管速度偏差较大，最大偏差达到 32.8%。经过热态一次风调平试验后，偏差大幅缩小，偏差值普遍小于 5%，达到了较好的调平效果。

（2）变燃尽风开度试验结果表明，1000MW 负荷工况时建议运行在 60%以上开度，开度减少至 40%时，由于燃烧中心下移导致主/再热汽温降低；750MW 负荷工况时建议运行在 40%以上开度，开度减少至 20%时，NO_x 生成量明显增加。燃尽风开度的变化对排烟温度无明显影响。

（3）变燃尽风摆角试验结果表明，750～1000MW 负荷工况下不同燃尽风摆角对汽温没有影响；摆角向上时，排烟温度有升高趋势，NO_x 生成量明显减少。在低负荷工况下燃尽风摆角对排烟温度、NO_x 生成量和汽温均无明显影响。试验过程发现，燃尽风摆角变化对壁温有积极影响，调整燃尽风摆角后，壁温超温的现象减少。分析认为，燃尽风摆角的调整会扰动燃烧动力场，可以通过调整燃尽风摆角改善炉膛出口的温度场，使受热面受热更均匀减少局部超温。运行人员可以将调整燃尽风摆角作为超温时的一个调整手段。

（4）变氧量运行试验结果表明，目前锅炉运行情况良好，1000MW 负荷建议维持现状在 2.5%氧量下运行。中低负荷工况下目前运行氧量偏高，建议降氧量运行，750MW 负荷建议在 2.5%氧量下运行，500MW 负荷建议在 3%氧量下运行。

（5）热效率试验结果表明，2 号机组锅炉 1000、700MW 和 400MW 负荷时锅炉效率测试结果分别为 94.43%、94.52%和 94.72%。

第二节　300MW 燃煤锅炉精细燃烧优化调整试验

针对某电厂 300MW 燃煤锅炉开展了精细燃烧优化调整试验研究，主要开展了变磨煤机组合试验、变运行氧量试验、变一次风率试验、变配风试验等现场调整试验研究，主要目的是研究运行工况下锅炉效率和炉膛出口 NO_x 浓度变化的规律，找出不同负荷下较好的运行方式，同时兼顾锅炉效率和 NO_x 浓度。

一、锅炉设备介绍

该电厂 300MW 机组锅炉为东方锅炉厂生产的亚临界压力、中间再热、自然循环、单炉膛、全悬吊露天布置、平衡通风、燃烧系统四角布置、切圆燃烧、固态排渣燃煤汽包炉。锅炉燃烧系统为四角切圆燃烧，采用水平浓淡直流式煤粉燃烧器。炉膛中心的两个假想切圆直径为 681mm 和 772mm；燃烧器中心线与侧墙水冷壁的夹角为 44°和 48.5°。每角燃烧器分为上、中、下三组。上组为两层燃尽风喷口，中组喷口的布置型式为2-1-2-1-2，下组喷口的布置由上至下为2-1-2-1（微油)-2-1（微油)-2。总共5层一次风喷口，4运1备，其中最下两层一次风采用微油煤粉直接点火燃烧器以实现冷炉启动，节省锅炉启动和低负荷稳燃的耗油量。

二、现场燃烧调整试验内容

现场试验采用GB/T 10184—2015中的方法开展现场试验，具体试验方法及数据处理过程见相关文献。燃烧调整均在300MW工况下进行，试验完成后分别进行了300、240MW及180MW工况条件下的热效率测试。燃烧调整时，燃烧的完全程度主要通过观察锅炉出口CO含量判断，测试项目主要包括锅炉进出口烟气成分、灰渣含碳量、锅炉出口温度及锅炉效率等；同时，通过表盘数据分析测试锅炉主要运行参数，如减温水量、蒸汽温度、蒸汽压力、排烟温度、飞灰含碳量、NO_x排放等的变化情况。

三、现场燃烧优化调整结果分析

1. 变磨煤机组合试验

变磨煤机组合试验对应工况分别为工况1和工况2。工况1在磨煤机为ABCE时进行，工况2在磨煤机为ABCD时进行。试验主要参数见表3-23。

表3-23　变磨煤机组合试验

项目	单位	工况1	工况2
发电机功率	MW	302.65	302.03
磨煤机组合	—	ABCE	ABCD
配风方式	—	平衡配风	平衡配风
辅机总功耗	kW	10215.97	10239.22
A侧飞灰含碳量	%	2.41	2.49
B侧飞灰含碳量	%	1.70	2.22
空气预热器A侧出口一氧化碳含量	μmol/mol	6.95	180.55
空气预热器B侧出口一氧化碳含量	μmol/mol	315.75	256.20
A侧排烟温度	℃	136.89	136.69
B侧排烟温度	℃	134.94	134.59
修正后排烟热损失	%	5.40	5.22
锅炉热效率	%	93.52	93.59
修正后锅炉热效率损失	%	93.55	93.60
SCR反应器入口NO_x	mg/m^3	350.20	362.27

从试验结果可见，运行ABCD磨煤机较运行ABCE磨煤机锅炉效率更高，排烟热损失更小，主要原因为火焰中心较低，烟气与受热面换热更充分且燃烧效率更高。同时，左右侧烟温偏差、CO含量偏差也相应变小，说明烟气在水平烟道分布更平衡。因此，正常运行时，应优先选用下四层磨煤机。

2. 变运行氧量试验

变运行氧量试验对应工况分别为工况 3 和工况 4。工况 3 炉膛左右侧氧量均值为 1.91%，工况 4 炉膛左右侧氧量均值为 2.55%。试验主要参数见表 3-24。

表 3-24　　变运行氧量试验

项目	单位	工况 3	工况 4
发电机功率	MW	302.13	301.32
磨煤机组合	—	ABCD	ABCD
氧量方式	—	低氧量均衡配风	高氧量均衡配风
辅机总功耗	kW	10046.93	10425.91
A 侧飞灰含碳量	%	2.11	1.86
B 侧飞灰含碳量	%	3.24	2.52
空气预热器 A 侧出口一氧化碳含量	μmol/mol	5.55	6.76
空气预热器 B 侧出口一氧化碳含量	μmol/mol	2394.40	150.85
A 侧排烟温度	℃	134.74	136.04
B 侧排烟温度	℃	133.02	133.80
修正后排烟热损失	%	4.99	5.22
修正后化学不完全燃烧损失	%	0.50	0.03
修正后固体不完全燃烧损失	%	0.69	0.57
锅炉热效率	%	93.55	93.88
修正后锅炉热效率损失	%	93.49	93.84
SCR 反应器入口 NO_x	mg/m^3	313.99	343.85

从试验结果可见，左右侧氧量为 1.91%时，虽然排烟温度较低、排烟热损失较小，但排烟 CO 含量、飞灰可燃物、不完全燃烧损失均明显大于左右侧氧量为 2.55%时的情况，综合影响之下，导致低氧量时锅炉热效率较低。同时，由于低氧量时燃烧后移，也导致过热器减温水总量明显偏高。对 NO_x 排放来说，低氧环境有利于抑制 NO_x 的生成，因此低氧量时 NO_x 排放较低。

总之，左右侧氧量为 2.55%时，更有利于提高运行的经济性，因此建议运行时炉膛左右侧氧量均值控制在 2.6%左右，同时尽量使左右侧氧量趋于平均。运行操作上可以直观地从左右侧 CO 含量判断燃烧的完全程度。

3. 变一次风率试验

变一次风率试验对应工况分别为工况 5 和工况 6。由于磨煤机的限制，一次风率变化幅度较小，工况 5 较工况 6 风压降低约 500Pa，风量降低约 6t/h。试验主要参数见表 3-25。

表 3-25　　变一次风率试验

项目	单位	工况 5	工况 6
发电机功率	MW	307.62	307.76
磨煤机组合	—	ABCD	ABCD
一次风方式	—	低一次风率均衡配风	高一次风率均衡配风

续表

项目	单位	工况 5	工况 6
A 侧一次风压	Pa	12267.9	12764.9
B 侧一次风压	Pa	12336.8	12809.0
A 侧一次风流量	t/h	174.3	180.4
B 侧一次风流量	t/h	180.6	186.4
辅机总功耗	kW	10327.08	10418.30
A 侧飞灰含碳量	%	1.98	1.94
B 侧飞灰含碳量	%	2.22	1.84
空气预热器 A 侧出口一氧化碳含量	μmol/mol	220.25	7.15
空气预热器 B 侧出口一氧化碳含量	μmol/mol	155.55	133.30
A 侧排烟温度	℃	132.59	132.67
B 侧排烟温度	℃	128.56	128.63
修正后排烟热损失	%	5.29	5.24
修正后化学不完全燃烧损失	%	0.08	0.03
修正后固体不完全燃烧损失	%	0.55	0.49
锅炉热效率	%	93.68	93.83
修正后锅炉热效率损失	%	93.74	93.90
SCR 反应器入口 NO_x	mg/m³	381.44	382.99

一次风量的大小与煤质情况有直接的关系。煤质越差，则需要的一次风风压越高、风量越大。风压过低，不利于煤粉的扩散及风粉的混合。风压过大，煤粉与二次风混合推后，燃烧延迟，甚至导致煤粉冲刷炉墙，导致结焦。

从试验结果看，低一次风率有利于降低过热器减温水量及辅机电耗，高一次风率有较低不完全燃烧损失及较高的热效率，同时对 NO_x 排放影响较小。

总之，燃用试验煤种时，高一次风率更有利于提高运行的经济性，建议运行时一次风率控制在 180t/h 左右。

4. 变配风试验

变配风方式试验中工况 7 为束腰配风方式，工况 8 为正塔形配风，工况 9 采用燃烧器下摆运行方式，工况 10 采用燃烧器上摆运行方式。工况 11 将燃尽风开度关至 80%，工况 12 将燃尽风开度关至 60%。试验主要参数见表 3-26。

表 3-26 变配风试验

项目	单位	工况 7	工况 8	工况 9	工况 10	工况 11	工况 12
发电机功率	MW	308.05	301.84	301.75	301.57	303.00	301.74
磨煤机组合	—	ABCD	ABCD	ABCD	ABCD	ABCD	ABCD
配风方式	—	束腰	正塔	燃烧器下摆 正塔	燃烧器上摆 正塔	燃烧器下摆 SOFA-80% 正塔	燃烧器下摆 SOFA-60% 正塔
辅机总功耗	kW	10392.26	10317.48	10379.42	10357.19	10242.72	10293.96
A 侧飞灰含碳量	%	2.81	2.46	2.50	2.74	2.04	2.37

续表

项目	单位	工况 7	工况 8	工况 9	工况 10	工况 11	工况 12
B 侧飞灰含碳量	%	2.46	1.66	3.35	2.30	1.62	1.99
空气预热器 A 侧出口 CO 含量	μmol/mol	780.95	8.40	7.00	5.45	5.45	43.05
空气预热器 B 侧出口 CO 含量	μmol/mol	233.15	18.85	900.50	27.90	27.90	1275.30
A 侧排烟温度	℃	133.68	133.65	136.61	132.01	135.43	136.73
B 侧排烟温度	℃	130.14	130.35	132.62	128.45	132.55	133.67
修正后排烟热损失	%	5.13	5.24	5.34	5.17	5.20	5.20
化学不完全燃烧损失	%	0.21	0.01	0.20	0.01	0.01	0.27
固体不完全燃烧损失	%	0.68	0.54	0.75	0.65	0.48	0.57
锅炉热效率	%	93.63	93.81	93.39	93.80	93.98	93.57
修正后锅炉热效率损失	%	93.64	93.87	93.38	93.83	93.98	93.62
SCR 反应器入口 NO_x	mg/m^3	377.66	348.27	321.52	329.26	292.49	323.07

从试验结果看，正塔配风方式时锅炉热效率最高，主要原因为正三角配风方式煤粉与二次风建立初期混合较早，其火焰中心高度较低，燃烧较完全，不完全燃烧损失较小。另外，由于火焰中心降低，对流受热面吸热较少，故减温水用量也较少。由于正塔配风二次风主要在下、中层燃烧器区域引入，有利于减小燃尽风区域的烟气旋流强度，增强燃尽风的消旋作用，从而使两侧烟气烟温偏差减小。

由于正塔型配风中上层燃烧器区域二次风引入量较少，又利于形成还原性气氛，抑制 NO_x 的生成，因此正塔型配风 NO_x 排放也较束腰配风低。

燃烧器摆角上摆，燃烧上移，有助于减小左右侧烟温偏差、CO 含量偏差及飞灰可燃物偏差；燃烧器下摆，有助于降低过热器减温水量及排烟 NO_x 含量。另外，燃烧器摆角对过热器减温水量有较大的影响，燃烧器上摆，减温水量及 NO_x 含量有较明显的上升。运行实践中，燃烧器上摆也易导致高温再热器第 32 号壁温在线温度测点超温。因此，建议运行中燃烧器上摆时，应密切留意高再壁温情况。

燃尽风开度从 100%关小至 80%过程中，SCR 入口 NO_x 含量上升，但上升幅度不大；再由 80%关小至 60%过程中，SCR 入口 NO_x 含量上升幅度较大，而且烟气中 CO 含量也明显上升，造成不完全燃烧损失显著上升。

综合工况 1～12，各运行方式比较见表 3-27。

表 3-27　各运行方式综合比较

运行方式	二次风配风影响			燃烧器摆角影响	
	均衡配风	束腰	正塔	燃烧器下摆	燃烧器上摆
锅炉效率	优	良	优	良	优
减温水总量	良	可	优	优	良
左右侧氧量、烟温偏差	良	可	优	良	优
NO_x 排放	良	可	良	优	良
综合性能	良	可	优	良	良

5. 锅炉热效率试验

燃烧调整试验完成后，分别在 300、240MW 及 180MW 工况条件下进行了锅炉热效率试验。其中，300MW 工况运行方式采用燃烧器上摆，正塔型配风方式，并适当降低一次风率及运行氧量。工况 14 及工况 15 运行方式采用习惯工况，根据锅炉出口 CO 含量进行适当调整。试验主要参数见表 3-28。

表 3-28 锅炉热效率试验

项目	单位	工况 13	工况 14	工况 15
发电机功率	MW	300.70	232.08	180.91
磨煤机组合	—	ABCD	ABC	ABC
辅机总功耗	kW	10019.08	7963.25	7186.62
A 侧飞灰含碳量	%	2.23	2.51	1.34
B 侧飞灰含碳量	%	1.70	2.02	1.32
空气预热器 A 侧出口一氧化碳含量	μmol/mol	166.39	42.00	2.96
空气预热器 B 侧出口一氧化碳含量	μmol/mol	266.13	23.05	3.38
A 侧排烟温度	℃	133.57	129.21	122.62
B 侧排烟温度	℃	129.48	126.23	120.25
修正后排烟热损失	%	5.24	5.42	6.10
修正后化学不完全燃烧损失	%	0.10	0.02	0.00
修正后固体不完全燃烧损失	%	0.51	0.57	0.34
锅炉热效率	%	93.71	93.62	93.09
修正后锅炉热效率损失	%	93.81	93.65	93.23
SCR 反应器入口 NO_x 浓度均值	mg/m^3	339.40	227.53	249.60

从试验结果可见，在 300、230MW 及 180MW 工况条件下，锅炉效率分别为 93.81%、93.65%及 93.23%；辅机总功耗为 10019.08、7963.25kW 及 7386.62kW；SCR 入口反应器 NO_x 浓度分别为 339.40、227.53mg/m^3 及 249.60mg/m^3。

四、结论

（1）锅炉精细燃烧调整后，锅炉热效率由 93.60%提高到 93.81%，提高 0.21%；辅机总功耗由 10239.22kW 降低至 10019.08kW，降低 2.15%；NO_x 排放由均值 362.27mg/m^3 降低至 339.40mg/m^3，降低 6.31%。达到了预期目标，取得了较好的效果。

（2）结合锅炉的实际及 CO 对锅炉热效率的影响程度，建议高负荷运行时 CO 含量控制在 50～250μmol/mol 以内。

（3）高负荷工况时，运行 ABCD 磨煤机较运行 ABCE 磨煤机锅炉热效率更高，NO_x 排放水平及减温水流量则相差不大。建议高负荷工况条件下优先选用下四台磨煤机。

（4）300MW 工况条件下，受煤质限制，一次风率可变化区间较小。从试验结果分析，低一次风率有利于降低过热器减温水量及辅机电耗，高一次风率有较低不完全燃烧损失及较高的热效率，NO_x 排放则相差不大。综合分析，建议燃用试验煤种时，较高一次风率更有利于提高运行的经济性，建议运行时一次风率控制在 180t/h 左右。

（5）燃用试验煤种，正塔配风方式时锅炉热效率最高，两侧烟气温度、氧量偏差较小，减温水量及 NO_x 排放量较小，综合性能最好。均衡配方综合性能次之。建议运行时优先选用正塔配风或均衡配风。

（6）燃用试验煤种，燃烧器摆角上摆，有助于减小左右侧烟温偏差、CO 含量偏差及飞灰可燃物偏差，但减温水量会明显升高；燃烧器下摆，有助于降低过热器减温水量及排烟 NO_x 含量。运行实践中，燃烧器上摆也易导致高温再热器第 32 号壁温在线温度测点超温。综合分析，建议高负荷尽量保持摆角上摆，降低烟温、CO 含量偏差的同时，适当降低氧量，有利于锅炉保持较高的热效率。

（7）燃用试验煤种，燃尽风开度从 100％关小至 80％过程中，SCR 入口 NO_x 含量上升，但上升幅度不大。再由 80％关小至 60 过程中，SCR 入口 NO_x 含量上升幅度较大，而且烟气中 CO 含量也明显上升，造成不完全燃烧损失显著上升。建议 300MW 工况条件下燃尽风开度应保持 80％以上。

第三节　300MW 锅炉 MFT 关键原因分析与现场改造

随着经济社会的不断发展，对火力发电安全、稳定运行提出了更高的要求。如何保证电厂锅炉处于安全、稳定运行状态，减少人为原因导致的锅炉停机事故，是摆在所有火电厂技术人员面前的关键技术问题。锅炉 MFT（总燃料跳闸，main fuel trip）事件对电厂乃至电网安全运行带来很大的安全隐患，对于造成 MFT 的各种原因，国内研究者开展了大量的基于现场的分析，提出了很多完善措施，包括热工控制逻辑、设备可靠性、现场运行优化措施等。李德波等进行了 OPCC 型旋流燃烧器烧损关键问题分析，提出了关键的改造措施，为锅炉稳定运行提供了重要的指导。随着火电厂超低排放改造，李德波等分析了三合一引风机、高温腐蚀等方面影响锅炉安全运行的原因，并在火电厂开展工程应用研究，提出了关键的运行措施。

2017 年 1 月 12 日 13：53：26，某电厂 1 号机组锅炉两台引风机同时发喘振报警，炉膛负压变正且大幅度上升；53：32，1 号锅炉炉膛压力高延时 3s 保护动作，锅炉 MFT 跳闸，辅机连锁正常动作，1 号机组跳机。

一、锅炉设备情况

该电厂共有 4 台 300MW 燃煤发电机组，锅炉均为东方锅炉厂生产的亚临界压力、中间再热、自然循环、单炉膛、全悬吊露天布置、平衡通风、燃烧系统四角布置、切圆燃烧、固态排渣燃煤汽包炉。其中Ⅰ期工程 1、2 号锅炉型号为 DG 1025/18.2-Ⅱ（3）型，采用钢筋混凝土结构炉架，原设计煤种为 50％无烟煤和 50％贫煤的混煤，校核煤种Ⅰ为 60％无烟煤和 40％贫煤的混煤，校核煤种Ⅱ为 100％贫煤。Ⅱ期工程 3、4 号锅炉型号为 DG 1025/18.2-Ⅱ（5）型，采用钢结构炉架，原设计煤种为晋东南无烟煤和贫煤各 50％的混煤，校核煤种Ⅰ为 100％无烟煤，校核煤种Ⅱ为 100％贫煤。因原燃用煤种的供应问题，该厂燃用煤种改为烟煤。自 2010 年起，该厂开始实施 1～4 号锅炉改烧烟煤改造，对锅炉及其相关系统进行改造，同时对这 4 台机组进行增容改造，锅炉最大连续蒸发量增至 1077t/h，汽轮发电机组出力增至 330MW。现有锅炉的设计煤种及锅炉的主要技术参数见表 3-29 和表 3-30。

表 3-29　　锅炉的设计煤种和校核煤种

项目	符号	单位	平三煤（设计煤种）	50%平三煤+50%印尼煤（校核煤种Ⅰ）	50%平三煤+50%神混三煤（校核煤种Ⅱ）
空气干燥基水分	M_{ad}	%	3.5	4.96	5.68
收到基水分	M_{ar}	%	9.0	14.62	13.8
收到基灰分	A_{ar}	%	21.93	14.97	16.71
干燥无灰基挥发分	V_{daf}	%	43	46.61	40.18
固定碳	FC_{ad}	%	41.75	41.85	45.49
全硫	$S_{t,ar}$	%	1.42	1.0	1.0
收到基碳	C_{ar}	%	53.59	54.45	54.92
收到基氢	H_{ar}	%	3.61	3.89	3.54
收到基氮	N_{ar}	%	0.98	0.95	0.84
收到基氧	O_{ar}	%	9.47	10.12	9.19
收到基低位发热量	$Q_{net,ar}$	MJ/kg	20.57	20.85	20.76

表 3-30　　锅炉主要技术参数表

序号	项目	单位	参数值	
			MCR 工况	ECR 工况
1	汽包工作压力	MPa	19.08	18.64
2	主蒸汽流量	t/h	1077	997
3	主蒸汽出口压力	MPa	17.45	17.3
4	主蒸汽出口温度	℃	540	540
5	再热蒸汽流量	t/h	886.9	825.9
6	再热蒸汽压力（进口/出口）	MPa	3.73/3.53	3.46/3.29
7	再热蒸汽温度（进口/出口）	℃	323/540	316/540
8	省煤器水温（进口/出口）	℃	280/289	275/284
9	冷空气温度	℃	35	35
10	预热器出口热一次风温	℃	348	344
11	预热器出口热二次风温	℃	354	348
12	炉膛出口烟温	℃	1129	1096
13	排烟温度	℃	138	137
14	锅炉计算效率	%	93	93
15	燃料消耗量	t/h	149.8	135.5

二、MFT 事件过程

2017 年 1 月 12 日中午，1 号机组带 328MW，锅炉主、再热蒸汽压力为 16.1MPa/3.5MPa，主、再热蒸汽温度为 544℃/540℃。汽动给水泵运行，单元机组协调控制系统

(CCS) 投入。引风机 A/B 电流分别为 391A/394A，动叶开度分别为 82.3%/82.7%。

当日 13：53：26，1 号锅炉两台引风机同时发喘振报警，炉膛负压变正且大幅度上升；53：32，1 号锅炉炉膛压力高延时 3s 保护动作，锅炉 MFT 跳闸，辅机连锁正常动作，1 号机组跳机；53：43，两台引风机因喘振延时 15s 跳闸。

14：03，运行重新启动引风机 A/B，引风机动叶开度到 29.3%/29.3%时，炉膛压力上升至 428Pa 左右，两台引风机再次同时发喘振报警并延时跳闸。因 1 号锅炉两台引风机跳闸原因不明，机组暂停启动，待查明原因并处理好后再安排启动。

14：20 左右，检查发现 1 号脱硫 MGGH 再热器出口至烟囱入口隔离门的状态与 2 号脱硫烟囱入口隔离门的状态不一致，接近关闭状态，后检修部安排人员打开该隔离门。

16：15 左右，1 号脱硫 MGGH 再热器出口至烟囱入口隔离门打开并固定；16：40，1 号锅炉引风机启动正常；19：58，1 号机组并网带负荷运行。

通过现场了解发现，烟囱入口烟气挡板门是将原来的旁路烟道挡板门移位安装的，由于烟囱入口烟气挡板门开关信号没有接入到 DCS 系统，所以无法了解锅炉 MFT 前后门开、关的状态，为 MFT 事件分析带来很大的技术困难。因此只能从锅炉现场设备运行参数来分析造成 MFT 事件的原因。

三、MFT 事件原因分析与讨论

（一）引风机运行情况

自 1 号机组大修后启动运行以来，引风机电流和开度存在明显逐渐增大的趋势。见表 3-31。

表 3-31　　引风机运行电流和开度变化趋势

1 号锅炉	负荷	时间	动叶开度（%）	电流（A）
引风机 A	319MW	9 日 15：24	69	313
		12 日 11：30	76	365
	328MW（跳机前）	12 日 13：53	82.3	391
引风机 B	319MW	9 日 15：24	68	308
		12 日 11：30	76	361
	328MW（跳机前）	12 日 13：53	82.7	394

1 号机组跳机前引风机同时喘振时，炉膛负压变正达到压力保护动作，引风机入口喘振压力均变正并达到 1000Pa 左右，说明引风机正常喘振动作。

打开烟道人口门检查，发现烟囱入口烟气挡板门处于略微打开的状态，开度小于全开状态的 30%，如图 3-1 所示。

图 3-1　烟囱入口烟气挡板门的开启状态

（二）事件原因分析

根据电厂检修部门管理人员回忆，拆除检修完成烟囱入口烟气挡板门安装后，此门也曾操作过 2 次，分别为烟道涂玻璃鳞片防腐施工时和吸收塔喷淋管施工时，点火前由电建单位确认开关状态。

通过分析图 3-1 所示挡板门的状态，造成 MFT 事件的可能原因为：烟囱入口烟气挡板门处于近乎关闭的状态，从开机到跳机的过程中，引风机的运行工况会随着负荷的变化而变化。在满负荷时，由于烟囱入口烟气挡板门的流动阻力非常大，引风机运行工况点偏离最大（T. B）工况点太多，进入了风机喘振区从而发生风机喘振，引起机组跳机。由于烟囱入口门开、关状态没有接入到 DCS，无法准确获得机组运行期间门的运行状态，因此无法准确得出机组运行期间烟囱入口烟气挡板门一直处于关闭状态，还有另外一种可能性是烟囱入口烟气挡板门在机组运行期间由于烟气扰动导致门逐渐关闭。为了进一步分析造成锅炉 MFT 发生的原因，下面从引风机电流、净烟气压力等方面进行分析，判断机组运行期间烟囱入口烟气挡板门是否一直处于关闭状态，这是分析锅炉 MFT 的关键。

1. 引风机电流的情况

如果烟气挡板门从开机时就已经是全开的，因为烟气的扰动导致它瞬间关回来的假设成立，则在跳机前引风机的电流与跳机后重新打开挡板门后的电流应该是相差不多的。通过分析机组运行期间引风机电流数据，生产实时系统取点 2017 年 1 月 12 日 04：22：43，当时负荷为 162MW，引风机 A 电流为 200A，引风机 B 电流为 199A。2017 年 1 月 13 日 03：53：40 时负荷为 162MW，引风机 A 电流为 188A，引风机 B 电流为 189A。重新开机后的电流是下降的。这说明烟气挡板门不是全开的，因为如果是全开的，则跳机前引风机电流和跳机后重新打开后引风机电流应该是一样的。事实证明电流是不一样的，说明烟道阻力在跳机前和跳机后有差异，跳机前和跳机后烟道运行的唯一差异就是将烟气挡板门打开并固定，阻力的差异就来自于烟气挡板门的阻力，从而证明跳机前烟气挡板门不是全开的。

如果烟气挡板门从开机时就已经是全开的，因为烟气的扰动导致它逐渐关了回来的假设成立，则从开机到跳机期间，同负荷段引风机的电流是逐步上升的。

生产实时系统取点 2017 年 1 月 7 日 03：23：46 时负荷为 172MW，引风机 A 电流为 200A，引风机 B 电流为 198A；2017 年 1 月 11 日 00：00：51 时负荷为 172MW，引风机 A 电流为 194A，引风机 B 电流为 195A。显然期间引风机电流是基本稳定的。这说明烟气挡板不可能在带负荷期间，由于烟气扰动等因素导致挡板门处于打开状态。

为了进一步定量分析不同负荷段，跳机前后引风机电流、原烟气压力和锅炉负荷的变化，通过采集锅炉运行数据，选取稳定负荷段，进行了数据处理。在稳定负荷段，对引风机电流、原烟气压力和平均负荷进行了时间平均，得到时间平均值，这样便于进行对比分析。表 3-32 所示为定量分析的数据。

表 3-32　　不同负荷段参数对比

时间段	平均负荷（MW）	引风机 A 电流（A）	引风机 B 电流（A）	原烟气平均压力（Pa）
时间段 1：2017-01-10 00：52：25 到 2017-01-10 02：18：13	305	290.0	287.8	4880.5

续表

时间段	平均负荷（MW）	引风机A电流（A）	引风机B电流（A）	原烟气平均压力（Pa）
时间段2：2017-01-11 13：49：40到2017-01-11 22：51：55	329.3	339.2	339.4	5775.8
时间段3：2017-01-12 08：29：42到2017-01-12 09：02：14	297.2	331.9	334.2	5580.8
时间段4：2017-01-18 09：49：17到2017-01-18 11：53：21	300.0	251.9	253.6	2605.8

从表3-32的数据可以得出如下的信息：

对生产实时系统取点2017年1月18日09：49：17到2017年1月18日11：53：21期间，该时间段烟囱位置挡板门已经开启，1号机组负荷比较稳定，时间平均负荷为300MW，引风机A电流平均值为251.9A，引风机B电流为253.6A，原烟气压力平均值为2605.8Pa。

对生产实时系统取点2017年1月12日08：29：42到2017年1月12日09：02：14期间，该时间段烟囱位置挡板门没有开启，1号机组负荷比较稳定，平均负荷为297.2MW，引风机A电流平均值为331.9A，引风机B电流为334.2A，原烟气压力平均值为5580.8Pa。

对生产实时系统取点2017年1月11日13：49：40到2017年1月11日22：51：55期间，该时间段烟囱位置挡板门没有开启，1号机组负荷比较稳定，平均负荷为329.3MW，引风机A电流平均值为339.2A，引风机B电流为339.4A，原烟气压力平均值为5775.8Pa。

对生产实时系统取点2017年1月10日00：52：25到2017年1月10日02：18：13期间，该时间段烟囱位置挡板门没有开启，1号机组负荷比较稳定，平均负荷为305.0MW，引风机A电流平均值为290.0A，引风机B电流为287.8A，原烟气压力平均值为4880.5Pa。

通过选取1号锅炉MFT前后的数据进行对比分析（负荷段4：2017年1月18日09：49：17到2017年1月18日11：53：21，负荷段3：2017年1月12日08：29：42到2017年1月12日09：02：14），可以得出，当烟囱位置挡板门全部打开之后，引风机电流下降明显，下降了近80A，原烟气压力下降了2975.0Pa。由于选取的负荷段都处于稳定满负荷阶段，引风机电流下降很多，说明烟气阻力下降；同时原烟气压力下降了近2975Pa进一步说明，造成锅炉MFT的原因是烟囱位置处的挡板门没有开启。

通过选取1号锅炉MFT前后的数据进行对比分析（负荷段4：2017年1月18日09：49：17到2017年1月18日11：53：21，负荷段1：2017年1月10日00：52：25到2017年1月10日02：18：13），可以得出，当烟囱位置挡板门全部打开之后，引风机电流下降明显，下降了近38.0A，原烟气压力下降了2274.7Pa。由于选取的负荷段都处于稳定满负荷阶段，引风机电流下降很多，说明烟气阻力下降；同时原烟气压力下降了近2274Pa进一步说明，造成锅炉 MFT 的原因是烟囱位置处的挡板门没有开启。需要指出的是负荷段 1 和负荷段 3，在同样的负荷下，引风机电流和原烟气压力有一定的差异，这与锅炉燃用煤种有关，不同煤种导致烟气量不同，引风机的出力有差异。

2. 净烟气压力（烟囱入口前）

如果从开机起烟囱入口烟气挡板门一直处于近乎关闭的状态，则从开机到跳机的过程中，净烟气压力一直处于偏高的状态，且比打开烟囱入口烟气挡板门后的净烟气压力高。

从 1 月 6 日带负荷之时，净烟气压力为 600Pa。1 月 12 日跳机后开机带负荷时（由于人为将烟气挡板门打开并固定，使得一直处于打开的状态），净烟气压力为-160Pa。显然 1 月 4 日开机时，烟囱入口烟气挡板门是近乎关闭状态的。通过上面分析可知，从开机到跳机，烟气挡板门不会因为烟气的扰动而关回来的。烟囱入口烟气挡板的开度是关闭状态的。

（三）关于第二次锅炉 MFT 原因分析

14：03，电厂运行人员重新启动引风机 A、B，引风机动叶开度到 29.3%、29.3%时，炉膛压力上升至 428Pa 左右，两台引风机再次同时发生喘振报警并延时跳闸。在发生第二次喘振时，烟囱位置的挡板门没有开启，因此该次机组启动实际上还是属于烟道憋压启动。从 DCS 数据得出，在第二次锅炉启动时，原烟气压力维持在 6438.2Pa 左右，炉膛负压在 100Pa 左右，第二次启动引风机时间与第一次 MFT 时间间隔非常短，仅仅只有 6min 左右。由于烟道处于憋压状态，在启动引风机时，引风机的运行工况点处于失速区域，导致引风机再次喘振，锅炉 MFT。

四、现场改造措施

从第二次锅炉 MFT 数据可以看出，在原烟气压力为 6438.2Pa 左右的情况下，再次启动引风机，本身风险非常大。正确的做法应该是检查 DCS 画面上所有设备的运行参数回到正常状态，同时通知运行人员检查现场设备运行情况之后，再进行机组启动。通过分析 DCS 数据可以得到，从 2017 年 1 月 12 日 14：03：54，原烟气压力为 6438.2Pa 到 2017 年 1 月 12 日 14：25：27，原烟气压力为 193.917Pa，烟气压力降低了 6244.3Pa，持续时间为 22min。需要指出的是，正常情况下烟道泄压很快，持续了 22min 泄压到常压状态，是由于烟囱位置的挡板门没有全部打开。14：20，运行人员打开烟囱位置挡板门，不到 5min 烟道压力就泄压到正常状态，进一步证实了烟囱挡板门没有打开导致烟道憋压现象发生。从数据可以看出，第二次锅炉启动时，烟道压力还没有下降到常压状态，就急于启动引风机，才导致了引风机的运行工况点处于失速区域。因此充分说明，锅炉 MFT 之后，在下次启动时，至少要等 10min 以上，同时做好现场安全检查工作，保证现场设备处于正常状态，尤其是阀门状态要核实清楚，才能下次启动，避免由于烟道压力没有下降到常压状态，或者烟道憋压情况发生，导致引风机失速喘振锅炉 MFT 事件发生。

五、结论和建议

本部分对某电厂锅炉 MFT 事件进行了深入分析。该次事件最大的难点就在于烟囱入口烟气挡板门开、关状态没有接入到DCS系统，为分析造成MFT事件的原因带来很大技术困难。通过本部分深入研究，得出如下结论：

（1）通过对引风机电流、原烟气压力进行定量对比分析得出，造成锅炉MFT的主要原因是烟囱位置处的挡板门没有打开，造成烟道憋压，引风机进入失速区，炉膛负压变正且大幅度上升，锅炉炉膛压力高延时3s保护动作，锅炉MFT跳闸。

（2）建议电厂将烟囱位置挡板门的状态接入到DCS系统，便于运行人员及时掌握设备运行状态，同时在事故状态下也能够进行状态评估。

（3）建议完善锅炉MFT启动的运行规程，下次启动时间至少要在10min以上，保证烟道能够正常泄压，同时做好现场安全检查工作，保证现场设备运行状态正常，阀门状态处于正常状态。

第四节　330MW锅炉严重结渣关键原因分析与改造

随着经济社会的不断发展，对火力发电安全、稳定运行提出了更高的要求。锅炉结渣对电厂安全运行带来很大的安全隐患，对于造成结渣的各种原因，国内研究者开展了大量的基于锅炉受热面结渣现场的研究，提出了很多完善措施，包括现场运行优化措施、锅炉结构设计改进等。党林贵等进行了某前后墙对冲旋流燃烧锅炉炉膛结渣试验研究和改造实践。研究者通过冷态试验结果表明燃烧器出口气流发散直接导致燃烧器附近区域结渣。李德波等进行了1045MW超超临界贫煤锅炉燃用高挥发分烟煤燃烧调整研究。其他研究者采用数值模拟技术手段，对锅炉炉内流动、传热和燃烧过程进行了研究，获得了传统试验手段无法获取的关键信息，对于现场燃烧调整及防止锅炉结渣等提供了重要的理论基础和技术手段。

某电厂1、2号机组锅炉从9月8日开始烧易结焦的印尼煤后发生结焦，经现场检查，在大屏部位看火孔、37m燃尽风上部看火孔、燃烧器上部看火孔，以及1、2层燃烧器之间的看火孔分别观察，发现在大屏、前后墙水冷壁均发生结焦，比较均匀地覆盖在大屏及水冷壁面上。本部分系统分析了造成锅炉严重结渣的关键原因，并提出了现场配煤掺烧、燃烧优化调整等措施，为我国同类型火电机组防止锅炉结渣，保证锅炉设备安全、稳定运行提供了重要的借鉴经验，具有十分重要的工程应用价值。

一、锅炉设备情况

2台330MW燃煤汽轮发电机组，锅炉型式为：亚临界参数、自然循环、四角切向燃烧方式、一次中间再热、单炉膛平衡通风、固态排渣、采用露天布置、全钢构架的Ⅱ型汽包炉，采用三分仓回转式空气预热器。

主蒸汽和再热蒸汽的压力、温度、流量等要求与汽轮机的参数相匹配，主蒸汽温度按541℃，最大连续蒸发量（BMCR）按1100t/h，最终与汽轮机的VWO工况相匹配。表3-33所示为锅炉容量和主要参数列表。

表 3-33 锅炉容量和主要参数

锅炉型号：	SG 1100-17.5/540M		
工况	单位	BMCR	TRL
锅炉最大连续蒸发量	t/h	1100	1028.4
过热器出口蒸汽压力	MPa	17.50	17.35
过热器出口蒸汽温度	℃	540	540
再热蒸汽流量	t/h	905.29	845.24
再热器进口蒸汽压力	MPa	3.938	3.672
再热器出口蒸汽压力	MPa	3.738	3.481
再热器进口蒸汽温度	℃	332.4	324.8
再热器出口蒸汽温度	℃	540	540
给水温度	℃	279	274.5

锅炉设计煤种为晋北烟煤，校核煤种 1 为内蒙古准格尔烟煤。表 3-34 所示为煤质资料。

表 3-34 煤 质 资 料

序号	项目	符号	单位	设计煤种	校核煤种 1
1	煤种			山西晋北烟煤	内蒙古准格尔煤
	工业分析				
	干燥无灰基挥发分	V_{daf}	%	28.0	37.15
	空气干燥基水分	M_{ad}	%	2.85	7.22
	收到基灰分	A_{ar}	%	21.09	20.19
	全水分	M_t	%	6.45	9.0
	收到基低位发热量	$Q_{net,ar}$	MJ/kg	22.934	21.080
2	元素分析				
	收到基碳	C_{ar}	%	60.41	55.26
	收到基氢	H_{ar}	%	4.06	3.31
	收到基氧	O_{ar}	%	6.64	10.75
	收到基氮	N_{ar}	%	0.72	1.08
	收到基硫	$S_{t,ar}$	%	0.63	0.41

二、锅炉严重结渣情况

两台机组锅炉从 9 月 8 日开始烧易结焦的印尼煤后发生结焦，经现场检查，在大屏部位看火孔、37m 燃尽风上部看火孔、燃烧器上部看火孔，以及 1、2 层燃烧器之间的看火孔分别观察，发现在大屏、前后墙水冷壁均发生结焦，比较均匀地覆盖在大屏及水冷壁面上。锅炉因结焦导致蒸汽温度偏高，减温水已全开，因超温限制升负荷。锅炉氧量基本在 4% 左右，因蒸汽温度超温无法进一步提高氧量。曾在 160～200MW 负荷之间变负荷促使焦块脱落，但因受到调度负荷限制及蒸汽温度超温限制，无法进一步提高变负荷幅度。1 号机在 9 号、2 号机在 11 号开始在燃烧器下部加入液态结焦剂，有一定的效果，有细碎的焦脱落，但未达到预想效果，锅炉结焦仍然很严重。2016 年 9 月 14 日，电厂发现 1、2 号锅炉结渣严重后，通过炉膛观火口喷入缓解锅炉结渣的药水。图 3-2 所示为现场操作的情况；而如图 3-3 和图 3-4 所示可以看出在捞渣机位置出现渣块；图 3-4 所示为捞渣机位置落渣的照片。

图 3-2　现场喷入药水

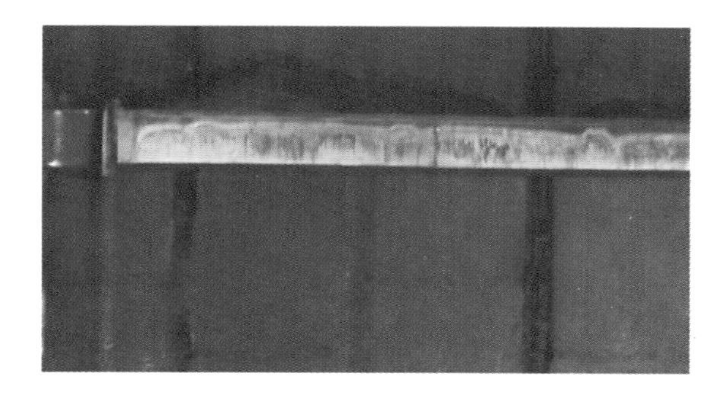

图 3-3　捞渣机位置出现渣块

图 3-4　1 号机组捞渣机落下大量的渣块

三、锅炉严重结渣原因分析与讨论

为了深入分析电厂燃用煤质的结渣特性，采用目前煤粉燃烧领域常用的结渣判断指标对电厂燃用的煤质（见表 3-35）进行了计算，计算结果见表 3-36。需要指出的是表 3-35 所示的煤质分析数据为电厂提供的数据。

从表 3-36 所示计算结果可以得出，硅比 G 越大，煤灰结渣的可能性就越小，煤质 1～4 都属于严重结渣的煤种，煤质 5 属于较重的结渣煤质。硅铝比 SiO_2/Al_2O_3 中 SiO_2 和 Al_2O_3 是煤中的主要酸性氧化物。以硅铝比判断，煤质 2～4 属于轻微结渣的煤质，煤质 1 属于严重结渣的煤质，煤质 5 属于较重结渣的煤质。碱酸比 B/A 过高或者过低都会使得灰熔点提高，以碱酸比判断，煤质 1、2、3、4 属于严重结渣的煤质，煤质 5 属于较重结渣的煤质。

表 3-35　　煤质分析数据（煤质名称：森科）

名称	符号	单位	煤种 1（森科）	煤种 2（科瑞娜）	煤种 3（莫尼卡）	煤种 4（埃诺克）	煤种 5
固定碳	C_{ad}	%	33.4	33.6	39.66	39.72	39.72
挥发分	V_{ad}	%	38.36	39.6	40.2	39.83	41.99
硫分	S_{ad}	%	0.1	0.11	—	0.19	0.11
灰分	A_{ad}	%	3.64	3.0	3.69	4.19	4.47
水分	M_{ad}	%	40.46	40.2	35.37	35.10	34.74
SiO_2	—	%	29.33	16.5	33.12	33.85	52.87
Al_2O_3	—	%	5.15	13.3	22.39	21.09	23.47
Fe_2O_3	—	%	19.34	23	16.34	14.58	15.87
CaO	—	%	18.32	22	12.35	11.94	1.09
MgO	—	%	19.19	20.3	8.18	7.68	1.74
Na_2O	—	%	2.54	0.58	0.47	0.36	0.47
K_2O	—	%	0.58	0.35	0.34	0.24	0.41
MnO	—	%	0.37	0.16	0.21	0.33	0.29
TiO_2	—	%	0.53	0.23	1.03	0.89	1.64
P_2O_5	—	%	0.25	0.036	0.66	0.19	0.14
SO_3	—	%	3.84	3.52	4.41	6.06	2.87
变形温度	DT	℃	1270	1400	1288	1271	—
软化温度	ST	℃	1280	1560	1290	1277	1255
半球温度	HT	℃	1290	>1600	1302	1310	—
流动温度	FT	℃	1300	>1600	1308	1314	—

表 3-36　　结渣特性计算结果

结渣判断指标	煤质 1（森科）	煤质 2（科瑞娜）	煤质 3（莫尼卡）	煤质 4（埃诺克）	煤质 5
碱酸比 B/A	1.71	2.21	0.67	0.62	0.25
硅比 G	34.03	20.17	47.32	49.74	73.87
FKNA 指数	4.36	1.80	0.77	0.72	0.71
铁铝比	3.76	1.73	0.73	0.69	0.68
综合判断指数 R	5.53	4.52	2.80	2.76	2.08

从表 3-36 所示的结渣特性计算结果，以及表 3-37 所示的结渣特性程度综合判断指数 R 可以看出，煤质 1（森科）、煤质 2（科瑞娜）、煤质 3（莫尼卡）、煤质 4（埃诺克）等属于严重结渣的煤，综合结渣判断指数 R 分别达到了 5.53、4.52、2.8、2.76，尤其是煤质 1、2，综合结渣判断指数 R 非常高，建议今后不要燃用该类煤质；煤质 3 和煤质 4 的综合结渣判断指数 R 接近临界值，建议燃用该类煤质时，需要与结渣特性好的煤混烧，从而降低锅炉结渣的风险。煤质 5 的综合结渣判断指数 R 为 2.08，属于较重结渣的煤，建议与结渣特性好的煤混烧。

表 3-37　　结渣特性程度判断指标

结渣判断指标	轻微	较重	严重
碱酸比 B/A	＜0.206	0.206～0.4	＞0.4
硅比 G	＞78.8	78.8～66.1	＜66.1
FKNA 指数	1.253		
铁铝比	＜1.87	1.87～2.65	＞2.65
硅铝比 SiO_2/Al_2O_3	＜1.87	1.87～2.65	＞2.65
综合判断指数 R	＜1.5	1.5～2.5	＞2.5

四、现场改造措施

1. 混煤掺烧降低锅炉结渣试验研究

（1）试验研究内容和方法。为避免燃煤引起锅炉严重结渣，进行了两种煤样进行配比掺烧试验研究。通过试验室分析各掺烧煤样燃煤结渣特性，从而确定科学的掺烧配比方案，降低锅炉结渣的风险。混煤掺烧结渣特性分析内容包括混煤的制备、混煤煤灰成分分析、混煤灰熔融性分析、结渣判断指标分析。

煤灰成分测试采用德国 Bruker AXS 公司的 S8 TIGER 型 X 荧光光谱仪（简称 XRF），设备照片如图 3-5 所示。煤灰熔融性分析采用开元仪器公司生产的 5E-AF400 型智能灰熔融性测试仪，设备照片见图 3-6。

图 3-5　X 荧光光谱仪（XRF）

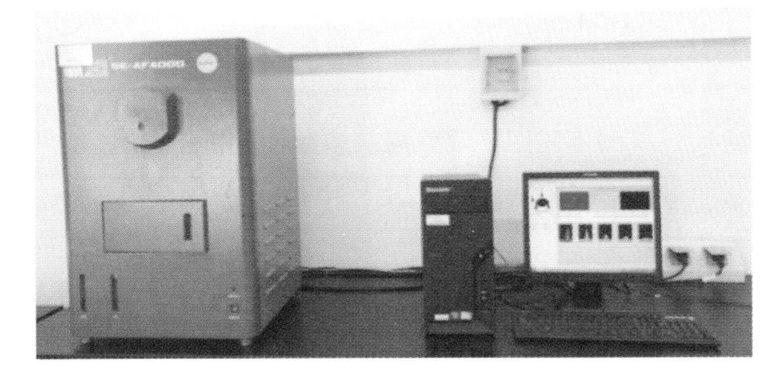

图 3-6　智能灰熔融性测试仪

（2）试验结果分析与讨论。对两种煤样“大友煤”和“印尼煤”按照 GB 474—2008《煤样制备方法》制备煤样，后按照表 3-38 所示的配比掺配成 7 种不同配比的混煤并混合均匀，其中1∶0和0∶1配比分别为纯“大友煤”和纯“印尼煤”。取粒度小于0.2mm的空气干燥煤样，参考GB/T 212—2008规定将其完全灰化，然后用玛瑙研钵研细至0.1mm以下。采用德国布鲁克X荧光光谱分析仪（XRF）分析表3-38中的7种不同配比混煤煤灰成分及质量百分比含量。按照GB/T 219—2008《煤灰熔融性的测定方法》采用开元智能灰熔点测试仪测定7种混煤的灰熔融性，包含变形温度、软化温度、半球温度、流化温度。根据煤粉燃烧领域常用的结渣判断指标计算，分析不同配比混煤的结渣特性，从而确定科学的掺烧配比方案。

表3-38　混煤掺混比例

编号	大友煤∶印尼煤	备注
1	1∶0	质量比
2	1∶4	质量比
3	2∶3	质量比
4	1∶1	质量比
5	3∶2	质量比
6	4∶1	质量比
7	0∶1	质量比

表3-39和表3-40所示分别为7种不同配比混煤煤灰成分及质量百分比含量结果及煤灰熔融性分析结果。

表3-39　不同配比混煤煤灰成分及含量表　（%）

序号	掺混配比（大友煤∶印尼煤）	SiO_2	Al_2O_3	Fe_2O_3	CaO	MgO	TiO_2	Na_2O	K_2O	BaO	P_2O_5	SO_3
1	1∶0	55.88	34.76	3.37	1.62	0.27	1.45	0.15	0.70	0.12	0.47	0.95
2	4∶1	50.96	34.58	4.05	2.80	0.79	1.47	0.24	0.73	0.11	0.46	3.25
3	3∶2	47.39	32.37	4.61	4.40	1.53	1.36	0.38	0.77	0.12	0.44	6.39
4	1∶1	46.06	31.26	5.29	5.57	2.18	1.38	0.45	0.77	0.10	0.43	6.22
5	2∶3	43.71	29.35	5.79	6.76	2.64	1.29	0.54	0.79	0.12	0.41	8.33
6	1∶4	37.68	24.52	8.02	11.33	4.70	1.18	0.71	0.84	0.12	0.32	10.12
7	0∶1	25.84	14.94	13.45	22.43	9.41	0.81	1.00	0.89	0.10	0.20	10.50

表3-40　7种不同配比混煤煤灰熔融性分析结果

序号	掺混配比（大友煤∶印尼煤）	变形温度	软化温度	半球温度	流动温度
1	1∶0	>1500	>1500	>1500	>1500
2	4∶1	>1500	>1500	>1500	>1500
3	3∶2	>1500	>1500	>1500	>1500
4	1∶1	1392	1458	1467	1484
5	2∶3	1376	1413	1420	1443
6	1∶4	1279	1301	1307	1323
7	0∶1	1218	1220	1226	1228

从表 3-40 可以看出，“大友煤”灰熔融点很高，变形温度大于 1500℃，属于难熔融灰。“印尼煤”则相反，1218℃开始变形，1228℃则已经处于流动状态，属于极易熔融灰。将两者按照不同比例掺烧后，灰熔融性有明显变化。从表 3-40 可直观看出，以“大友煤”和“印尼煤”质量掺混比例 1∶1 为分界线，比例值大于 1∶1，混煤灰熔融点高，灰变形温度均大于 1500℃。随着掺混比例值降低，煤灰变形温度、软化温度、半球温度、流动温度均显著下降。

采用目前煤粉燃烧领域常用的结渣判断指标，分析“大友煤”和“印尼煤”及不同配比混煤的煤质的结渣特性，包括碱酸比 B/A、硅比 G、铁铝比、硅铝比、综合判断指数 R，结渣特性程度判断指标见表 3-37。对 7 种不同配比混煤的结渣判断指标进行技术，计算结果见表 3-41。

表 3-41　　结渣特性计算结果

序号	结渣判断指标掺混配比（大友∶印尼）	碱酸比 B/A	硅比 G	铁铝比	硅铝比	综合判断指数 R	结渣特性程度
1	1∶0	0.07	91.40	0.10	1.61	0.77	轻微
2	4∶1	0.10	86.96	0.12	1.47	0.86	轻微
3	3∶2	0.14	81.81	0.14	1.46	1.01	轻微
4	1∶1	0.18	77.94	0.17	1.47	1.23	轻微
5	2∶3	0.22	74.21	0.20	1.49	1.45	轻微
6	1∶4	0.40	61.04	0.33	1.54	2.20	较重
7	0∶1	1.13	36.33	0.90	1.73	3.81	严重

从表 3-41 所示的结渣特性程度综合判断指数 R，以及结渣特性计算结果可以看出，“印尼煤”属于严重结渣的煤，综合结渣判断指数 R 达到了 3.81，高于 2.5 的临界值，此外该煤种的酸碱比、硅比等指标也属于严重结渣。建议慎重燃用该种煤，避免出现严重结渣。“大友煤”属于难结渣煤种。从混煤配比掺烧后煤灰的计算结果看，两种煤混煤掺烧效果较好，随着“大友煤”掺烧比例增大，混煤结渣程度也从严重逐渐改善至轻微。综合以上分析结果，为保证不出现较重的结渣情况，建议“大友煤”和“印尼煤”的掺烧配比大于 2∶3，降低锅炉结渣的风险。

2. 现场优化调整措施

为了防止锅炉结渣，建议在运行中采用如下调整措施：

（1）更换结渣特性好的煤质。需要注意的是要提前将煤的灰分分析数据按照表 3-35 的要求，进行结渣特性的计算，不能简单根据灰熔点、软化温度等单一参数来判断是否结渣以及结渣的严重程度，需要通过表 3-37 来综合判断，并邀请有经验的单位进行掺烧试验。

（2）增加一次风风量，提高一次风射流的刚性，从而将煤粉着火点远离燃烧器喷口，降低燃烧器喷口结渣的可能性。

（3）增加一次风风量，减少切圆半径，将火焰中心尽量保持在炉膛中心位置区域，防止切圆半径过大，火焰冲刷水冷壁造成进一步结渣。

（4）适当增加炉内送风量，提高燃烧器区域的过量空气系数，保持较强的氧化性气氛，因为一旦出现还原性气氛，灰熔点会降低。

（5）控制煤粉细度，在当前锅炉水冷壁已经普遍结渣的情况下，要适当提高煤粉的细度。由于煤粉挥发分很高，煤粉着火比较容易，同时炉膛温度水平较高，可以将煤粉细度提高，这样将煤粉着火点推迟到炉膛的上部位置，降低炉膛的温度水平。

（6）适当通过增减负荷将已经在水冷壁结的渣去除掉，但是要注意增减负荷要缓慢；必要时利用停炉检修的机会进行清渣处理。

（7）将磨煤机投入位置适当拉开，防止火焰过于集中，容易造成结渣程度增强。

（8）现场运行中要密切监视水冷壁壁温和屏式过热器的壁温，防止出现超温爆管事故发生。

3. 现有受热面渣块处理措施

通过现场观察，与电厂相关技术人员进行沟通后，建议电厂掺烧高熔点的煤，如果无法找到高熔点煤则可以考虑添加高岭土，但添加必须均匀，防止过于集中导致灭火。之后电厂在1号机组掺烧了60%的高栏港煤，因高栏港煤未提供灰渣参数，不知结渣参数，但含灰量接近设计煤质。同时进行了深度变负荷扰动试验。2号机组掺烧30%的高栏港煤，并在两台炉掺烧了少量高岭土。据电厂反应，2号机组在掺烧后渣量大幅增加，1号炉在大幅变负荷后落下大量焦块。2016年9月28号进行结渣情况检查发现，1号机组捞渣机位置发现大块的焦渣落下，同时发现1号炉渣斗堆积了大量的灰渣。说明通过深度变负荷可以促进焦块脱落。

4. 现场改造工程应用效果

通过采用上述现场优化调整、受热面渣块处理等综合技术手段后，通过现场观察发现，1、2号锅炉严重结渣情况有了很大的改善，严重结渣得到遏制。

五、结论和建议

本部分系统分析了造成锅炉严重结渣的关键原因，并提出了现场配煤掺烧、燃烧优化调整等措施，得出如下结论：

（1）电厂结渣前燃用的煤质1（森科）、煤质2（科瑞娜）、煤质3（莫尼卡）、煤质4（埃诺克）等属于严重结渣的煤，综合结渣判断指数R分别达到了5.53、4.52、2.8、2.76、10.1，尤其是煤质1、2，综合结渣判断指数R非常高，建议今后不要燃用这种煤质；煤质3和煤质4的综合结渣判断指数R接近临界值，建议燃用这种煤质时，需要与结渣特性好的煤混烧，从而降低锅炉结渣的风险。

（2）建议“大友煤”和“印尼煤”的掺烧配比大于2∶3，降低锅炉结渣的风险。

（3）现场开展燃烧调整优化降低锅炉结渣的风险，主要技术措施包括：更换结渣特性好的煤质、增加一次风量、提高煤粉细度、磨煤机投入位置适当拉开、运行中监视壁温等。

（4）锅炉现有的渣块通过添加高岭土的方法来进行处理，现成实践结果表明具有较好的效果。

本部分防止锅炉结渣的技术措施为我国同类型火电机组防止锅炉结渣，保证锅炉设备安全、稳定运行提供了重要的借鉴经验，具有十分重要的工程应用价值。

第五节 600MW四角切圆锅炉低氮改造后燃烧调整试验

随着环境治理的严峻形势，我国对 NO_x 的排放限制将日益严格，国家环境保护部门已经颁布了《火电厂氮氧化物防治技术政策》，明确在“十二五”期间将全力推进我国 NO_x 的防治工作，将燃煤电厂锅炉 NO_x 排放浓度设定为 100mg/m³。目前国内外电厂锅炉控制 NO_x 技术主要有 2 种：一种是控制生成，主要是在燃烧过程中通过各种技术手段改变煤的燃烧条件，从而减少 NO_x 的生成量，即各种低 NO_x 技术；另一种是生成后的转化，主要是将已经生成的 NO_x 通过技术手段从烟气中脱除掉，如选择性催化还原法（SCR）、选择性非催化还原法（SNCR）。

李德波等针对某电厂 660MW 超临界旋流燃烧器（DBC-OPCC）大面积烧损，利用数值模拟技术进行了锅炉炉内流动场、温度场研究。李德波详细分析了旋流燃烧器烧损的原因，包括燃烧器材料选择、结构设计上的缺陷和现场运行存在的问题等方面，最后提出了相应的改造措施。刘福国等针对消除大容量低 NO_x 切向燃煤锅炉烟温偏差方面进行了研究。研究认为：任何 OFA（包括 CCOFA 和 SOFA）系统的设计首先取决于所要求的 NO_x 排放水平和煤种特性，必须针对每一个具体情况单独而定，同时要考虑炉膛形状、煤粉停留时间。

某电厂进行降氮燃烧器改造，为了更好地了解氧量、炉膛风箱压差、燃料风、辅助风、偏置风、紧凑燃尽风、分离燃尽风、磨煤机投运组合及 SOFA 风水平摆角等因素对锅炉运行经济性、安全性、环保指标的影响，摸清该锅炉运行规律，本部分对该锅炉进行燃烧优化调整试验。

本部分进行的锅炉低氮改造后燃烧调整研究及工程实践，旨在了解锅炉运行的技术性能，寻找锅炉经济、安全、环保的燃烧组合方式，为今后设计和性能鉴定试验提供技术依据，具有较好的学术价值和工程应用价值。

一、锅炉设备情况

该电厂 600MW 亚临界燃煤为上海锅炉厂有限公司生产，型号为 SG-2028/17.5-M905，是亚临界压力一次中间再热控制循环汽包炉。锅炉采用“Π”型布置，四角切向燃烧，平衡通风，固态排渣，锅炉负压运行。锅炉燃烧器采用四角布置，共 24 只切向燃烧摆动式，每只燃烧器最大出力为 11.5t/h，分六层布置，每层设 4 只燃烧器。在顶部燃烧器上方各设一层紧凑燃尽风和辅助风喷口。煤粉喷口、二次风喷口、燃尽风喷口均可上下摆动，用以调节再热汽温。表 3-42 所示为锅炉主要设计参数。

表 3-42 锅炉主要设计参数

序号	项 目	单位	BMCR	TMCR	ECR
1	过热蒸汽流量	t/h	2026	1931	1792
2	过热蒸汽出口压力	MPa	17.5	17.39	17.27

续表

序号	项　目	单位	BMCR	TMCR	ECR
3	过热蒸汽出口温度	℃	541	541	541
4	再热蒸汽流量	t/h	1671.4	1598.6	1491.2
5	再热蒸汽进口压力	MPa	3.84	3.67	3.42
6	再热蒸汽出口压力	MPa	3.64	3.48	3.24
7	再热蒸汽进口温度	℃	325	320	313
8	再热蒸汽出口温度	℃	541	541	541
9	给水温度	℃	279	276	271
10	过热器喷水温度	℃	173	171	169
11	过热器喷水量（一级）	t/h	11	31.6	56.4
12	过热器喷水量（二级）	t/h	0	10	20
13	汽包压力	MPa	18.87	18.64	18.36
14	省煤器进口压力	MPa	19.26	19.02	18.71

二、锅炉改造情况

锅炉此次改造采用高级复合式空气分级低 NO_x 燃烧技术的方案，对原有的主燃烧器进行整体更换，增加 2 级 SOFA 燃烧器，每个 SOFA 燃烧器包括 3 层可水平摆动的高位燃尽风喷嘴。主风箱设有 6 层 WR 煤粉喷嘴，在煤粉喷嘴四周布置有燃料风，在每相邻 2 层煤粉喷嘴之间布置有 3 层辅助风喷嘴，其中包括 2 只偏置的辅助风喷嘴和 1 只直吹风喷嘴。在主风箱顶端设 2 层紧凑燃尽风喷嘴，在主风箱底端设有 2 层二次风喷嘴，在主风箱上部布置 2 级 SOFA 风，每级包括 3 层 SOFA 风喷嘴，每个 SOFA 喷嘴可通过执行机构上下 30°摆动，也可以作水平方向 15°的调节。该设计可以有效调整 SOFA 和烟气的混合过程，通过采用高级复合式空气分级低 NO_x 燃烧技术把整个炉膛分段燃烧和局部性空气分段燃烧来降低 NO_x 的排放，降低飞灰含碳量和一氧化碳的含量，并能降低炉膛出口的烟温偏差。表 3-43 所示为改造前后燃烧器的主要设计参数比较。

表 3-43　　改造前后燃烧器的主要设计参数比较表

项目	单位	原设计值	改造后设计值
单只煤粉喷嘴燃料量	t/h	11.545	11.558
单只煤粉喷嘴输入热	kJ/h	277.1×10^6	280.3×10^6
锅炉燃烧所需总风量	kg/h	2235748	2311163
二次风速度	m/s	53.6	53.7
二次风温度	℃	321	322
二次风流量	kg/h	1758172	1758769
二次风占燃烧总风量的比率	%	80.2	76.1
1 级高位燃尽风占总风量的比率	%	—	20
2 级高位燃尽风占总风量的比率	%	—	20
紧凑燃尽风占总风量的比率	%	—	6
二次风中辅助风比率	%	75.9	75.9

续表

项目	单位	原设计值	改造后设计值
一次风速度（喷口速度）	m/s	24	25.2
一次风速度（煤粉管速度）	m/s	24.6	25
一次风温度	℃	77	77
一次风占燃烧总风量的比率	%	19.8	18.9
炉膛漏风量占燃烧总风量的比率	%	5	5
燃烧器一次风阻力	kPa	0.75	0.75
燃烧器二次风阻力（设计值）	kPa	1.1	1
相邻煤粉喷嘴中心距离	mm	1860	1860

该次燃烧优化调整试验的煤种为电厂实际运行用煤，燃用煤种为神混，试验期间保持煤种的稳定性。所有试验结论都是基于试验煤种得出，并非所有煤种均可适用。表 3-44 所示为燃烧调整试验期间煤质。

表 3-44　燃烧调整试验期间煤质

序号	项目	符号	单位	数值
1	全水分	M_t	%	14.07
2	空气干燥基水分	M_{ad}	%	6.59
3	空气干燥基灰分	A_{ad}	%	15.02
4	收到基灰分	A_{ar}	%	13.83
5	干燥基灰分	A_d	%	16.09
6	空气干燥基挥发分	V_{ad}	%	30.91
7	干燥无灰基挥发分	V_{daf}	%	39.40
8	空气干燥基全硫	$S_{t,ad}$	%	0.51
9	干燥基全硫	$S_{t,d}$	%	0.55
10	空气干燥基氢	H_{ad}	%	3.93
11	干燥基高位热值	$Q_{gr,d}$	MJ/kg	26.41
12	收到基低位热值	$Q_{net,ar}$	MJ/kg	21.56
13	空气干燥基固定碳	FC_{ad}	%	47.47
14	灰熔点软化温度	ST	℃	1220

三、燃烧调整试验方法

针对该电厂锅炉，其可调对象为：省煤器出口氧量、炉膛风箱压差、SOFA 风投运组合、CCOFA 风投运组合、磨煤机投运组合、SOFA 风水平摆角、偏置风风门开度、辅助风风门开度、燃料风风门开度。考虑到上述因素之间的相互影响，该次燃烧调整试验主要研究 CCOFA 风开度变化对燃烧特性的影响。CCOFA 风、SOFA 风投运组合的不同意味着炉内氧量场的不同，它们的组合变化使火焰中心发生变化。通过该项试验，测量灰渣含碳量、排烟温度、NO_x 排放量、高温再热器进出口烟温、分隔屏出口汽温、高温再热器壁温、末级过热器壁温，分析不同的 CCOFA 风、SOFA 风投运组合对锅炉经济性、环保性和安全性的影响，确定最佳的 CCOFA 风、SOFA 风投运组合。

试验根据 GB 10184—1988《电站锅炉性能试验规程》的规定进行锅炉热效率试验。

四、燃烧调整分析与讨论

在负荷为 600、300MW 时进行了变 CCOFA 风开度的燃烧调整试验研究。燃烧调整思路为摸索出利于抑制 NO_x 生成的 SOFA 风量，同时控制锅炉 CO 排放、提高锅炉效率、减少过热器和再热器减温水、降低 NO_x 的排放。CCOFA 风门的开度对锅炉 NO_x 排放、CO 排放和飞灰含碳量影响较大，600MW 试验工况如表 3-45 所示，300MW 试验工况如表 3-46 所示。

表 3-45　　600MW 负荷段工况表

序号	工况	单位	工况 3	工况 4	工况 5	工况 6
1	电负荷	MW	600	600	600	600
2	磨煤机投运方式	—	BCDEF	BCDEF	BCDEF	BCDEF
3	氧量	%	2.95	2.79	2.83	2.91
4	总风量	t/h	1547.6	1514.7	1542.2	1547.6
5	SOFA-A	%	4	3	1	1
6	SOFA-B	%	58	66	56	57
7	SOFA-C	%	61	67	58	59
8	SOFA-D	%	78	53	73	74
9	SOFA-E	%	73	59	70	71
10	SOFA-F	%	26	14	29	29
11	CCOFA2	%	67	19	10	68
12	CCOFA1	%	66	20	10	68
13	CCOFA 摆角	(°)	7	7	5	5
14	主燃烧器摆角	(°)	−14	−17	−18	−21
15	风箱差压-B	Pa	787	966	968	901
16	风箱差压-A	Pa	835	970	978	932

表 3-46　　300MW 负荷段工况表

序号	工况	单位	工况 7	工况 8	工况 9
1	试验日期	—	2013-4-22	2013-4-22	2013-4-22
2	开始时间	—	4：38	8：40	4：00
3	结束时间	—	5：12	9：08	4：43
4	电负荷	MW	300	300	300
5	磨煤机投运方式	—	CDE	CDE	BCD
6	氧量	%	5.49	5.67	5.34
7	总风量	t/h	1012.4	1051.8	1005.9
8	SOFA-A	%	1	1	1
9	SOFA-B	%	2	6	0
10	SOFA-C	%	17	15	61
11	SOFA-D	%	73	46	70
12	SOFA-E	%	64	75	75

续表

序号	工况	单位	工况 7	工况 8	工况 9
13	SOFA-F	%	1	41	70
14	CCOFA2	%	21	23	16
15	CCOFA1	%	21	23	16
16	CCOFA 摆角	(°)	6	8	8
17	主燃烧器摆角	(°)	27	30	29
18	风箱差压-B	Pa	589	583	346
19	风箱差压-A	Pa	608	598	362

1. CCOFA 风开度对燃烧特性的影响

在 600MW 负荷时，尽量维持负荷、给煤量、一次风量、燃料风挡板开度、投运燃烧器不变，SOFA 风门上五层开，改变 CCOFA 风挡板开度，观察锅炉 NO_x 和 CO 排放的变化，对应的工况分别为工况 3～6。图 3-7～图 3-11 所示为 CCOFA 风门开度与省煤器出口 NO 浓度、空气预热器出口 CO 浓度、飞灰含碳量、风箱差压，以及 CO 与 NO_x 排放浓度之间的关系。

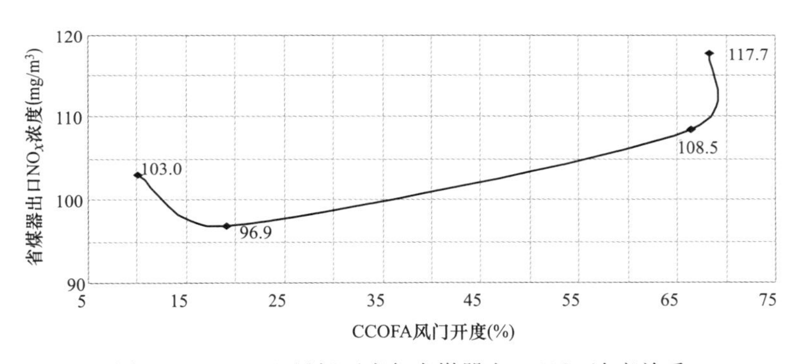

图 3-7　CCOFA 风门开度与省煤器出口 NO_x 浓度关系

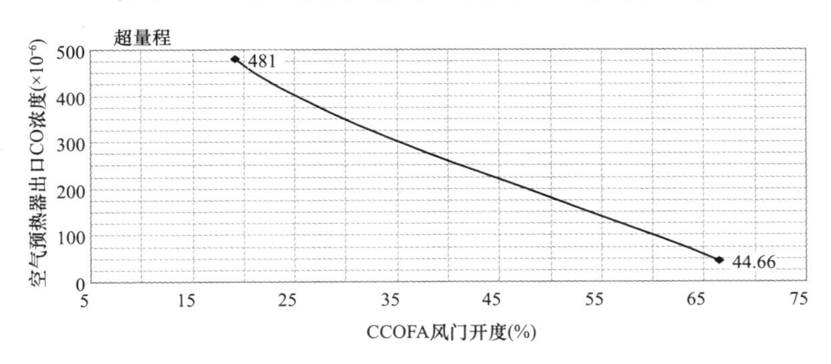

图 3-8　CCOFA 风门开度与空气预热器出口 CO 浓度关系

从图 3-7～图 3-11 可以得出，随着 CCOFA 风门的开度减小，锅炉 NO_x 排放值越小，但锅炉 CO 的排放值也增大，甚至超过烟气分析仪的量程，同时飞灰含碳量增大。随着 CCOFA 风门关小，由于不能维持风箱差压相同，风箱差压变大，SOFA 风总风量也变大，这是 CCOFA 风门关小 NO_x 排放值变小的本质原因。

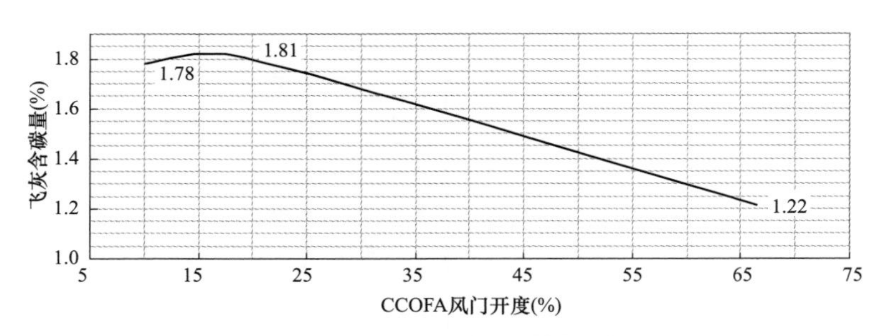

图 3-9　CCOFA 风门开度与飞灰含碳量关系

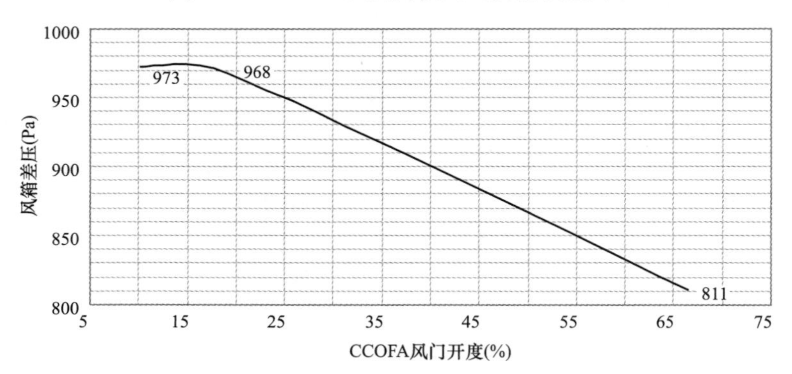

图 3-10　CCOFA 风门开度与风箱差压关系

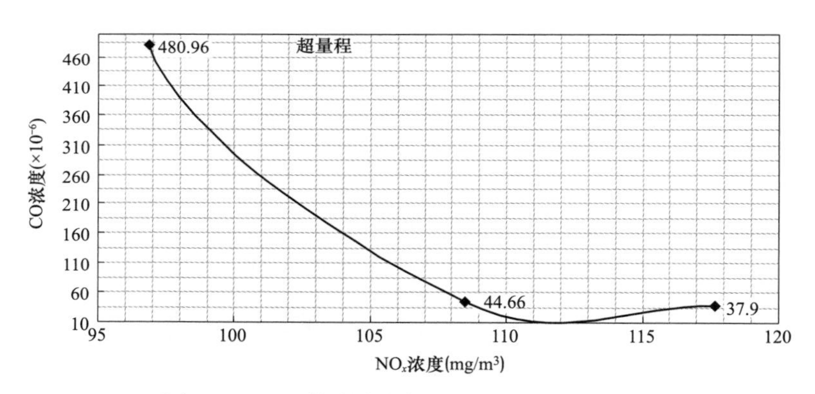

图 3-11　CO 排放浓度与 NO_x 排放浓度的关系

CCOFA 风门开度在 70%时，工况 3 和工况 6 锅炉 NO_x 排放值为 108.47mg/m^3 和 117.67mg/m^3，同时锅炉 CO 排放值为 44.66×10^{-6}和 37.90×10^{-6}，锅炉的 NO_x 排放值较低，同时锅炉效率较高；CCOFA 风门开度在 10%和 20%时，锅炉 NO_x 排放值分别为 103mg/m^3 和 96.9mg/m^3，同时锅炉 CO 排放值为 480.9×10^{-6}，甚至超过现场测试仪表的量程，对锅炉效率影响较大。故推荐 600MW 负荷时 CCOFA 风门开度为 70%。

2. SOFA 风量对燃烧特性的影响

300MW 负荷时，尽量维持负荷、给煤量、一次风量、燃料风挡板开度、投运燃烧器不变，改变 SOFA 风挡板开度，从而改变 SOFA 风流量，观察锅炉 NO_x 排放的变化，对应的工况分别为工况 7～9。表 3-47 所示为 SOFA 风量、排烟温度与 NO_x 排放的关系。

表 3-47　　**SOFA 风量、排烟温度与 NO_x 排放的关系**

序号	项目	单位	工况 7	工况 8	工况 9
1	省煤器出口平均 NO_x 浓度	mg/m^3	245.2	217.1	170.2
2	修正后的排烟温度	℃	111.2	111.4	118.9
3	SOFA 风总流量	t/h	240	272	320

从图 3-12 可以看出，300MW 时适度提高 SOFA 风量，降低主燃烧区氧量，可以有效降低锅炉 NO_x 排放，同时不影响锅炉经济性。但是若主燃烧区氧量过小，炉膛出口温度升高，会造成排烟温度偏高，排烟热损失增加。这是因为降低主燃区氧量后，主燃区氧量过小，导致未燃尽的大量焦炭在炉膛出口附近剧烈燃烧，从而炉膛出口温度升高。

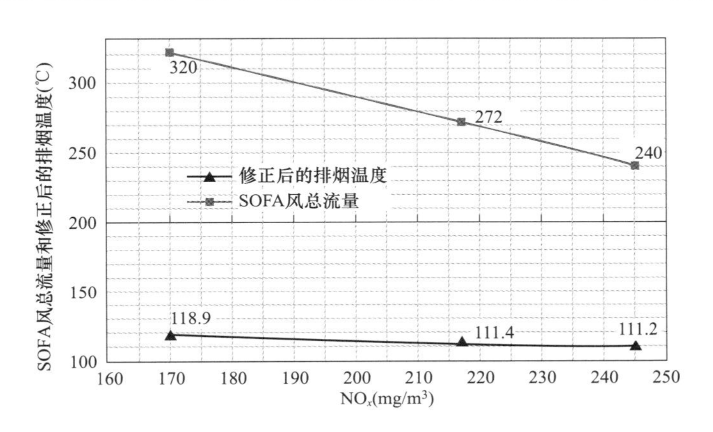

图 3-12　SOFA 风量、排烟温度与 NO_x 排放的关系

3. CCOFA 风开度对锅炉效率的影响

600MW 负荷时，通过对炉内燃烧工况进行调整和现场试验测量，研究不同运行方式对燃烧工况的影响，从而得出锅炉较佳的运行工况，试验期间锅炉各项经济指标和环保指标如表 3-48 所示。

表 3-48　　**600MW 调整试验锅炉各项经济指标和环保指标**

项目	符号	单位	工况 3	工况 4	工况 5	工况 6
机组负荷	G	MW	600	600	600	600
A 侧氧量（实测）	$O'_{2,A}$	%	3.28	2.71	3.16	3.67
B 侧氧量（实测）	$O'_{2,B}$	%	2.36	2.60	2.65	2.60
平均氧量（实测）	$O'_{2,pj}$	%	2.82	2.66	2.91	3.14
排烟处氧量（实测）	O''_2	%	3.82	3.58	3.92	4.06
空气预热器出口 CO 浓度（实测）	CO_{pj}	$\times10^{-6}$	44.72	480.41	超量程	37.06
A 侧飞灰含碳量	C_{fhc}	%	1.22	1.78	1.75	0.90
B 侧飞灰含碳量	C_{fhc}	%	1.21	1.83	1.81	0.95
炉渣含碳量	C_{lzc}	%	7.09	8.92	8.73	6.05
排烟温度	t_{pypj}	℃	134.16	133.28	133.52	134.46
修正后的排烟温度	$t_{py修正}$	℃	129.01	128.70	128.12	129.08
排烟热损失	q_2	%	5.35	5.10	5.15	5.24

续表

项目	符号	单位	工况 3	工况 4	工况 5	工况 6
可燃气体未完全燃烧热损失	q_3	%	0.02	0.19	—	0.01
固体不完全燃烧损失	q_4	%	0.42	0.67	0.50	0.30
散热损失	q_5	%	0.33	0.34	0.33	0.34
灰渣物理热损失	q_6	%	0.11	0.13	0.10	0.10
锅炉热效率	η	%	93.85	93.64	—	94.10
送风修正后的热效率	$\eta_{修正}$	%	93.77	93.57	—	94.02
省煤器出口 NO_x 浓度（实测）	NO_{xpj}	mg/m³	108.4	96.88	103.00	117.67

从表 3-48 可以看出，燃用神混试验煤种在 600MW 负荷时，BCDEF 5 台磨煤机运行，工况 4 和工况 5 由于 CCOFA 风门开度较小，锅炉 CO 排放值较大，可燃气体未完全燃烧热损失（q_3）明显增大，成为影响锅炉效率的一个主要因素；同时飞灰含碳量也较大，分别为 1.81%和 1.78%，造成固体不完全燃烧损失（q_2）较大，说明主燃区缺氧严重，燃烧不充分。虽然此时锅炉 NO_x 排放值可以降到 100mg/m³ 以下，但是锅炉效率明显偏低，不建议在此工况下运行。

CCOFA 风门开度为 70%，对应工况 3 和工况 6，锅炉 CO 排放值为 44.7×10^{-6} 和 37.9×10^{-6}，可燃气体未完全燃烧热损失（q_3）较小（分别为 0.02%和 0.01%），对锅炉效率的影响甚微。同时飞灰含碳量为 1.22%和 0.93%，固体不完全燃烧损失（q_2）也较小，对应的送风修正后的锅炉效率分别为 93.77%和 94.02%，此时锅炉 NO_x 排放为 108.4mg/m³ 和 117.7mg/m³。

300MW 负荷时，研究不同运行方式对燃烧工况的影响，从而得出锅炉较佳的运行工况，试验期间锅炉各项经济指标和环保指标如表 3-49 所示。

表 3-49　300MW 调整试验锅炉各项经济指标和环保指标

项目	符号	单位	工况 7	工况 8	工况 9
机组负荷	G	MW	300	300	300
A 侧氧量（实测）	$O'_{2,A}$	%	7.39	8.22	7.01
B 侧氧量（实测）	$O'_{2,B}$	%	5.51	6.34	5.19
平均氧量（实测）	$O'_{2,pj}$	%	6.45	7.28	6.10
排烟处氧量（实测）	O''_2	%	7.49	8.15	7.10
空气预热器出口 CO 浓度（实测）	CO_{pj}	$\times10^{-6}$	0.00	0.00	0.00
A 侧飞灰含碳量	C_{fhc}	%	0.89	0.83	0.82
B 侧飞灰含碳量	C_{fhc}	%	c.93	1.07	0.95
炉渣含碳量	C_{lzc}	%	8.13	7.97	7.93
排烟温度	$t_{py_{pj}}$	℃	114.43	113.74	120.74
修正后的排烟温度	$t_{py修正}$	℃	111.24	111.42	118.90
排烟热损失	q_2	%	5.47	5.74	5.77
可燃气体未完全燃烧热损失	q_3	%	0.00	0.00	0.00
固体不完全燃烧损失	q_4	%	0.52	0.52	0.51
散热损失	q_5	%	0.68	0.67	0.69

续表

项目	符号	单位	工况 7	工况 8	工况 9
灰渣物理热损失	q_6	%	0.14	0.14	0.14
锅炉热效率	η	%	93.26	92.99	92.94
送风修正后的热效率	$\eta_{修正}$	%	93.19	92.93	92.89
省煤器出口 NO_x 浓度（实测）	NO_{xpj}	mg/m^3	245.18	217.10	170.22

300MW 时，燃用神混试验煤种。试验期间 CDE 3 台磨煤机运行，氧量设定为 5.50% 左右，总风量为 1012～1052t/h 之间。工况 7 中，A/B 侧主蒸汽温度分别为 538.6℃/531℃，A/B 侧再热蒸汽温度分别为 494.4℃/500.3℃，锅炉 NO_x 排放值为 $245.2mg/m^3$，锅炉 CO 排放为 0，飞灰含碳量为 0.91%，锅炉效率为 93.19%；工况 8 中，锅炉主蒸汽 A/B 侧温度为 535.9℃/515.3℃，再热器 A/B 侧温度平均为 482.6℃/485.5℃，锅炉 NO_x 排放值为 $217.1mg/m^3$，锅炉 CO 排放为 0，飞灰含碳量为 0.95%，锅炉效率为 92.93%。

燃用神混试验煤种，BCD 3 台磨煤机运行时，试验期间 A/B 侧主蒸汽温度分别为 540.1℃/538.9℃，A/B 侧再热蒸汽温度平均为 501.2℃/507.3℃；锅炉 NO_x 排放实测平均值为 $170.2mg/m^3$，锅炉 CO 排放为 0，飞灰含碳量为 0.89%，锅炉效率为 92.89%。

从上面分析可以得出：低负荷（300MW）锅炉的 CO 排放和飞灰含碳量已经不是影响经济性的主要因素，影响经济性的主要因素为锅炉的排烟温度和再热汽温。对于磨煤机的运行方式，建议从常用的 CDE 磨煤机组合改为 BCD 磨煤机运行。BCD 磨煤机运行一方面有利于提高低负荷时再热汽温，另外一方面在再热汽温较高时，可以开大 SOFA 风门，以降低锅炉 NO_x 排放。

五、结论

针对某电厂 600MW 锅炉 NO_x 排放浓度高的现状，进行了低 NO_x 改造。进行了 CCOFA 风开度变化对燃烧特性影响的现场燃烧调整试验研究。主要结论如下：

（1）600MW 负荷时，最佳的 CCOFA 风门开度为 70%，送风修正后的锅炉效率分别为 93.77%和 94.02%，此时锅炉 NO_x 排放浓度为 $108.4mg/m^3$ 和 $117.7mg/m^3$。

（2）300MW 时适度提高 SOFA 风量，降低主燃烧区氧量，可以有效降低锅炉 NO_x 排放，同时不影响锅炉经济性。300MW 负荷时，锅炉的 CO 排放和飞灰含碳量已经不是影响经济性的主要因素，影响经济性的主要因素为锅炉的排烟温度和再热汽温。对于磨煤机的运行方式，建议从常用的 CDE 组合改为 BCD 磨煤机运行。

主要结论如下：本部分进行的 600MW 四角切圆锅炉低氮改造后变 CCOFA 风开度对燃烧特性影响的现场燃烧调整试验研究，为国内同类型机组开展低氮技术改造，提供了重要的参考价值，具有较好的学术价值和工程应用价值。

第六节 四角切圆锅炉贴壁还原性气氛现场试验

大型燃煤电厂锅炉进行低氮技术改造后，炉膛主燃烧器区域处于还原性气氛，导致水冷壁高温腐蚀现象，已经严重影响了锅炉安全稳定运行，国内已经发生锅炉由于高温腐蚀水冷壁爆管事故发生。因此，开展主燃烧器区域贴壁气氛测量，准确评估锅炉水冷壁运行安全是目前迫切需要解决的关键技术问题。国内一些研究者在防止锅炉高温腐蚀方面开展了理论研究、数值模拟和现场试验方面的工作。

肖琨等进行了600MW四角切圆燃烧锅炉防高温腐蚀方案研究。研究者对高温腐蚀发生的原因等影响因素进行了分析，针对某600MW四角切圆燃烧锅炉提出了防止高温腐蚀的燃烧器优化方案。研究表明：针对挥发分较低、含硫量较高的贫煤，减小偏置辅助风的偏转角度，采用反吹式水平浓淡煤粉喷嘴，有利于煤粉快速着火燃尽，并减轻贴壁处还原性气氛，防止水冷壁的高温腐蚀。原燃烧器采用大偏置风角度设计，是为了形成水平方向上的空气分级燃烧，降低锅炉氮氧化物生成，同时使得水冷壁区域处于氧化性气氛，防止结渣和高温腐蚀。但是大切角的偏置风也推迟了二次风与煤粉气流的混合，不利于贫煤的着火燃尽。贺桂林等进行了600MW锅炉低氮燃烧器改造炉膛高温腐蚀分析研究。研究者针对某600MW锅炉低氮燃烧器改造后冷灰斗区域出现腐蚀的问题，采用试验和数值模拟分析了高温腐蚀产生的原因。为了抑制高温区的产生，应增加托底风量，提升炉内组织燃烧状况，防止产生煤粉下沉燃烧，进一步防止冷灰斗区域发生高温腐蚀。李德波等开展了对冲旋流燃烧煤粉锅炉高温腐蚀现场试验与改造的数值模拟研究。针对某电厂发生前后对冲燃煤锅炉严重高温腐蚀技术问题，进行了现场高温腐蚀试验测量研究，对锅炉CO和贴壁气氛进行了现场测量。试验测量结果表明：腐蚀区域主要分布在侧墙中心和靠近前墙区域。基于试验结果进行了增加贴壁风改造，改造后燃烧器侧墙区域的氧量有明显增加，CO排放浓度明显下降，有利于消除侧墙中心区域的高温腐蚀。李德波等进行了旋流燃烧煤粉锅炉主要烟气组分及分布规律试验研究。研究者在不同负荷、不同氧量设定值下对侧墙近壁面的烟气组分及温度进行了测量。研究结果表明：当侧墙附近的O_2和NO体积分数都很低时，煤粉中的硫容易生成H_2S，不容易生成SO_2，随着气流冲刷壁面，造成水冷壁的高温腐蚀；在满负荷和氧量设定值较高时，锅炉侧墙的H_2S比较少，但是当氧量设定值较低时，侧墙附近的H_2S会急剧增加。高建强等进行了660MW机组超超临界锅炉运行中NO_x调整试验分析研究。研究者以广东某电厂660MW超超临界锅炉低氮改造过程为研究对象，进行了煤粉细度、氧量和配风方式对锅炉运行的研究。研究结果表明：在机组满负荷660MW下，调整炉内送风可以保证氧量的均匀性；脱硝系统进口氧量维持在3.1%左右，机组运行效率保持在最高，NO_x浓度最低；增大上、下层燃尽风及外二次风开度可以降低NO_x排放量。岳峻峰等进行了1000MW超超临界二次再热锅炉降低水冷壁高温腐蚀影响的现场试验研究。研究者针对多种影响因素，包括运行氧量、煤粉细度、入炉煤硫含量、一次风量等开展了现场调整试验研究，获取了高温腐蚀的关键现场运行数据，为超超临界机组防止高温腐蚀提供的技术指导。宁志等进行了1000MW超超临界机组锅炉再热蒸汽温度优化燃烧调整试验研究。研究者针对燃烧器拉杆、燃尽风挡板开度、配风方式和运行氧量等因素对再热汽温影响开展了研究，研究表明：锅炉再热器管壁温度与燃烧器配风方式存在一定相关性。王亚欧等开展了1000MW双切圆燃烧锅炉干湿态转换过程中水冷壁温度控制进行了研究。曹勤峰等开展了1000MW燃煤机组超低排放低氮燃烧调整优化技术研究。

研究者通过开展燃烧优化调整试验，实现了锅炉在50%负荷以上运行时，锅炉效率和脱硝入口NO_x浓度同时兼顾的效果。李德波等开展了1045MW超超临界贫煤锅炉燃用高挥发分烟煤的燃烧调整试验研究及工程实践，同时开展了旋流燃烧器烟气成分和温度场分布规律现场试验研究工作，为现场燃烧优化调整提供了重要的理论指导。李德波等开展了四角切圆燃煤锅炉变SOFA风量下燃烧特性数值模拟。研究者对某电厂660MW四角切圆锅炉增加分离燃尽风（SOFA）低氮技术改造后，采用ANSYS FLUENT14.0软件进行了改造后燃烧特性的数值模拟，研究表明当SOFA风开度由30%增大到100%时，炉膛出口NO_x浓度降低了180.5mg/m^3。研究者也开展了四角切圆锅炉变CCOFA与SOFA配比下燃烧特性数值模拟的研究，为现场开展燃烧优化提供了理论基础。陈前明等开展了墙式分离燃尽风对660MW切圆燃烧锅炉烟温偏差影响的数值模拟研究，研究者认为SOFA风量和SOFA喷口水平摆角，都是控制炉膛出口烟温偏差的技术手段。当SOFA风量增加时，炉膛出口烟温偏差减小，SOFA风喷口水平摆角增大，有利于降低锅炉烟温偏差。王雪彩等开展600MW墙式对冲锅炉低氮燃烧技术改造的数值模拟，研究者开展了LYSC型双区浓淡型低NO_x燃烧器开展了燃烧特性及污染物生成过程的数值模拟。郭岸龙等开展了660MW超临界墙式切圆煤粉锅炉烟温偏差优化控制数值模拟研究。研究者通过数值模拟研究发现，将SOFA水平摆角反切、减小二次风挡板开度和增大SOFA风挡板开度，都有利于降低炉膛出口烟温偏差。余廷芳等开展了切圆方式对锅炉燃烧特性影响的数值模拟研究。研究者通过数值模拟比较了四墙切圆与四角切圆燃烧特性及污染物生成规律变化，研究发现四墙切圆燃烧在气流组织的均匀性、未燃尽度、温度偏差以及污染物排放等综合性能要优于四角切圆燃烧。许岩韦等开展燃尽风对超临界锅炉燃烧过程的影响研究，研究结果表明，燃尽风的投运可以明显减少燃烧过程中NO_x的生成，但是燃尽风的投运对飞灰中未燃尽碳的含量有影响。李明等开展了燃尽风射流形式对墙式对冲煤粉锅炉低氮燃烧改造的影响数值模拟研究。研究者讨论了3种不同燃尽风射流形式对炉内燃料燃烧和NO_x生成情况的影响，为低氮技术改造提供理论基础。谢晓强等进行了碗式配风对燃烧效率与NO_x质量浓度的影响。国内其他研究者开展了锅炉燃烧优化及磨煤机优化调整方面的现场试验工作。

本部分进行了320MW四角切圆锅炉燃烧器区域贴壁气氛现场测量工作，分别在锅炉60%和100%负荷工况下，测试2号机组主燃烧器区域贴壁气氛中H_2S、CO、NO、O_2的浓度，并调整对比工况，获得贴壁气氛随运行工况的变化而变化的规律，从而获得在保证水冷壁安全前提下，兼顾NO_x排放的运行调整工况。

一、锅炉设备介绍

该热电有限公司2×320MW机组锅炉由哈尔滨锅炉厂供货，型号为HG 1065/17.52-YM28。锅炉为亚临界自然循环锅炉，单炉膛、一次中间再热、燃烧器摆动调温、平衡通风、四角切向燃烧、紧身封闭、固态排渣、全钢架悬吊结构。锅炉燃用烟煤。锅炉的制粉系统采用冷一次风机、正压直吹式制粉系统，配置5台中速磨煤机，其中4台运行，1台备用。详见表3-50。

表 3-50　　锅炉主要设计参数

参数	B-MCR	TRL
过热器出口蒸发量	1065t/h	1031t/h
过热器出口蒸汽压力	17.52MPa（表压）	17.46MPa（表压）
过热器出口蒸汽温度	540℃	540℃
再热蒸汽流量	869.5t/h	839.0t/h
再热器进口蒸汽压力	3.98MPa（表压）	3.83MPa（表压）
再热器出口蒸汽压力	3.80MPa（表压）	3.66MPa（表压）
再热器进口蒸汽温度	332.8℃	328.7℃
再热器出口蒸汽温度	540℃	540℃
锅炉给水温度	282.6℃	280.1℃
省煤器入口压力	19.214MPa（表压）	18.86MPa（表压）
空气预热器出口一次风温度	350℃	346.1℃
空气预热器出口二次风温度	330.6℃	328.3℃
炉膛出口过量空气系数	1.25	1.25
空气预热器出口烟气温度（修正后）	125.6℃	123.9℃
未燃尽碳损失	0.60%	0.60%
锅炉保证效率		93.28%

锅炉的设计煤种为神府东胜烟煤，校核煤种为山西大同烟煤，兼顾澳大利亚和印尼煤，入炉煤为混煤：印尼煤 60%＋神华煤 40%。煤质数据见表 3-51。

表 3-51　　煤质分析

项目	符号	单位	设计煤种	校核煤种	入炉煤种
收到基碳	C_{ar}	%	58.93	53.41	51.47
收到基氢	H_{ar}	%	3.71	3.06	3.11
收到基氧	O_{ar}	%	10.20	6.64	10.53
收到基氮	N_{ar}	%	0.83	0.72	0.66
收到基硫	S_{ar}	%	0.58	0.63	0.41
收到基水	M_{ar}	%	17.5	10.45	27.3
收到基灰	A_{ar}	%	8.25	25.09	6.52
分析基水	M_{ad}	%	8.25	2.85	12.08
可燃基挥发分	V_{daf}	%	35	28	42.76
收到基低位发热量	$Q_{ar,net}$	MJ/kg	23.0	20.348	18.77

为了适应环保排放控制要求，2 号锅炉进行了低氮燃烧器改造，具体改造情况如下：

(1) 更换现有燃烧器喷口组件，保留角区风箱和水冷套，保持原有假想切圆不变，不改变各层一次风的标高，增加新的燃尽风组件以增加高位燃尽风量；除 A 层一次风沿用微油之外，其他一次风喷口全部采用上下浓淡中间带稳燃钝体的燃烧器；取消部分二次风喷口，更换其他全部二次风喷口，适当减小中部二次风喷口面积；在紧凑燃尽风室两侧加装贴壁风；采用节点功能区技术，在两层一次风喷口之间增加贴壁风。

（2）一次风及端部风仍旧为逆时针方向旋转，其假想切圆不变；其他二次风改为与一次风小角度偏置，顺时针反向切入，形成横向空气分级。风量重新合理分配，并调整主燃烧器区一二次风喷口面积，使一次风速满足入炉煤种的燃烧特性要求，主燃烧器区的二次风量适当减小，形成纵向空气分级。燃烧器摆动机构利旧，可以整体上下摆动。

（3）拆除原来的分离燃尽风 SOFA，在原主燃烧器上方约 6m 处重新布置 4 层分离 SOFA 喷口，拆除原来的燃尽风连接风道，采用新的墙式燃尽风连接风道，分配足量的 SOFA 燃尽风量，SOFA 喷口可同时做上下左右摆动。

（4）燃烧器由下至上依次为：AA 二次风、A 一次风（微油点火）、OA 二次风（油）、B 一次风、BC 二次风、C 一次风、CD 二次风＋贴壁风、OB 二次风（油）、D 一次风、DE 二次风、E 一次风、EE 二次风、FF 贴壁风、SOFA1、SOFA2、SOFA3、SOFA4。

（5）A 层一次风喷嘴不摆动，其他一次风喷嘴可以整体摆动±25°；二次风喷嘴可以整体摆动±30°；燃尽风喷嘴可以整体上下摆动±20°、左右摆动±10°。燃烧器纵向布置图如图 3-13 所示。

水平方向：1 号角、3 号角的一次风射流（即燃烧器安装中心线）与前墙夹角为 37.5°，2 号角、4 号角的一次风射流与前墙夹角为 44.5°；OA、BC、CD、OB、DE 二次风射流与一次风射流之间偏置 5°。燃烧器横向布置图如图 3-14 所示。

二、现场燃烧调整试验内容

现场试验采用《电站锅炉性能试验规程》《固定污染源排气中颗粒物测定与气态污染物采样方法》中规定的方法开展现场试验，具体试验方法及数据处理过程见相关规定。由于机组运行负荷大多在 60％、100％负荷两个工况点，试验拟安排在这两个负荷点进行。其中 60％负荷工况进行了 4 次贴壁风气氛测量，包括机组有 4 台磨煤机运行和 3 台磨煤机运行两种运行工况，一个调整工况测量及一个换煤种工况贴壁风气氛测量。100％负荷工况进行了 2 次贴壁风气氛测量。

对于 NO、CO，采用 NGA2000 烟气分析仪进行测量，测量原理为红外法。其中，由于 CO 浓度比一般气氛条件高出较多，选用的仪器测试范围在 0～100％之间。O_2 测量采用顺磁氧量计进行测量。对于 H_2S 的测量，由于测量点位置 CO 浓度特别高，采用常规的电化学法测量会受 CO 干扰，无法获得准确的测试结果。该次试验拟采用醋酸铅纸带法进行测量，原理是醋酸铅和硫化氢反应生产醋酸铅留在纸带上，通过光谱分析确定醋酸铅的浓度，以分析被测气体中硫化氢的浓度。可以准确测量贴壁气氛中 H_2S 的浓度，试验选用的仪器为加拿大进口 S3331 型 H_2S 分析仪。

为了进行贴壁气氛测量，在 2 号机组前、后墙各安装了 3 个取样测点，测点位于前、后墙中部，标高在 C、D 层燃烧器范围内。实际试验时，为了进行比对，除了对新装测点进行测量外，还对同一标高附近的两个看火孔进行贴壁气氛测量。因此，每个测试工况，在前、后墙各进行 5 个测点贴壁气氛测量，包括 2 个看火孔和 3 个新装测点。

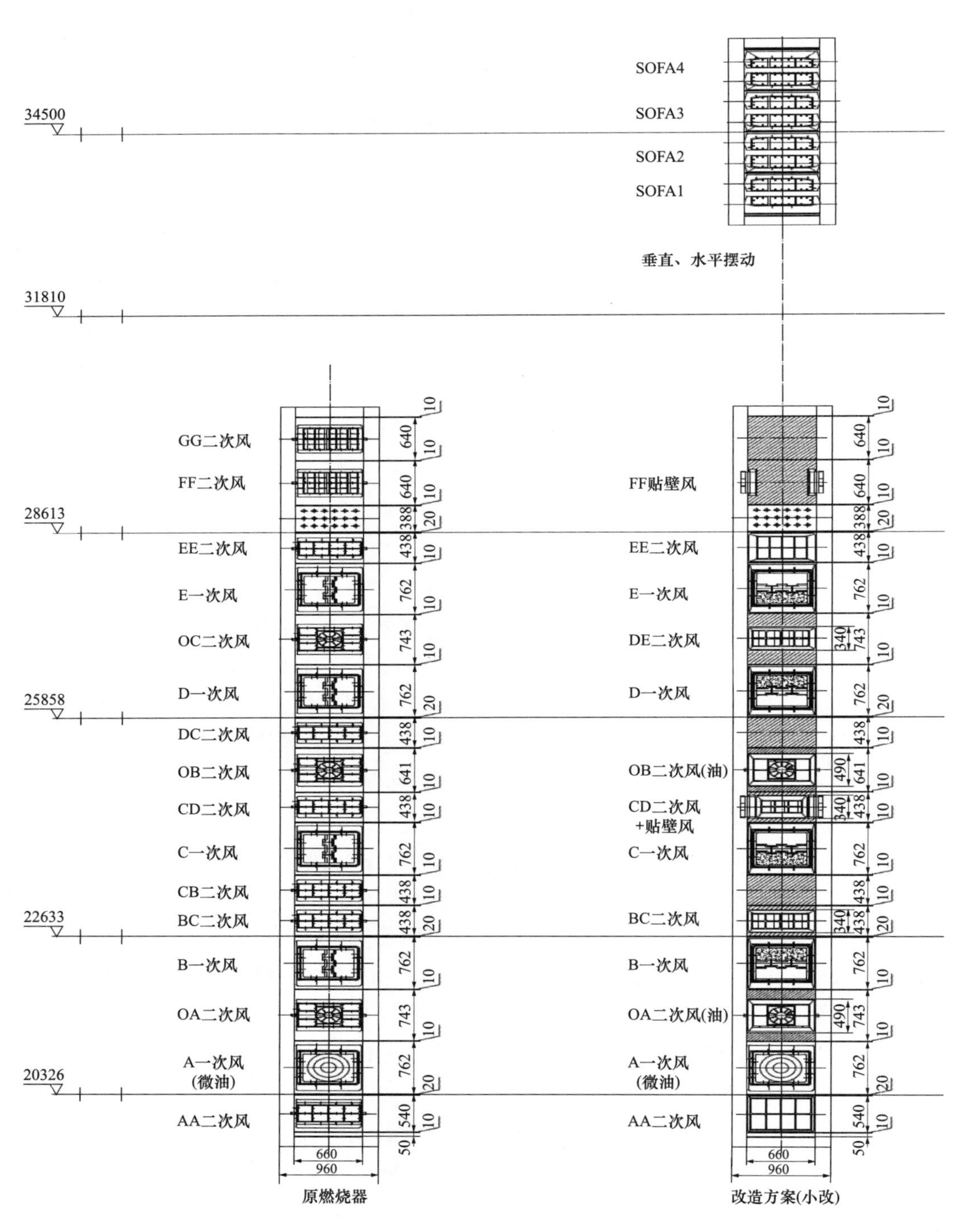

图 3-13　燃烧器纵向布置

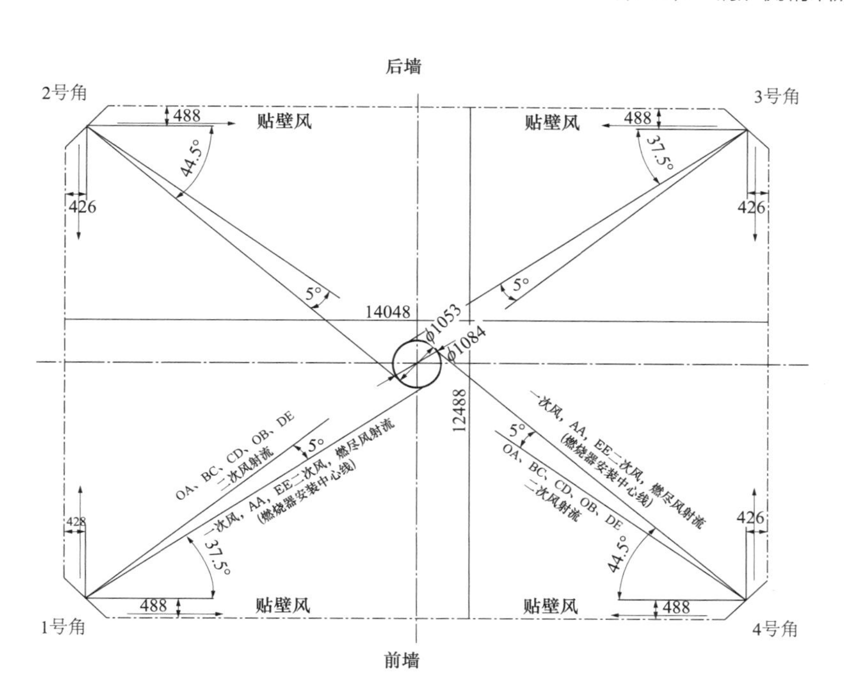

图 3-14　燃烧器横向布置

三、试验结果分析与讨论

（一）180MW 工况贴壁风气氛测量结果

1. 180MW 习惯工况（工况 1）贴壁风气氛测量结果

60%习惯工况（工况 1）测试负荷为 186.1MW，主蒸汽和再热器汽温分别为 536.8℃和 537.6℃。制粉系统为 A、B、C、D 磨煤机运行，其中 A、C 磨神华煤，B、D 磨印尼煤。炉膛氧量 4.8%，A 侧和 B 侧 SCR 系统入口 NO 浓度分别为 221.1mg/m^3 和 253.7mg/m^3。由此可见该运行工况是比较兼顾锅炉效率和环保排放（NO）的。

180MW 习惯工况贴壁风气氛测量结果如图 3-15 所示。由图 3-15 可知：虽然水冷壁及观火孔测点基本没有检测出 H_2S，但可以看出后墙 CO 浓度明显高于前墙（同时 NO 浓度低于前墙），且后墙上部测点（靠近 D 燃烧器）和中部测点 CO 浓度均大于 3%，运行氧量低于 3%（后墙上部测点氧量基本为 0），而且后墙 CO 浓度呈现出下部向上部增大的现象（O_2 由下向上逐渐降低）。说明后墙靠近 D 燃烧器水冷壁区域还原气氛强烈。

炉膛四个角处观火孔测量数据可以看出靠近向火侧的 2 号角和 4 号角 CO 浓度较高（4 号角 CO 浓度最大达到 7%），且 O_2 浓度较低。

综上可以推断炉膛火焰切圆较靠炉后，炉膛火焰中心的偏斜会造成风粉靠炉右后贴壁燃烧，不仅使水冷壁表面温度升高，水冷壁附近严重缺氧，而且高的贴壁风也会加强煤粉颗粒对水冷壁表面的冲刷磨损。

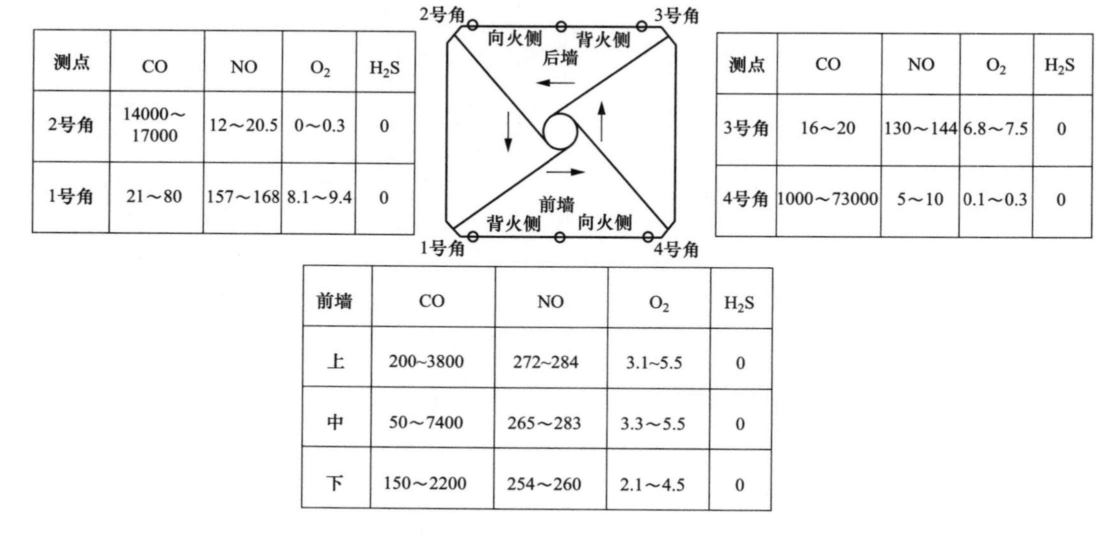

后墙	CO	NO	O_2	H_2S
上	24000~44000	126~150	0.1~0.3	0
中	8000～32000	207～229	1.5～2.8	0
下	280～2500	220～230	2.8～5.5	0

测点	CO	NO	O_2	H_2S
2号角	14000～17000	12～20.5	0～0.3	0
1号角	21～80	157～168	8.1～9.4	0

测点	CO	NO	O_2	H_2S
3号角	16～20	130～144	6.8～7.5	0
4号角	1000～73000	5～10	0.1～0.3	0

前墙	CO	NO	O_2	H_2S
上	200~3800	272~284	3.1~5.5	0
中	50～7400	265～283	3.3～5.5	0
下	150～2200	254～260	2.1～4.5	0

图 3-15 180MW 习惯工况（工况 1）贴壁风气氛测量结果

2. 180MW 配风调整后（工况 2）贴壁风气氛测量结果

60%额定负荷配风调整后（工况 2），该试验工况调整主要是关小了 2、3 层 SOFA 风门，适当加大了下层燃烧器的二次风。试验测试负荷为 185.8MW，主蒸汽和再热器汽温分别为 536.5℃和 537.3℃。制粉系统为 A、B、C、D 磨煤机运行，其中 A、C 磨神华煤，B、D 磨印尼煤。炉膛氧量为 3.9%，A 侧和 B 侧 SCR 系统入口 NO 浓度分别为 282.7mg/m^3 和 326.9mg/m^3。

180MW 调整后工况贴壁风气氛测量结果如图 3-16 所示。由图 3-16 可知：调整后水冷壁及观火孔测点也没有检测出 H_2S，但也可以看出后墙 CO 浓度明显高于前墙，且后墙上部测点（靠近 D 燃烧器）和中部测点 CO 浓度均大于 2.8%，运行氧量低于 3.4%（后墙上部测点氧量低于 0.5%），而且后墙 CO 浓度也有从下部向上部增大的现象（O_2 由下向上逐渐降低）。说明后墙靠近 D 燃烧器水冷壁区域还原气氛也较为强烈。

炉膛四个角处观火孔测量数据可以看出靠近向火侧的 2 号角和 4 号角 CO 浓度较高，且 O_2 浓度较低，两个角 CO 浓度基本一样。

综上可以推断炉膛火焰切圆较为偏炉后，但相对于习惯工况火焰切圆已经有了一定改善。配风调整后锅炉蒸汽主要参数和排烟温度相差不大，但由于 SOFA 风关小得比较多，造成炉膛氧量有所减小，而且上层 SOFA 减小，使得炉膛出口 NO 生成有所增加。

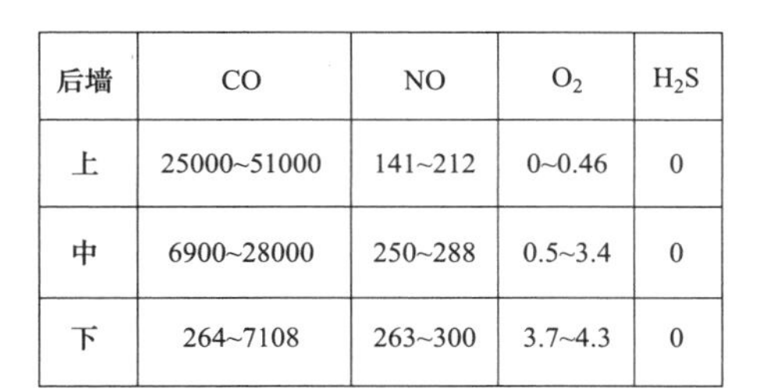

后墙	CO	NO	O_2	H_2S
上	25000~51000	141~212	0~0.46	0
中	6900~28000	250~288	0.5~3.4	0
下	264~7108	263~300	3.7~4.3	0

测点	CO	NO	O_2	H_2S
2号角	21000～32000	16～24	0～0.1	0
1号角	30～40	168～198	5.1～7.8	0

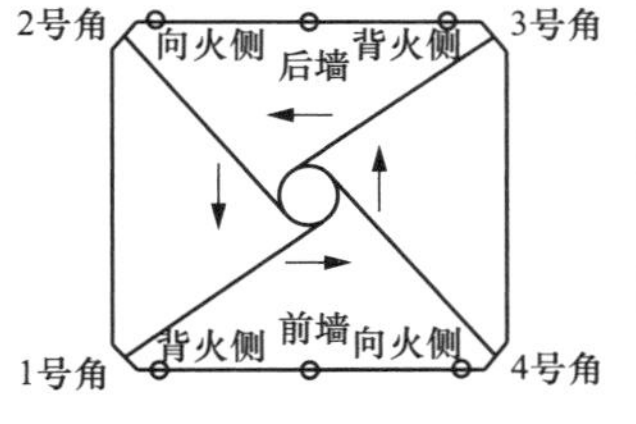

测点	CO	NO	O_2	H_2S
3号角	19～28	168～180	6.9～9.2	0
4号角	6000～30000	14～18	0～0.1	0

前墙	CO	NO	O_2	H_2S
上	30~490	249~290	4.7~7.4	0
中	30~38	280~309	4.6~5.8	0
下	77~813	271~290	4.7~6.0	0

图 3-16　180MW 调整后（工况 2）贴壁风气氛测量结果

3. 180MW 切磨煤机工况 （工况 3： 三台磨煤机运行） 贴壁风气氛测量结果

180MW 切磨煤机工况（工况 3），该试验工况调整主要将 4 台磨煤机运行工况切换到 3 台运行，配风方式为基本关闭上层燃烧器二次风和 SOFA 风。试验测试负荷为 183.5MW，主蒸汽和再热器汽温分别为 535.7℃和 530.7℃。制粉系统为 A、B、C 磨煤机运行，其中 A、C 磨神华煤，B 磨印尼煤。炉膛氧量为 3.9%，A 侧和 B 侧 SCR 系统入口 NO 浓度分别为 266.0mg/m^3 和 289.9mg/m^3。

180MW 三台磨煤机运行工况贴壁风气氛测量结果如图 3-17 所示。由图 3-17 可知：三台磨煤机运行时水冷壁及观火孔测点没有检测出 H_2S。但可以看出后墙 CO 浓度要高于前墙，且后墙上部测点（靠近 D 燃烧器）和中部测点 CO 浓度均大于 2.8%，运行氧量低于 3.4%（后墙上部测点氧量低于 0.5%），而且后墙 CO 浓度也有从下部向上部增大的现象（O_2 由下向上逐渐降低）。说明此工况下后墙靠近 D 燃烧器水冷壁区域还原气氛也较为强烈。

炉膛四个角处观火孔测量数据可以看出靠近向火侧的 2 号角和 4 号角 CO 浓度较高（2 号角比 4 号角 CO 浓度约高一倍），且 O_2 浓度较低。

综上可以推断炉膛火焰切圆为偏炉左后，但相对于前两个工况火焰切圆有了一定改善，火焰切圆已经向前墙有所前移。但三台磨煤机运行锅炉主蒸汽和再热器参数均有所下降，其中再热器蒸汽温度只有 530.7℃。排烟温度变化不大，但由于 SOFA 风及上层燃烧器二次风关小得比较多，造成炉膛氧量有所减小，排烟中 CO 浓度、飞灰和炉渣含碳量可能有所增加，锅炉效率势必有所下降。炉膛出口 NO 排放浓度介于四台磨煤机的习惯运行工况和配风调整工况之间。

后墙	CO	NO	O_2	H_2S
上	16000~34000	223~261	0.4~0.9	0.31
中	2100~10000	280~299	1.1~2.5	0.14
下	800~8400	290~318	2.3~4.4	0.13

测点	CO	NO	O_2	H_2S
2号角	6500～17000	42～58	0～0.1	0
1号角	10～12	150～158	9.0～11.0	0

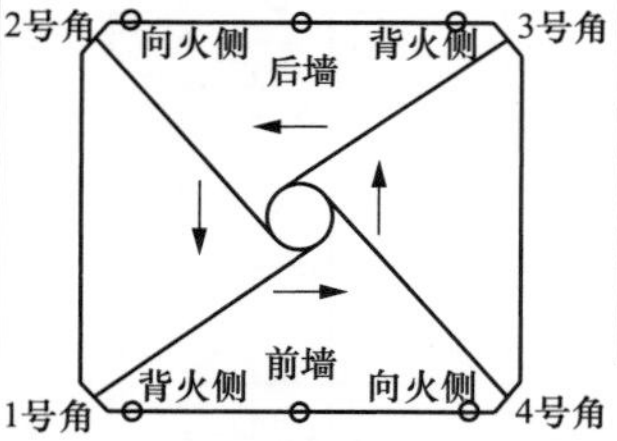

测点	CO	NO	O_2	H_2S
3号角	14～800	149～167	7.7～11.3	0
4号角	1400～7400	62～90	0.1～0.25	0

前墙	CO	NO	O_2	H_2S
上	60~1046	225~286	2.5~4.6	0
中	16~1291	228~304	3.7~6.5	0
下	20~2200	256~302	2.6~6.7	0

图 3-17　180MW 三台磨煤机运行工况（工况 3）贴壁风气氛测量结果

4. 180MW 换煤种三台磨煤机运行（工况 4）贴壁风气氛测量结果

180MW 切磨煤机工况（工况 4）测试时间为 2016 年 6 月 16 日下午 09：40～10：45，该试验工况主要是 3 台磨煤机运行，将 B、E 磨煤机更换为神华煤，运行方式为控制最低 NO 生成的配风方式。具体设置为开大 SOFA 风门，同时上摆燃烧器，是火焰中心上移。测试期间负荷为 182.2MW，主蒸汽和再热器汽温分别为 537.9℃和 537.0℃。制粉系统为 A、B、C 磨煤机运行，三台磨煤机均烧神华煤。炉膛氧量为 4.0%，A 侧和 B 侧 SCR 系统入口 NO 浓度分别为 142.8mg/m^3 和 155.2mg/m^3。

180MW 换煤种后三台磨煤机运行工况贴壁风气氛测量结果如图 3-18 所示。由图 3-18 可知：三台磨煤机同烧神华煤运行时水冷壁及观火孔测点也没有检测出 H_2S。但可以看出该运行方式时前墙 CO 浓度要高于后墙，且前墙所有测点 CO 浓度均大于 3%（最大 CO 浓度超过 7%），运行氧量基本为 0。而后墙 CO 浓度上部和中部测点比较高，其中后墙上部测点 CO 浓度大于 3%。说明该工况下前墙靠近 C、D 燃烧器水冷壁区域还原气氛很强烈，而且后墙靠近 D 燃烧器水冷壁区域还原气氛同样比较强烈。

炉膛四个角处观火孔测量数据可以看出靠近向火侧的 2 号角和 4 号角 CO 浓度较高，两个角的 CO 浓度都在 7%左右，且 O_2 浓度较低。

后墙	CO	NO	O_2	H_2S
上	3000~48000	168~206	0.6~3.8	0
中	4000~18000	160~185	0.4~0.7	0
下	2000~8000	165~176	0.8~1.8	0

测点	CO	NO	O_2	H_2S
2号角	60000～70000	4～8	0.05～0.07	0
1号角	50～300	214～333	0.9～4.8	0

2号角　向火侧　后墙　背火侧　3号角

背火侧　前墙　向火侧

1号角　4号角

测点	CO	NO	O_2	H_2S
3号角	14～800	149～167	7.7～11.3	0
4号角	60000～67000	3.6～5	0.05～0.07	0.05

前墙	CO	NO	O_2	H_2S
上	30000~70000	83~101	0~0.1	0
中	30000~70000	51~62	0~0.1	0
下	60000~68000	50~69	0.01~0.05	0

图 3-18　180MW 换煤种三台磨煤机运行（工况 4）贴壁风气氛测量结果

该运行工况使用控制生成最少 NO 的配风方式，这就导致炉膛内燃烧器区域均处于缺氧燃烧状态，整个燃烧器水冷壁区域的还原性气氛都很强烈，水冷壁极容易发生高温腐蚀现象。燃烧器上摆有利于提高主蒸汽和再热蒸汽温度，但主蒸汽压力较习惯性工况运行偏低。

（二）300MW 工况贴壁风气氛测量结果

1. 300MW 四磨煤机运行工况（工况 5）贴壁风气氛测量结果

100%额定负荷四磨运行工况（工况 5）测试时间为 2016 年 6 月 16 日下午 13：30～14：40，测试负荷为 290.8MW，主蒸汽和再热器汽温分别为 526.9℃和 525.6℃。制粉系统为 A、B、C、E 磨煤机运行，其中四台磨煤机均烧神华煤。炉膛氧量为 3.7%，A 侧和 B 侧 SCR 系统入口 NO 浓度分别为 227.4mg/m^3 和 237.4mg/m^3。

300MW 四磨煤机运行工况贴壁风气氛测量结果如图 3-19 所示。由图 3-19 可知：高负荷下水冷壁及观火孔测点也基本没有检测出 H_2S。但可以看出该运行方式时前墙 CO 浓度略高于后墙，且前墙所有测点 CO 浓度均大于 5%（最大 CO 浓度超过 7%），运行氧量基本为 0。而后墙 CO 浓度也比较高，其中后墙测点 CO 浓度最大值均大于 4%。说明该工况下前墙和后墙水冷壁区域还原气氛都是比较强烈的。

炉膛四个角处观火孔测量数据可以看出靠近向火侧的 2 号角和 4 号角 CO 浓度较高，两个角的 CO 浓度都在 7%左右，且 O_2 浓度较低。

该运行工况炉膛燃烧器区域生成 CO 均比较多（NO 均比较少），说明炉膛内燃烧器区域均处于缺氧燃烧状态，整个燃烧器水冷壁区域的还原性气氛都很强烈，水冷壁极容易发生高温腐蚀现象。同时此燃烧方式主蒸汽和再热蒸汽温度和压力都较低，锅炉运行不够经济。

后墙	CO	NO	O_2	H_2S
上	22000~67000	103~146	0~0.1	0
中	18000~68000	130~165	0.06~0.24	0
下	20000~46000	110~155	0.07~0.25	0

测点	CO	NO	O_2	H_2S
2号角	67000～67000	0～15	0～0.2	0
1号角	60～120	115～128	3.3～4.8	0

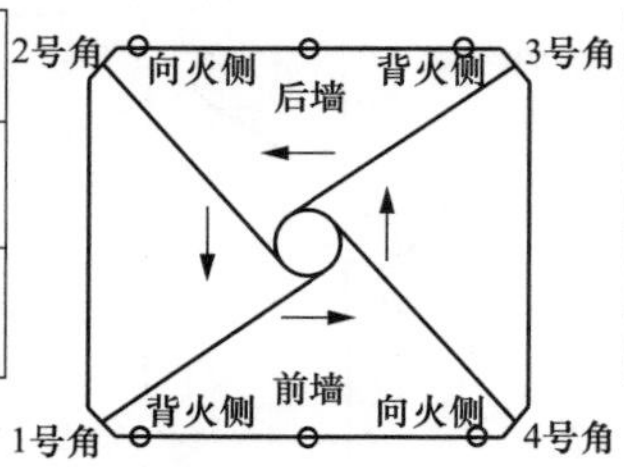

2号角 向火侧 后墙 背火侧 3号角

1号角 背火侧 前墙 向火侧 4号角

测点	CO	NO	O_2	H_2S
3号角	80～250	109~116	3.5～5.9	0
4号角	67000～67000	8～12	0～0.1	0

前墙	CO	NO	O_2	H_2S
上	53000~70000	68~75	0~0.02	0
中	53000~70000	113~120	0~0.04	0
下	67000~69000	95~104	0~0.09	0

图 3-19　300MW 四磨煤机运行工况（工况 5）贴壁风气氛测量结果

2. 300MW 五磨煤机运行工况（工况 6）贴壁风气氛测量结果

100%额定负荷五磨煤机运行工况（工况 6）测试时间为 2016 年 6 月 16 日下午 15：20～16：30，测试负荷为 298.9MW，主蒸汽和再热器汽温分别为 535.6℃和 534.5℃。制粉系统为 A、B、C、D、E 磨煤机运行，其中 A、B、C、E 磨神华煤，D 磨印尼煤。炉膛氧量为 3.7%，A 侧和 B 侧 SCR 系统入口 NO 浓度分别为 251.1mg/m^3 和 260.2mg/m^3。

300MW 五磨煤机运行工况贴壁风气氛测量结果如图 3-20 所示。由图 3-20 可知：300MW 五磨煤机运行工况水冷壁及观火孔测点也基本没有检测出 H_2S。但可以看出该运行方式时前墙 CO 浓度略高于后墙，且前、后墙所有测点 CO 浓度均大于 1.5%（最大 CO 浓度超过 6%），运行氧量在 1%左右。说明该工况下前墙和后墙水冷壁区域还原气氛都是比较强烈的，但相对于 4 磨煤机运行工况水冷壁区域还原气氛要好一些。

炉膛四个角处观火孔测量数据可以看出靠近向火侧的 2 号角和 4 号角 CO 浓度较高，两个角的 CO 浓度都在 7%左右，且 O_2 浓度较低。

该运行工况炉膛燃烧器区域生成 CO 和 NO 相对比较均衡，炉膛内燃烧器兼顾高温腐蚀和 NO 生成。但该运行方式再热器减温水量显著增大（试验期间 A、B 侧再热器减温水共 28t/h），锅炉运行不够经济。

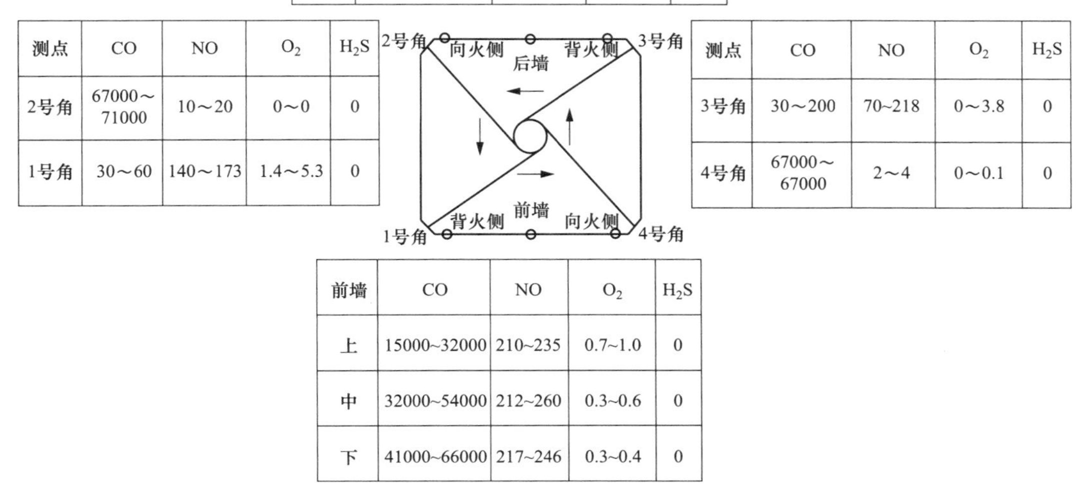

后墙	CO	NO	O_2	H_2S
上	18000~44000	225~246	0.8~1.2	0
中	16000~24000	191~257	0.1~0.9	0
下	3800~14000	230~267	1.1~1.5	0

测点	CO	NO	O_2	H_2S
2号角	67000～71000	10～20	0～0	0
1号角	30～60	140～173	1.4～5.3	0

测点	CO	NO	O_2	H_2S
3号角	30～200	70~218	0～3.8	0
4号角	67000～67000	2～4	0～0.1	0

前墙	CO	NO	O_2	H_2S
上	15000~32000	210~235	0.7~1.0	0
中	32000~54000	212~260	0.3~0.6	0
下	41000~66000	217~246	0.3~0.4	0

图 3-20　300MW 五磨煤机运行工况（工况 6）贴壁风气氛测量结果

四、结论

本部分进行了 320MW 四角切圆锅炉燃烧器区域贴壁气氛现场测量工作，分别在锅炉 60％和 100％负荷工况下，测试 2 号机组主燃烧器区域贴壁气氛中 H_2S、CO、NO、O_2 的浓度，并调整对比工况，获得贴壁气氛随运行工况的变化而变化的规律，从而获得在保证水冷壁安全前提下，兼顾 NO_x 排放的运行调整工况。主要结论如下：

（1）不同负荷不同配风方式下炉膛水冷壁区域均检测出高浓度 CO，说明炉膛水冷壁区域均存在不同程度的强烈还原性气氛，这是水冷壁产生高温腐蚀的一个重要原因。

（2）180MW 工况 1（四磨煤机运行，习惯性配风运行方式）比较兼顾锅炉效率和 NO 排放，此运行方式后墙水冷壁 CO 浓度要高于前墙水冷壁 CO 浓度，后墙水冷壁存在强烈还原性气氛；180MW 工况 2（四磨煤机运行，关小 SOFA 风门）后墙水冷壁 CO 浓度要远高于前墙水冷壁 CO 浓度，后墙水冷壁存在强烈还原性气氛，此方式会使 NO 排放有所增大；180MW 工况 3（三磨煤机运行，关闭上层燃烧器二次风和 SOFA 风）运行方式后墙水冷壁 CO 浓度要高于前墙水冷壁 CO 浓度，但 CO 浓度要比四磨煤机运行方式低，后墙还原性气氛不算很强烈。炉膛出口 NO 排放浓度介于工况 1 和工况 2 之间；180MW 工况 4（三磨煤机运行，控制最少 NO 生成配风方式），此运行方式前墙水冷壁 CO 浓度要远高于后墙水冷壁 CO 浓度，炉膛内燃烧器区域均处于缺氧燃烧状态，整个燃烧器水冷壁区域的还原性气氛都很强烈，水冷壁极容易发生高温腐蚀现象。而且此缺氧运行方式容易造成排烟中 CO 浓度、飞灰和炉渣含碳量有所增加，锅炉效率势必有所下降。

(3) 300MW 工况 5（四磨煤机运行），此运行方式前墙和后墙水冷壁区域还原气氛都是比较强烈的，水冷壁极容易发生高温腐蚀现象。同时此燃烧方式主蒸汽和再热蒸汽温度和压力都较低，锅炉运行不够经济。300MW 工况 6（五磨煤机运行），此运行方式生成 CO 和 NO 相对比较均衡，运行时后墙水冷壁 CO 浓度要略高于前墙水冷壁 CO 浓度，水冷壁还原性气氛不算很强烈。但此运行方式再热器减温水量显著增大，锅炉运行不够经济。

本部分系统研究成果，为我国同类型机组贴壁还原性气氛测量提供了重要的参考，具有十分重要的理论价值和工程应用效果。

第七节　制粉系统防堵煤综合治理改造技术

地处海边的电厂，台风频发，强降雨较多，且煤场又为露天式。每逢雨季电厂原煤水分含量很大时，制粉系统频繁堵煤，威胁机组的安全可靠运行，机组负荷剧烈变动，严重时可能造成机组跳停，对电网造成冲击。国内有很多研究者在制粉系统安全优化运行等方面开展了相关研究。刘峰等对直吹式制粉系统防堵磨进行了研究，提出了相应的预防措施。朱宪然等对中速磨煤机内流场规律进行了数值模拟研究，获得了传统试验手段无法获得了磨煤机内部复杂的流动规律。李德波等采用数值模拟手段对锅炉燃烧过程进行了研究，获得了锅炉炉内流动过程、温度场分布规律，为现场优化运行提供了理论指导。

本部分通过分析某电厂制粉系统雨季堵煤的原因，降低给煤机出口煤流与加大给煤机到磨煤机之间落煤管，达到了煤流顺利通过落煤管而不与内壁接触的改造效果，取得了良好的改造效果。

一、制粉系统存在技术问题

广东珠海金湾发电有限公司（以下简称金湾电厂）3、4 号锅炉制粉系统为正压直吹式制粉系统，磨煤机部分为上海重型机械厂生产制造的 HP1003 中速磨煤机，给煤部分为上海设备成套院设计生产的 CS2024 型皮带式给煤机。

该电厂地处海边，台风频发，强降雨较多，且煤场又为露天式。每逢雨季金湾电厂原煤水分含量很大时，制粉系统频繁堵煤，威胁机组的安全可靠运行，机组负荷剧烈变动，严重时可能造成机组跳停，对电网造成冲击。通过对 3、4 号锅炉 2008 年 8 月～2014 年 8 月间制粉系统堵煤相关数据进行统计，12 台磨煤机合计堵煤停运约 457 台次。

二、现场改造措施

查询珠海市相关机构公开数据：珠海每四年有一次台风直接登陆珠海，每年 1～2 次台风严重影响珠海，每 1～2 年珠海都会有持续强降雨（降雨 300mm/24h）。根据珠海市实际降雨情况及金湾电厂制粉系统使用效果，急需对 3、4 号锅炉制粉系统做适应性改造，以保证金湾电厂制粉系统雨季也能够正常运行。

现场跟踪观察统计制粉系统堵煤缺陷，发现堵煤产生原因绝大部分可以明确为：给煤机的出口与磨煤机设计及匹配不合理，即给煤机皮带上的出口煤流经过抛物线运动后正好砸在出口天方地圆管和给煤机到磨煤机之间落煤管上，造成水分过大的原煤煤流直接与落煤管壁接触使湿煤黏结，同时磨煤机内的高温使黏结煤浆变硬成块，开始积煤最终发展成为堵煤。也即给煤机的出口煤流中心线与落煤管的中心线不吻合，出口煤流的中心线向锅炉前墙方向漂移过多是制粉系统堵煤的主要原因（见图 3-21）。

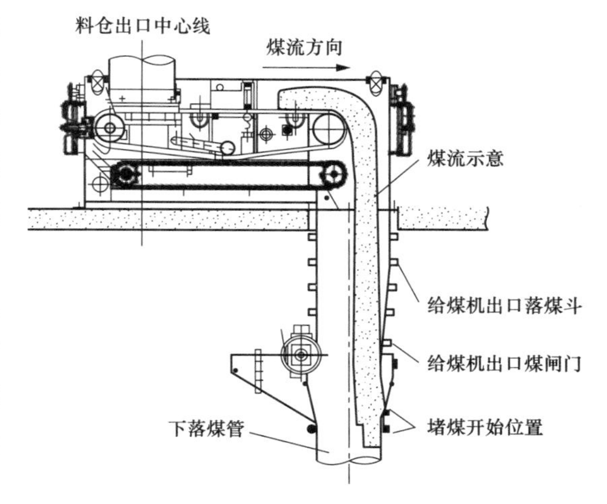

图 3-21　金湾电厂磨煤机原煤流示意图

针对以上给煤机出口煤流与出口落煤管中心线不一致的问题，提出从下列方面来解决（或者减缓）：

（1）降低给煤机出口煤流水平初速度。煤流从给煤机尾部抛出后以自由落体的状态运动，这样煤流的水平位移就取决于它离开皮带时的水平初速度。因此降低煤流的水平初速度就可以缩短煤流抛出后的水平位移，使煤流的中心线与给煤机出口管的中心线距离缩短，防止煤流与落煤管、天方地圆管、出口闸板接触造成湿煤黏结和管壁磨损。

在保证给煤机给煤量不变的情况下，要降低煤流的水平初速度，就必须增加皮带上的铺煤厚度。通过对给煤机入口结构检查得出，只要将给煤机进口的整形板截面积加大就可以提高皮带上的铺煤厚度。通过计算在保证同等给煤量的前提下，改造给煤机的整形罩（截面积将增大 15.15%），这时给煤机皮带速度将下降约 13.2%，煤流离开皮带时的水平分速度将降低，使得煤流对管道的冲刷点降低。

（2）给煤机出口管道尺寸加大（加大至 760mm）。现在给煤机出口管道的现状是：天方地圆管与出口闸阀本体靠炉前磨损穿孔严重，加大天方地圆管与给煤机出口落煤管的尺寸，可以减少给煤机出口煤流与这些部件的接触，从而减少磨损。因给煤机出口落煤管与磨煤机落煤管相连，因此给煤机落煤管与磨煤机落煤管尺寸须一致，磨煤机落煤管可以加大到 760mm（由磨煤机顶部空间和给煤机整形罩加大后煤流的截面积共同决定），因此给煤机出口落煤管尺寸也应为 760mm。这样将给煤机出口落煤管加大至 760mm 后（原落煤管尺寸为 610mm），相当于将落煤管往炉前方向前移了 75mm。

（3）落煤管尺寸加大（760mm）。磨煤机落煤管的现尺寸为直径 610mm，在雨季原煤水分较大时，落煤管很容易发生堵煤，造成磨煤机停运。通过多次检查，堵煤位置大部分发生在落煤管距离底部 1.5～2m 的位置，即磨煤机冷热风交接处。通过与隔壁的珠海电厂对比分析发现，在原煤水分相同时，珠海电厂磨煤机落煤管发生堵煤的概率很低（为金湾电厂的 1/10 左右），而金湾电厂发生堵煤的概率却很高。对比两厂的磨煤机，珠海电厂磨煤机为动态分离器，落煤管尺寸为 745mm；金湾电厂磨煤机为静态分离器式，落煤管尺寸为 610mm。金湾电厂磨煤机落煤管尺寸比珠海电厂小了 135mm，因此落煤管尺寸过小也是金湾电厂磨煤机容易发生堵煤的一个可能性，同时对给煤机出口煤流中心线优化后也要求对落煤管的尺寸做相应的加大，才能保证煤流顺利通过落煤管而不与内壁接触。通过查阅金湾电厂磨煤机图纸及询问上海重型机械厂，得出金湾电厂 HP1003 型磨煤机落煤管尺寸最大可以增加到 760mm。

磨煤机落煤管尺寸加大的同时，与磨煤机落煤管连接的设备部件都需要做下列相应的改造：

1）给煤机出口天方地圆管。该天方地圆管一端接给煤机的出口，为方型；另一端与给煤机出口闸板相连，为圆形。圆形处的尺寸需要从现在的 DN610 改为加大后的尺寸，天方地圆管相应需要整体更换。

2）给煤机出口电动闸板门。现在使用的是 DN610 的电动闸板门，扩大落煤管后需要更换为与落煤管新尺寸一致的闸板门。

3）磨煤机顶部开孔。磨煤机顶部与落煤管连接的孔洞必须扩孔到与加大后的落煤管外径一致。磨煤机顶部厚度为 50mm，且空间狭小，因此扩孔时必须将磨煤机上部盖板及顶部多出口装置拆离。

4）磨煤机内部文丘里装置更换。磨煤机内部文丘里装置主要用于将合格的煤粉均匀分配到四条出口粉管中，该次改造将文丘里由内置式改为外置式，结构简单，维护方便。

5）内椎体改大。内椎体主要用于将二级、三级分离后不合格的煤粉送回磨盘上重新碾磨，同时磨煤机内部的落煤管从内椎体中心穿过直至磨盘上方。因此，落煤管尺寸改大也需要适当改大内椎体尺寸。

6）倒椎体改大。落煤管从倒椎体中心穿过到内椎体小口端结束，倒椎体位于落煤管最下方，倒扣于内椎体小口端，倒椎体大口端边缘与内椎体内壁保持 20～25mm 的间隙，用于防止磨煤机内部的热风从内椎体小口端反串到内椎体内部。因此落煤管尺寸加大，倒椎体也要做相应的加大改造。

7）多出口及排出阀。因文丘里管改为外置式，则相应的多出口及排出阀也需要做相应的改进。

8）磨煤机出口粉管。四根出口粉管周定位尺寸不变，文丘里改为外置式后，粉管高度需要做相应调整，给粉管与闸板接口需要提高 478.5mm。

这样在降低给煤机出口煤流水平速度与加大给煤机到磨煤机之间落煤管管径的双重作用下，给煤机出口煤流的运动中心线与落煤管中心线位置如图 3-22 所示。

通过图 3-22 就可以明显看出，改造后给煤机出口煤流与落煤管中心线靠近，煤流下落过程中没有与落煤管、天方地圆管和出口闸板接触，可以基本解决制粉系统堵煤问题。

同时上述改造时，制粉系统特别是磨煤机系统需要改造更换大量部件（内部的设备进行了型号加大，文丘里装置由内置式改为外置式），磨煤机内部的动力场变化较大，可能对磨煤机运行过程中风粉分离产生影响，甚至影响磨煤机出力。为此对磨煤机典型工况进行模拟，磨煤机内部未产生较明显的漩涡区，在原有一次风运行参数不变的条件下，磨煤机可以正常进行三级风粉分离。在与磨辊同一水平高度的筒体四周，煤粉撞击时改变方向，

失去动量回到磨，这是第一级分离。在分离器顶盖有弯曲的可调叶片，风粉混合物产生旋转，较重颗粒从气流中分离，这是第二级。此后，风粉混合物通过称为文丘里套管的垂直插管进一步分离。这是第三级，不影响磨煤机出力（见图 3-23）。

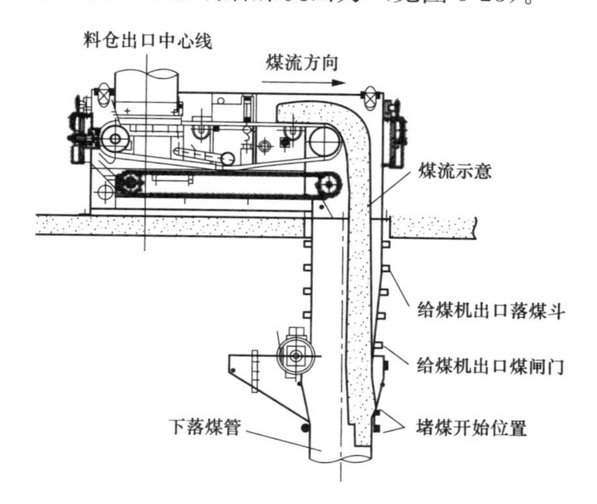

图 3-22　改造后的给煤机出口煤流效果图

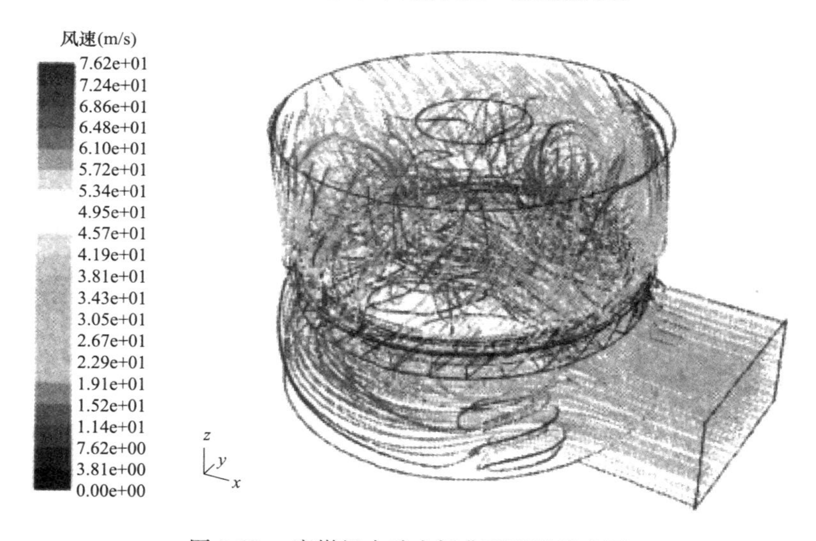

图 3-23　磨煤机内动力场典型流线示意图

三、改造效果分析

从 2013 年开始，金湾电厂逐步对 3、4 号锅炉制粉系统进行防堵煤综合整治，系统改造后效果明显。经历了 2014 年 5 月及 8 月，以及 2015 年 5 月的雨季考验，没有再出现堵煤情况。雨季燃煤水分过高，黏度增大，易落煤篦子堵塞，造成输煤不畅；在原煤仓出口堵塞，造成断煤；如果是刮板给煤机，还会造成“浮链”，拉断刮板等。水分过高对制粉系统影响比较大，主要体现在：制粉系统干燥出力需求增大，致使磨煤机出力下降，热一次风温度降低，一次风量增大。同时对炉内燃烧带来不利影响，主要体现在下面几个方面：

（1）一次风量增大，一次风速有所提高，对稳燃造成一定影响。

（2）一次风温度降低，一次风气流着火热提高，着火延迟。

（3）制粉系统干燥出力不足之后，要增加一次风量，则空气预热器一次风吸热量增大，一、二次风温度同步降低，同样造成煤粉气流着火延迟。

（4）炉内燃烧不可一概而论，要看是外水高还是内水高。如内水高，则在煤粉颗粒受热后可以增加煤粉颗粒的孔隙率，对于传质和传热的话反而有利。雨季主要影响外水，如外水高，则基本上消耗了燃料热量，炉膛平均温度降低，灰渣可燃物含量增大。

（5）锅炉效率方面，单位燃料烟气量增大，烟气平均比热增大，排烟热损失增大；排烟温度也会有所升高。

与干煤棚相比，避开一个雨季干煤棚至少需要储存7～8天干煤。按照最节省投资的方案，仅采用简易的拱形网壳方案或平板网壳方案，只建设130m干煤棚，投资造价在2.2516亿元，还要增加煤废水处理系统，也需要增加584万元的投资。综合比较，对制粉系统进行防堵煤综合整治，投资500万元即可解决沿海电厂雨季堵煤的难题。

四、结论

通过对3、4号锅炉各制粉系统进行防堵煤综合整治，制粉系统运行可靠性得到极大提高。特别是在没有干煤棚的条件下，改造后的制粉系统能够在雨季正常运行，提高设备自动化水平，减轻金湾电厂运行人员及设备维护人员劳动强度，为实现电厂安全文明生产创造了条件。

第四章

SCR脱硝系统现场优化

第一节　SCR 脱硝系统全负荷投运改造技术

随着环境治理的严峻形势，我国对 NO_x 的排放限制将日益严格，国家环境保护部已经颁布了《火电厂氮氧化物防治技术政策》，明确在“十二五”期间将全力推进我国 NO_x 的防治工作，将燃煤电厂锅炉 NO_x 排放浓度设定为 $100mg/m^3$。目前国内外电厂锅炉控制 NO_x 技术主要有 2 种：一种是控制生成，主要是在燃烧过程中通过各种技术手段改变煤的燃烧条件，从而减少 NO_x 的生成量，即各种低 NO_x 技术；另一种是生成后的转化，主要是将已经生成的 NO_x 通过技术手段从烟气中脱除掉，如选择性催化还原法（SCR）、选择性非催化还原法（SNCR）。

某电厂 3、4 号锅炉为上海锅炉厂有限公司引进美国 ALSTOM 技术自行设计制造的 1913t/h 超临界直流锅炉。由于锅炉在低负荷下，SCR 入口烟气温度不能满足 SCR 反应器中催化剂的温度要求。随着 NO_x 排放要求的进一步严格执行，低负荷时无法投运 SCR 将不能适应国家及地方环保标准，导致高额罚款甚至被摘牌停止发电整改的严重后果。为此，必须寻求 SCR 入口烟气温度不能满足 SCR 反应器中催化剂温度要求的解决方案。本部分研究了三种不同的改造方案，分析了三种不同改造方案的优缺点，并通过现场改造实践证明，改造方案三能够满足 SCR 脱硝系统全负荷投运要求，工程改造取得了较好的效果。

针对目前燃煤机组 SCR 脱硝系统全负荷投运改造方案选取和工程实践效果分析，对我国其他火电厂 SCR 脱硝系统改造，具有较好的借鉴价值。

一、锅炉设备情况

3、4 号锅炉为超临界参数变压运行螺旋管圈直流炉，为单炉膛、一次中间再热、采用四角切圆燃烧方式、平衡通风、固态排渣、全钢悬吊结构 Ⅱ 型、露天布置燃煤锅炉。燃烧方式采用低 NO_x 同轴燃烧系统（LNCFS）。锅炉主要设计参数如表 4-1 所示，锅炉运行煤质参数如表 4-2 所示。

省煤器布置于锅炉的后烟井低温再热器下面，有三组采用光管蛇形管，顺列排列，与烟气成逆流布置。

表 4-1　锅炉设计参数

名称	单位	最大连续蒸发量（BMCR）	额定工况蒸发量（BRL）
过热蒸汽流量	t/h	1913	1785
过热蒸汽出口压力	MPa	25.4	25.24
过热蒸汽出口温度	℃	571	571
再热蒸汽流量	t/h	1583.9	1484
再热蒸汽进口压力	MPa	4.39	4.11
再热蒸汽进口温度	℃	312	306
再热蒸汽出口压力	MPa	4.20	3.93
再热蒸汽出口温度	℃	569	569
给水温度	℃	282	278

表 4-2　运行煤质

项目	符号	单位	设计煤种（神府东胜煤）	校核煤种（晋北烟煤）	实际煤种
全水分	M_t	%	14.50	10.05	8.60
空气干燥基水分	M_{ad}	%	8.00	2.85	1.14
收到基灰分	A_{ar}	%	8.00	25.09	24.87
干燥无灰基挥发分	V_{daf}	%	35.00	28.00	37.75
收到基碳	C_{ar}	%	62.83	53.41	54.97
收到基氢	H_{ar}	%	3.62	3.06	3.60
收到基氧	O_{ar}	%	9.94	6.64	6.64
收到基氮	N_{ar}	%	0.70	0.72	0.85
收到基硫	S_{ar}	%	0.41	0.63	0.48
收到基低位发热量	$Q_{net,ar}$	MJ/kg	22.760	20.348	20.650

二、脱硝全负荷投运改造方案

（一）SCR 脱硝系统入口烟温

通过现场测试，锅炉省煤器的出口烟温曲线见图 4-1 和图 4-2。

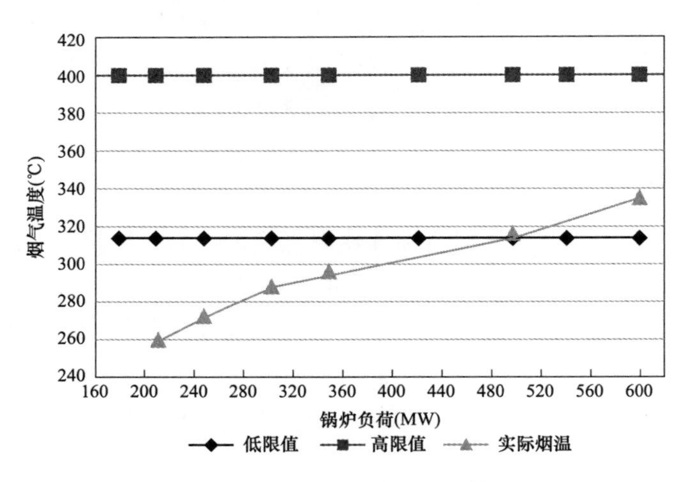

图 4-1　掺烧石炭煤时各负荷段下省煤器出口烟温

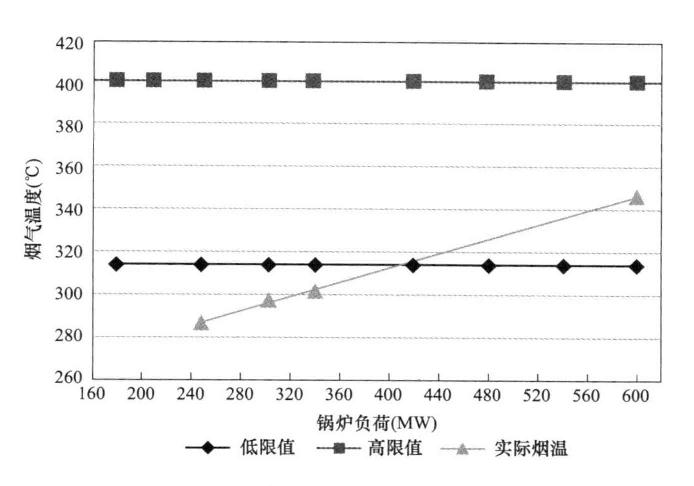

图 4-2　燃用校核煤种时各负荷段下省煤器出口烟温

由图 4-1 可以看出，该电厂 3 号锅炉在 400MW 运行时省煤器出口烟温为 298℃，已经低于 SCR 装置的最佳反应温度范围。随着负荷的降低，省煤器出口的烟气温度进一步降低，将不得不退出脱硝装置运行。

结合设计数据和运行数据，并考虑实际运行工况可能存在的偏差，在 450MW 负荷以下，SCR 入口处的烟气温度已达不到脱硝装置允许运行最低温度（314℃）的要求。在 250MW 以及 210MW 下，SCR 入口处的烟气温度甚至只有 260～270℃，脱硝系统根本不可能投运。此原因直接导致 2013 年度该机组 SCR 投运率只有 45%。

由图 4-3 可以看出，600MW 负荷下，省煤器出口烟气温度在 346℃左右，300MW 负荷下，省煤器出口烟气为 297℃左右。而由 2013 年 7 月 4 号炉运行画面可知，在 600MW 负荷下，省煤器出口烟气温度为 357℃。

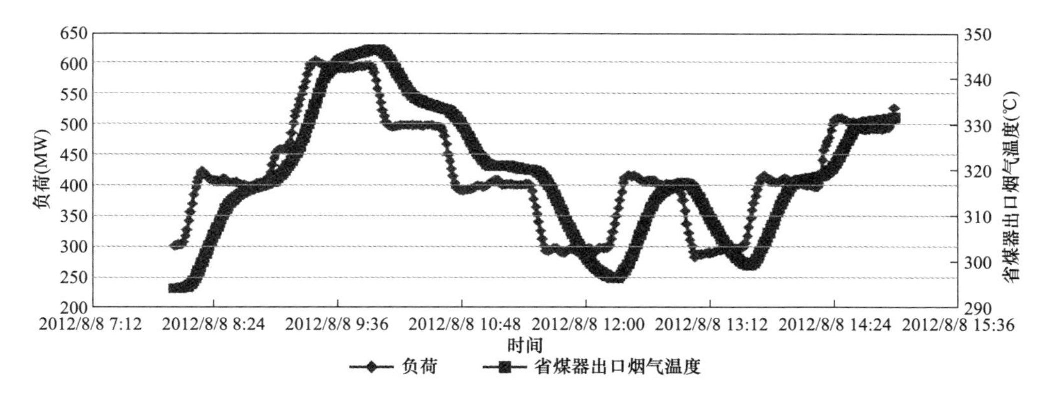

图 4-3　2012 年 8 月 8 日 3 号炉运行省煤器出口烟气温度随负荷变化曲线

从 3 号炉和 4 号炉运行数据可以看出，省煤器出口烟气温度有不同程度的提高（和 2014 年 1 月比）。2011～2013 年，机组燃煤一般以低熔点高水分的神华煤、印尼煤为主，锅炉受热面存在结焦现象，且其氧量运行较目前大，故排烟温度也会升高。按照当前煤种，3、4 号炉均不存在结焦现象，且考虑到低氮燃烧问题，目前运行氧量一般也较低。因此，按照目前的燃煤及氧量控制，即使在夏季，省煤器出口烟气温度也不会高于2013年以前的水平。

根据2012年1月1日起施行的GB 13223—2011《火电厂大气污染排放标准》，要求2014年7月1日后所有燃煤锅炉氮氧化物排放须不超过100mg/m³。为达到这一排放指标，该厂不仅使用了炉内低氮燃烧器，还完成了选择性催化还原脱硝（SCR）改造。

通常SCR装置的最佳反应温度范围为320～400℃，对于特定的装置，催化剂的设计温度范围稍有变化（该电厂催化剂温度范围为314～400℃）。通常按照锅炉正常负荷的省煤器出口烟温设计，当锅炉低负荷运行时，省煤器出口烟气温度会低于下限值，无法满足脱硝装置的投运温度要求。虽然已通过燃烧调整和燃煤掺烧以及降低催化剂的喷氨温度等措施来降低各个负荷段的NO_x的排放，但是仍然不能满足要求。随着NO_x排放要求的进一步严格执行，低负荷时无法投运SCR将不能适应国家及地方标准的要求。对此，必须对锅炉进行相应改造，以解决这一问题。

（二）脱硝全负荷投运改造方案

当前全工况脱硝技术主要有省煤器分级布置、省煤器烟气旁路、省煤器再循环等几种。综合各调节技术的特点，结合电厂的实际情况，主要对如下几种适合该电厂进行全工况脱硝改造的最佳方案。

1. 方案一：省煤器简单水旁路

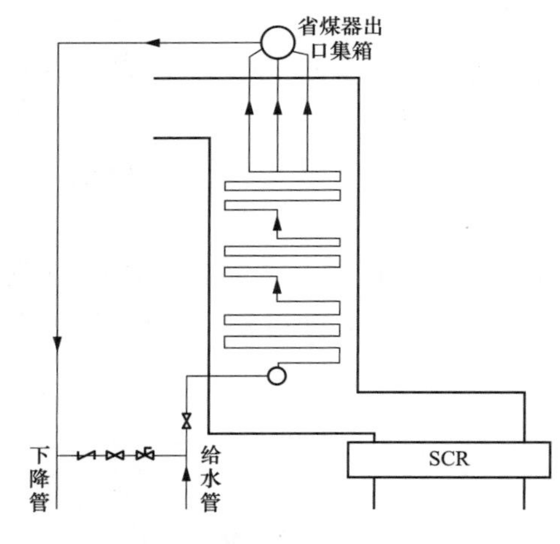

图4-4 省煤器简单水旁路原理

图4-4所示为省煤器简单水旁路原理图。该方案是通过在省煤器进口集箱之前设置调节阀和连接管道，将部分给水短路，直接引至下降管中，减少流经省煤器的给水量，从而减少省煤器从烟气中的吸热量，以达到提高省煤器出口烟温的目的。

针对该项目锅炉受热面的布置情况，通过热力计算得到如下方案一的改造效果，见表4-3。

表4-3 省煤器简单水旁路方案计算汇总表

项目	400MW		300MW		250MW		220MW	
	改造前	改造后	改造前	改造后	改造前	改造后	改造前	改造后
给水流量（t/h）	1087	1087	824	824	718	718	670	670
旁路流量（t/h）	0	652.2	0	494.5	0	373.36	0	254.6
旁路比例（%）	0	60	0	60	0	52	0	38
省煤器出口烟温（℃）	298.57	315	282.59	290	272.5	280	263	272
排烟温度（℃）	105.38	110.17	105.87	108.25	103.23	105.23	100.17	102.20

方案一的改造需要设置的管道旁路包括：冷热水混合器、调节阀、截止阀、止回阀、新增原给水管道至下降管之间的给水管道、管道支吊架、其他疏水设置等。

2. 方案二：省煤器再循环

图 4-5 所示为省煤器再循环的改造原理图。该方案是在方案一省煤器简单水旁路的基础之上进一步发展的方案。第一部分也是通过在省煤器进口集箱之前设置调节阀和连接，将部分给水短路直接引至省煤器出口集箱，减少流经省煤器的给水量，从而减小省煤器从烟气中吸热量。第二部分再通过热水再循环系统将省煤器出口的热水再循环引至省煤器进口，提高省煤器进口的水温，降低省煤器的吸热量，提高省煤器出口的烟气温度。该方案计算汇总见表 4-4。

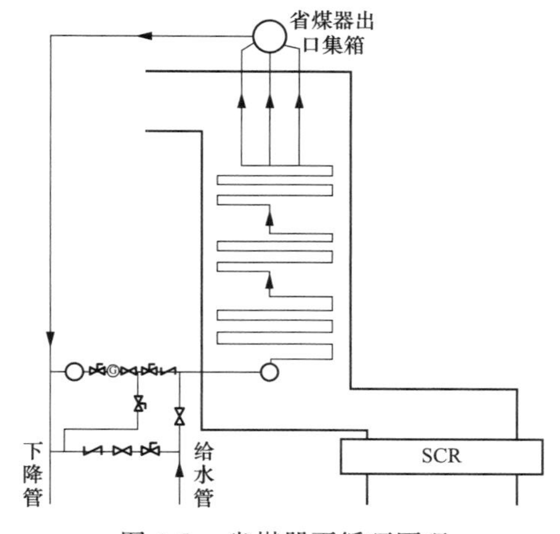

图 4-5 省煤器再循环原理

表 4-4 省煤器再循环方案计算汇总

项目	400MW		300MW		250MW		220MW	
	改造前	改造后	改造前	改造后	改造前	改造后	改造前	改造后
给水流量（t/h）	1087	1087	824	824	718	718	670	670
旁路流量（t/h）	0	300	0	350	0	380	0	340
循环泵流量（t/h）	0	300	0	400	0	400	0	445
省煤器出口烟温（℃）	298.57	316	282.59	315	272.5	315	263	315
排烟温度（℃）	105.38	110.48	105.87	116.5	103.23	113.8	100.17	116.25

方案二在方案一的基础之上，增加了一套省煤器再循环系统，包括：再循环泵、压力容器罐、冷热水混合器、调节阀、截止阀、止回阀，以及相应的疏水系统。

该类机组在低负荷下，水冷壁存在的问题为下炉膛螺旋管圈易超温。主要原因为低负荷下水量少，螺旋管圈存在流量分配特性问题，水冷壁入口温度的降低不会影响整体流量分配特性。但下炉膛入口温度降低及下炉膛出口温度总体较改造前低，水冷壁也偏安全，从水冷壁的安全性考虑初步分析水冷壁受热面整体较改造前安全。

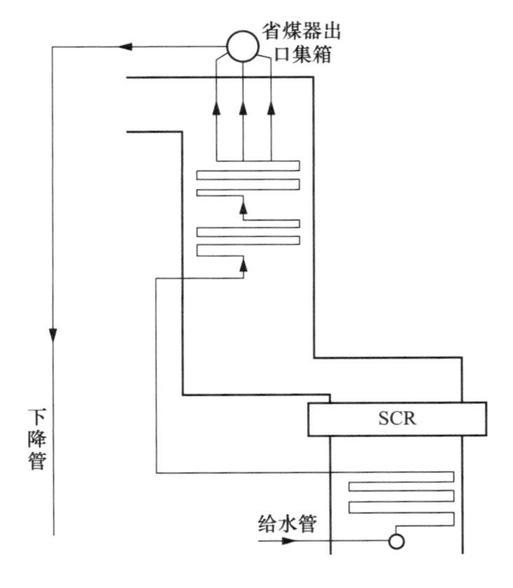

图 4-6 省煤器分级设置原理

采用热水再循环方案，稳定运行状态下安全性提高。需要关注的问题为变负荷动态运行下，考虑到直流炉的特性，热水循环泵流量和给水到下降管旁路流量的控制匹配问题，为关注的核心。该问题需要水循环系统设计及从逻辑控制来解决，结合锅炉本身特性进行有针对性的控制函数修改，可以保证机组安全及稳定的运行。

3. 方案三：省煤器分级设置

方案三（见图 4-6）是将原有的省煤器靠近烟气

下游的部分拆除，在SCR反应器后增设一定的省煤器受热面。给水直接引至位于SCR反应器后的省煤器，然后通过连接管道再引至位于SCR反应器前的省煤器。减少SCR反应器前省煤器的吸热量，达到提高SCR入口烟气温度的目的。

若要实现220～600MW全负荷能投入脱硝，根据锅炉热力计算，需切割6659m^{2}省煤器面积，热力计算汇总见表4-5～表4-7。

表4-5　　掺烧石炭煤时省煤器分级设置（减少6659m^2）热力计算

项目	600MW		400MW		300MW		250MW		220MW	
	改造前	改造后	改造前	改造后	改造前	改造后	改造前	改造后	改造前	改造后
给水流量（t/h）	1735	1735	1087	1087	824	824	718	718	670	670
SCR前省煤器减少面积（m^2）	0	6659	0	6659	0	6659	0	6659	0	6659
SCR后省煤器增加面积（m^2）	0	6659	0	6659	0	6659	0	6659	0	6659
SCR入口烟温（℃）	335	381.56	298.57	340	282.59	322.6	272.5	309.57	263	304
排烟温度（℃）	120.7	120.7	105.38	105.38	105.87	105.87	103.23	103.23	100.17	100.17

表4-6　　燃用校核煤种时省煤器分级设置（减少6659m^2）热力计算

项目	600MW	
	改造前	改造后
给水流量（t/h）	1735	1735
SCR前省煤器减少面积（m^2）	0	6659
SCR后省煤器增加面积（m^2）	0	6659
SCR入口烟温（℃）	350	398.3
排烟温度（℃）	138.4	138.4

表4-7　　燃用神混煤时省煤器分级设置（减少6659m^2）热力计算

项目	600MW	
	改造前	改造后
给水流量（t/h）	1735	1735
SCR前省煤器减少面积（m^2）	0	6659
SCR后省煤器增加面积（m^2）	0	6659
SCR入口烟温（℃）	355	404.65
排烟温度（℃）	139.4	139.4

方案三的改造范围包括锅炉后烟井的拆装，原省煤器部分面积的拆除，剩余省煤器与集箱的重新连接、恢复，SCR反应器下方的烟道打开与恢复，新增部分省煤器的安装与支吊，SCR基础钢架的校核与加固，给水管道的安装与支吊，SCR反应器的仪控和测点的移位，增加吹灰器，以及平台扶梯等。

4. 三种方案投资成本及锅炉经济性对比

表4-8所示为上述三种方案投资成本及锅炉经济性对比分析。针对该电厂的煤种范围，

从方案的烟气调节效果、方案的实施难度以及方案的稳定性和经济性上看，采用方案三，即省煤器分级设置的改造方案。

表 4-8　　三种方案的投资成本及锅炉经济性对比

方案	投资成本	对锅炉经济性影响
方案一：简单水旁路	约 300 万元	高负荷对经济性不影响，220MW 负荷下排烟温度升高 3℃左右
方案二：省煤器再循环	约 2097 万元	高负荷对经济性不影响，低负荷下排烟温度升高，一年由于排烟温度升高引起的损失最大为 118 万元 泵运行电费为：60.8 万元/年，维护费用为 75 万元/年
方案三：省煤器分级，设置 6659m^2	约 2388 万元	对锅炉经济性不影响。对煤种适应性有一定要求

三、改造效果分析

1. 省煤器分级改造后对 SCR 入口烟温影响

为了验证该电厂省煤器分级改造效果，对 3 号锅炉进行了改造后试验。表 4-9 所示为改造前后 SCR 脱硝系统入口温度变化。可以看出，在进行省煤器分级改造后，在机组 600MW 负荷下，脱硝入口 A 侧和 B 侧烟气温度分别为 378℃和 380℃，满足“脱硝入口烟温不高于 400℃”的性能保证值的要求。在机组 250MW 负荷下，脱硝入口 A 侧和 B 侧烟气温度分别为 311℃和 313℃，满足“脱硝入口烟温不低于 309℃”的性能保证值的要求。通过省煤器分级改造后，脱硝系统达到了全负荷投运的要求。

表 4-9　　改造前后 3 号锅炉主要参数对比

项目	单位	保证值	600MW		450MW		300MW		250MW	
			A	B	A	B	A	B	A	B
SCR 入口烟温	℃	310<T≤400	378	380	358	356	322	323	311	313
AH 入口烟温	℃	≤改造前试验值	343	347	321	323	292	294	284	284
SCR 出口 NO_x 浓度	mg/m^3	50	28	30	38	32	38	36	38	38

2. 省煤器分级改造后对锅炉效率影响

表 4-10 所示为各试验工况下锅炉效率。在 600MW 负荷工况和 250MW 负荷工况下，修正后的锅炉效率分别为 94.31%和 94.00%，满足“锅炉效率不小于 93.9%”的性能保证值。

表 4-10　　各试验工况的锅炉效率

项目	单位	T-01 负荷 600MW	T-04 负荷 250MW
入口氧量	%	3.66	6.83
飞灰含碳量	%	0.71	1.35
排烟温度	℃	115.6	98.5
修正后排烟温度	℃	117.8	101.1
锅炉效率	%	94.52	94.23
修正后锅炉效率	%	94.31	94.00

四、结论

针对某600MW燃煤火电厂SCR脱硝系统低负荷无法投运的现状，进行了省煤器分级改造。通过现场改造取得了较好的结果。主要结论如下：

（1）在进行省煤器分级改造后，在机组600MW负荷下，脱硝入口A侧和B侧烟气温度分别为378℃和380℃，满足“脱硝入口烟温不高于400℃”的性能保证值的要求。

（2）在机组250MW负荷下，脱硝入口A侧和B侧烟气温度分别为311℃和313℃，满足“脱硝入口烟温不低于309℃”的性能保证值的要求。

（3）在600MW负荷工况和250MW负荷工况下，修正后的锅炉效率分别为94.31%和94.00%，满足“锅炉效率不小于93.9%”的性能保证值。

（4）通过省煤器分级改造后，实现了脱硝系统全负荷投运，满足了环保排放的要求。

本部分进行的600MW燃煤电厂SCR脱硝系统全负荷投运改造技术研究成果，为国内同类型机组开展SCR脱硝系统全负荷投运改造提供了重要的参考价值，具有较好的学术价值和工程应用价值。

第二节　SCR脱硝系统流场优化改造技术

目前大型燃煤电厂脱硝系统采用选择性催化还原法（SCR）。通过现场大量的工程应用实践发现，SCR法脱硝系统存在脱硝系统出口NO_x浓度分布不均匀，氨逃逸量高等技术问题，造成空气预热器硫酸氢氨沉积，导致空气预热器堵塞被迫停机，严重影响机组安全稳定运行。因此开展SCR脱硝系统现场流场优化和喷氨格栅调整、CEMS在线测量仪表完善等综合技术手段是保障脱硝系统安全、稳定运行的关键技术。

国内一些研究者开展了相关的研究工作。陈磊等开展了燃煤电厂SCR脱硝系统运行存在关键技术问题研究与技术展望。研究者针对40台燃煤电厂SCR脱硝系统运行情况进行了现场调研，提出建议：定期开展喷氨格栅调整试验，降低反应器出口NO_x浓度不均匀性；开展给予计算流体力学SCR系统流场优化数值模拟，解决流场不均匀的问题；加强SCR脱硝系统热工控制算法研究，提高变负荷过程的控制能力，避免反应器出口NO_x浓度过低。李德波等开展了四角切圆锅炉变CCOFA与SOFA配比下燃烧特性数值模拟，通过改变CCOFA与SOFA风配风比例，从而降低炉膛出口NO_x浓度，减轻SCR脱硝系统脱除的压力。陈前明等开展了墙式分离燃尽风对660MW切圆燃烧锅炉烟温偏差影响的数值模拟研究，通过数值模拟分析了切圆燃烧锅炉烟温偏差的原因，找出了解决烟温偏差的具体技术措施。廖永进等进行了SCR脱硝系统催化剂性能预测方法研究，研究者根据现场实际脱硝系统运行数据，结合试验室催化剂活性测量，提出了SCR脱硝系统催化剂性能预测，相比传统的仅仅依靠试验室催化剂预测数据，预测结果更加反映现场实际情况。李德波等进行了SCR脱硝系统喷氨格栅调整试验关键问题探究，研究者通过现场实际SCR脱硝系统喷氨格栅调整试验，提出了现场喷氨格栅调整试验方法。国内研究者对脱硝系统现场优化技术进行了大量研究工作，取得了较好的工程应用效果。李德波等开展了600MW电厂锅炉SCR脱硝系统全负荷投运改造方案研究，研究者通过省煤器分级技术改造，提高了SCR脱硝系统低负荷下进口烟气温度，从而使得脱硝系统满足投运要求，提高SCR脱硝系统投运率，具有较好的环保价值。郭义杰等开展了100MW燃煤锅炉硫酸氢铵堵塞空气预热器原因分析及应对措施，提出了现场优化运行的方式。王乐乐等进行了SCR脱硝催化剂低负荷运行评估技术研究。研究者通过分析影响MOT的因素，提出了MOT的可变性，以及根据SCR脱硝系统实际运行烟气参数科学评估MOT的重要性。于玉真等开展了SCR脱硝系统流道均流装置数值模拟与优化技术研究。研究者采用ANSYS FLUENT软件对流道情况进行了数值模拟，研究结果表明：多孔板开孔率对AIG上游速度均匀性影响最大，整流格栅间距对第1层催化剂入口速度均匀性影响最大。在优化方案下，AIG上游相对标准偏差值为3.94%，第1层催化剂入口相对标准偏差值为4.33%。国内研究者在燃煤电厂超低排放技术路线等方面开展了相关的研究工作。

本部分针对某电厂1号锅炉SCR脱硝系统出口NO_x浓度分布严重不均匀，氨逃逸高导致空气预热器硫酸氢铵沉积和堵塞，影响机组安全稳定运行的问题，开展了脱硝入口流场优化技术改造。主要目的是提高脱硝系统入口流场均匀性，从而保证反应器出口NO_x浓度分布均匀性。在流场优化改造前后分别进行了脱硝系统入口流场测量，同时开展了改造后脱硝系统进出口NO_x浓度和氨逃逸量测量，为准确评估流场优化改造技术效果提供了重要的依据。

一、锅炉及脱硝系统设备介绍

某电厂1号锅炉是超临界参数变压直流炉，为东方锅炉厂生产的单炉膛、一次再热、平衡通风、露天布置、固态排渣、全钢构架、悬吊结构Π型锅炉。机组额定发电量为600MW，锅炉有关的主要设计参数见表4-11。

表4-11 锅炉主要性能参数

项目	单位	BRL工况	BMCR工况
过热蒸汽蒸发量	t/h	1715	1950
过热蒸汽出口压力	MPa	25.41	25.41
过热蒸汽温度	℃	571	571
再热器进口/出口蒸汽压力	MPa	4.30/4.11	4.85/4.66
再热器进口/出口蒸汽温度	℃	316.6/569	328.5/569
给水温度	℃	282.9	287.7
热一次风温度	℃	317	324
热二次风温度	℃	327	336
炉膛出口过量空气系数	—	1.14	1.14
排烟温度（修正后）	℃	124	129
未燃尽碳损失	%	0.70	0.70
锅炉保证热效率	%	93.55	—

为满足新烟气脱硝环保标准要求，机组进行了脱硝改造，采用高灰型选择性催化还原烟气脱硝（SCR）工艺，催化剂层数按 2+1 模式布置（初装 2 层预留 1 层，在设计工况），处理 100%烟气量。

SCR 系统包括催化剂、反应器壳体、壳体内部的支撑结构、烟气整流装置、吹灰系统、烟气成分分析设备、相关管道和阀门、SCR 反应器进/出口设置检测平台、仪表维护平台、性能试验的测点平台等。入口烟气参数设计值见表 4-12。

表 4-12　　SCR 设计入口烟气参数

项目		单位	设计参数（BMCR 工况）	备注
一、烟气参数	1. 烟气体积量	m^3/h	2109175	标态、湿基、实际氧
	2. 烟气质量流量	kg/h	2788517	
	3. 烟气温度	℃	372	
	4. 省煤器出口烟气压力	Pa	−465	
	5. 过量空气系数		1.20	
二、烟气成分	CO_2	%	14.533	
	N_2	%	73.515	
	O_2	%	3.254	
	H_2O	%	8.698	标态、湿烟气
三、污染物含量	NO_x	mg/m^3	400	
	SO_2	mg/m^3	2200	标态、干基、6%O_2
	烟尘	g/m^3	33	标态、干基、6%O_2
	SO_3	mg/m^3	27.5	标态、干基、6%O_2

二、SCR 脱硝系统流场存在技术问题

脱硝系统投运后，一直存在反应器出口 NO_x 浓度相对标准偏差较大，氨逃逸梁较高导致空气预热器频繁堵塞的问题。为了找出脱硝系统反应器出口 NO_x 浓度分布不均匀的根本原因，开展了脱硝系统入口流场测量。表 4-13 和表 4-14 所示为反应器进口流场测试结果。图 4-7 和图 4-8 所示为反应器进口（喷氨格栅前上升烟道）流场的分布图。该次反应器进口流场在两处位置进行了测量。一处为导向室前的上升烟道（喷氨格栅前），另一处为导向室后、催化剂上方的下降烟道。其中烟气在经过导向室后流向变转，因此上升烟道与下降烟道的烟气有镜面对应的关系，即上升烟道的炉前侧烟气对应下降烟道的炉后侧烟气，上升烟道的炉后侧烟气对应下降烟道的炉前侧烟气。对于下降烟道的流场测量，由于反应器尺寸较大（宽度为 11.7m）及测孔位置的局限，实际可测量的区域为 A 反应器固定端约 30%的区域和 B 反应器扩建端约 30%的区域。且由于该处的烟气流速很低，测量难度很大，测量数据仅供参考。

上升烟道的流速分布十分不均匀，A、B 侧的相对标准偏差分别为 34%和 31%。A、B 反应器均呈现明显的规律性，即炉前区域流量低，炉后区域流量高。

A 反应器入口烟气流场（下降烟道）在炉前往炉后方向变化不明显，炉前区域平均值为 4.23m/s，炉中区域平均值为 4.28m/s，炉后区域为 4.39m/s，总平均值为 4.29m/s。

表 4-13　　A 侧反应器进口（上升烟道）烟气流场测试结果　　(m/s)

测孔（由固定端到扩建端）		1	3	6	8	11
测点（由炉前至炉后）	1	7.40	7.40	7.40	4.68	5.73
	2	11.93	12.81	9.36	8.75	8.10
	3	14.79	14.79	14.42	14.79	11.93
	4	16.21	15.52	18.42	17.19	18.12
	5	16.21	15.52	17.50	17.81	18.12
相对标准偏差（%）		34		平均流速（m/s）		13

表 4-14　　B 侧反应器进口（上升烟道）烟气流场测试结果　　(m/s)

测孔（由固定端到扩建端）		1	3	4	7	10
测点（由炉前至炉后）	1	8.76	10.47	8.76	5.74	12.39
	2	9.37	10.47	10.98	4.68	16.88
	3	14.81	14.81	14.05	14.81	18.14
	4	17.21	18.14	17.83	18.14	16.88
	5	17.21	19.31	18.73	19.87	16.88
相对标准偏差（%）		31		平均流速（m/s）		14.21

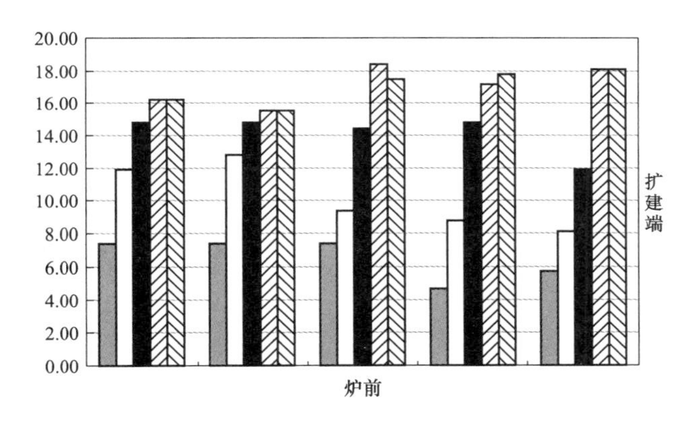

图 4-7　A 侧反应器进口（上升烟道）烟气流场分布图（单位：m/s）

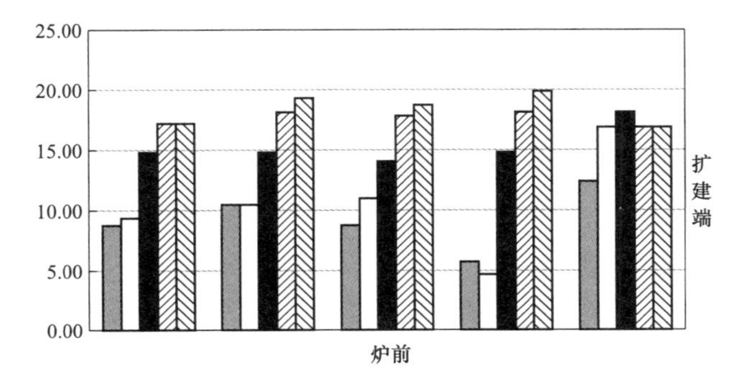

图 4-8　B 侧反应器进口（上升烟道）烟气流场分布图（单位：m/s）

B反应器入口烟气流场在炉前往炉后方向递减规律较为明显，炉前区域平均值为5.39m/s，炉中区域平均值为4.8m/s，炉后区域为4.35m/s，总平均值为4.88m/s。

三、SCR脱硝系统流场优化技术改造内容

由于脱硝系统入口流场均匀性很差，导致反应器出口NO_x浓度严重分布不均匀。不均匀的流场影响的脱硝的效率，造成喷氨量增大，氨逃逸严重，对加剧空气预热器蓄热元件的堵塞都存在较大的影响。为此开展了脱硝系统流场优化技术改造。现场流场改造方案为：在底部烟道和第一直弯增设三角形挡灰条和4片导流板。该改造方案的目标是调理喷氨格栅入口的烟气速度分布均匀度、提高飞灰颗粒分布均匀度，同时又要在不改变现有烟道导流板的前提下使进入催化剂层的烟气速度相对标准差合格。

1. 挡灰板的安装

烟气中的飞灰颗粒经过第一直弯进入竖直上升烟道之后，有向右侧烟道壁（远离锅炉侧壁面）富集的趋势，故在底部倾斜烟道设置飞灰颗粒反聚并挡灰条，挡灰条截面呈三角形，见图4-9（焊缝位于下烟道壁）。挡灰条迎风面与倾斜烟道底边的夹角约为30°，迎风面挡灰条长260mm，背风面长150mm，所构成的三角形底边长300mm。飞灰颗粒反聚并挡灰条前后（主视）贯通安装。

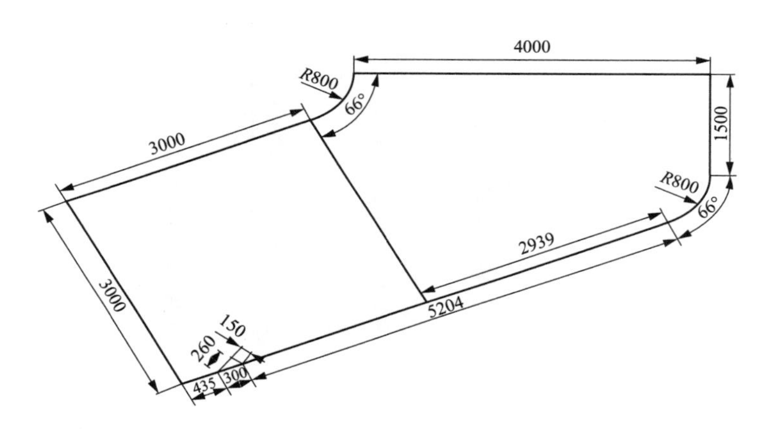

图4-9 底部倾斜烟道飞灰颗粒反聚并挡灰条（主视）

2. 底部倾斜烟道导流板的安装

在底部倾斜烟道设置1片导流板（直板），与倾斜烟道底边的夹角约为30°，目的是调控上升烟道烟气左右方向的均匀度。该导流板前后贯通安装，导流板具体尺寸和安装位置见图4-10。

3. 第一直弯设置导流板的安装

在第一直弯设置3片导流板，导流板尺寸完全一致，即主体是半径为800mm的60°圆弧，迎风面接长度为100mm的直板，尾翼接长度为400mm的竖板，前后（主视）贯通安装。导流板具体尺寸和安装位置见图4-11。

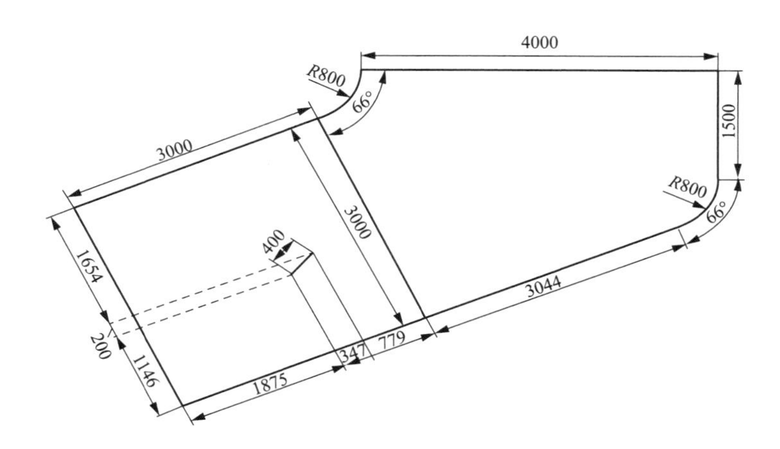

图 4-10　底部倾斜烟道导流板优化设计（正视）

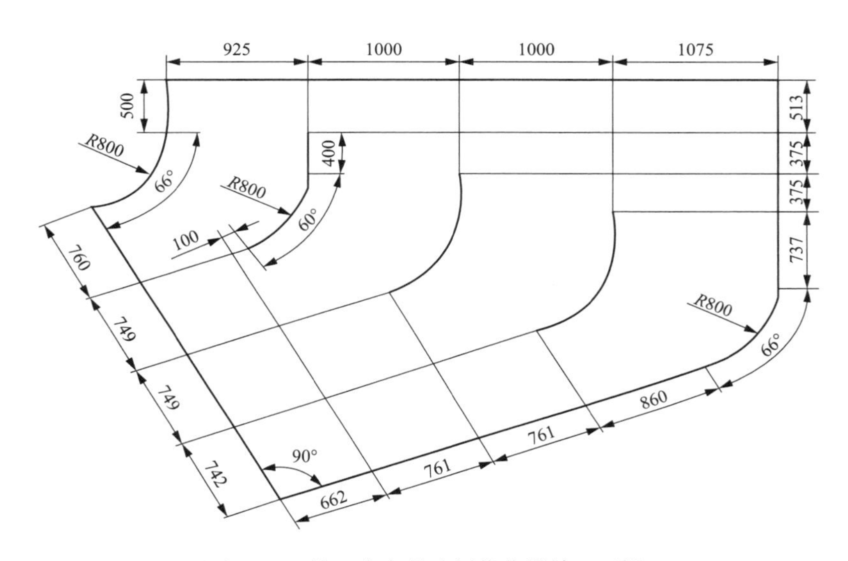

图 4-11　第一直弯导流板优化设计（正视）

四、SCR 脱硝系统改造后现场优化试验

为了验证脱硝系统入口流场改造的技术效果，改造后进行了脱硝系统入口流场测量和反应器进出口 NO_x 浓度的现场测量工作。

1. SCR 入口流速

在高中低负荷下，进行了 SCR 入口流速分布测量，SCR 入口流速分布如图 4-12～图 4-14 所示。550MW 负荷下，B 侧速度分布相对标准偏差为 13.11%，A 侧速度分布相对标准偏差为 16.33%。450MW 负荷下，B 侧速度分布相对标准偏差为 15.79%，A 侧速度分布相对标准偏差为 18.87%。300MW 负荷下，B 侧速度分布相对标准偏差为 21.39%，A 侧速度分布相对标准偏差为 23.63%。

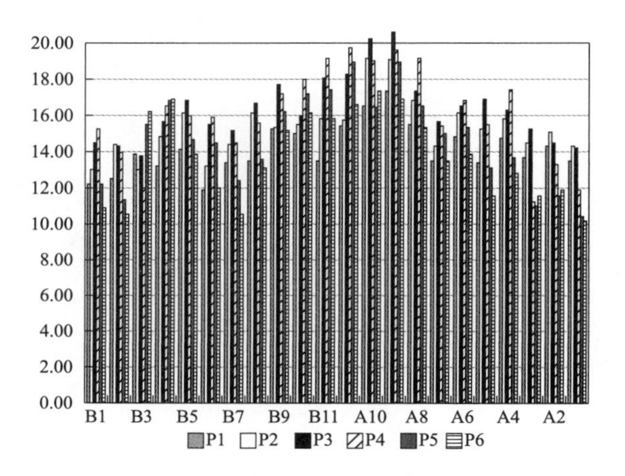

图 4-12　550MW 下 SCR 入口烟气速度分布（CDEAF）

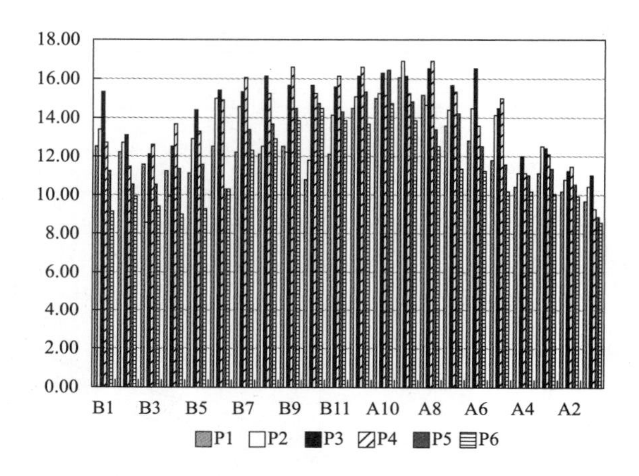

图 4-13　450MW 下 SCR 入口烟气速度分布（CDAF）

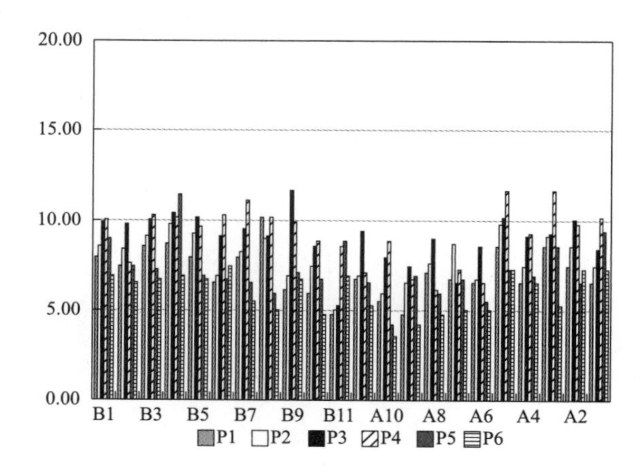

图 4-14　300MW 下 SCR 入口烟气速度分布（CDAF）

从现场实际测量结果可以看出，脱硝系统入口流场分布均匀性得到很大程度的改善，尤其是在三个不同负荷下，反应器入口流速均匀性都比较好。这充分说明流场均匀性改造是成功的，为现场喷氨格栅优化调整及保障反应器出口 NO_x 浓度具有较低的偏差，具有十分重要的意义。

550MW 负荷下，两侧反应器的 SCR 入口烟气速度，在宽度方向上呈现内侧高外侧低的分布趋势。450MW 负荷下，SCR 入口烟气速度在宽度方向上也呈现内侧高外侧低的分布趋势，但 B 反应器入口烟气速度分布在深度方向上呈现明显的分层，靠后墙区域速度分布比较均匀。300MW 负荷下，SCR 入口烟气速度在宽度方向上也呈现外侧高内侧低的分布趋势。

2. SCR 入口 NO_x 分布

在高中低负荷下，SCR 入口 NO_x 分布如图 4-15～图 4-17 所示，均匀性良好，分布相对标准偏差均小于 5%。

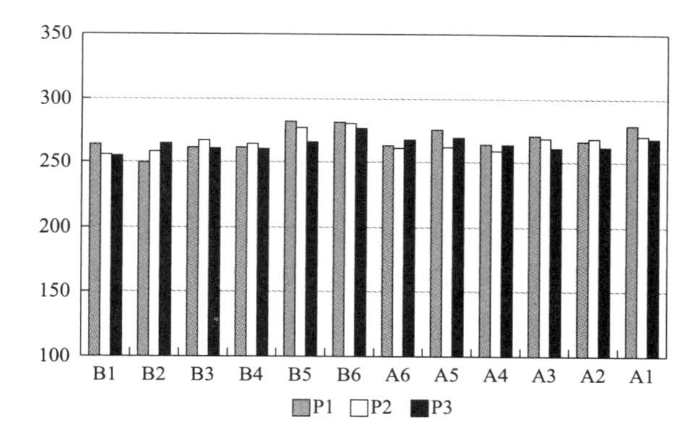

4-15 550MW 负荷下 SCR 入口 NO_x 分布（CDEAF）

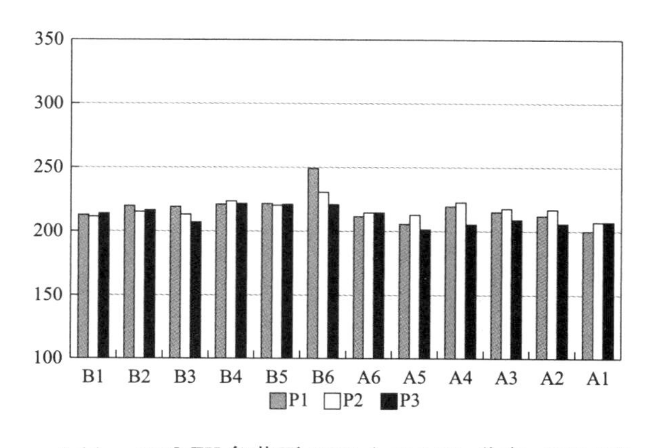

4-16 450MW 负荷下 SCR 入口 NO_x 分布（CDAF）

3. SCR 出口 NO_x 分布

喷氨优化调整过程如图 4-18 所示，经过 5 轮优化高负荷下（CDAFB 磨煤机），A 反应器出口 NO_x 分布相对标准偏差降低到了 19.34%，B 反应器降低到 32.25%。

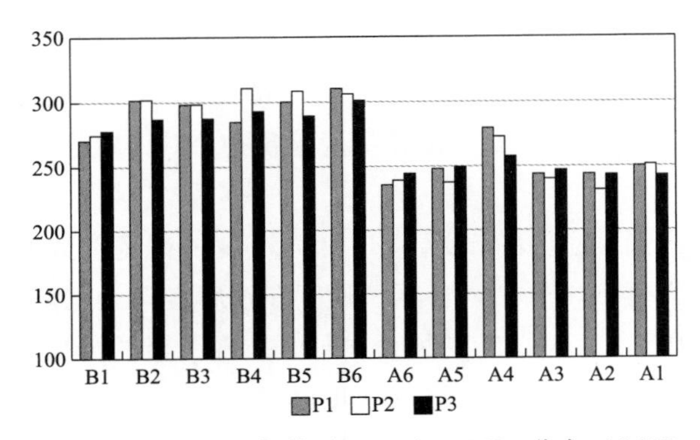

4-17 300MW 负荷下 SCR 入口 NO_x 分布（CAF）

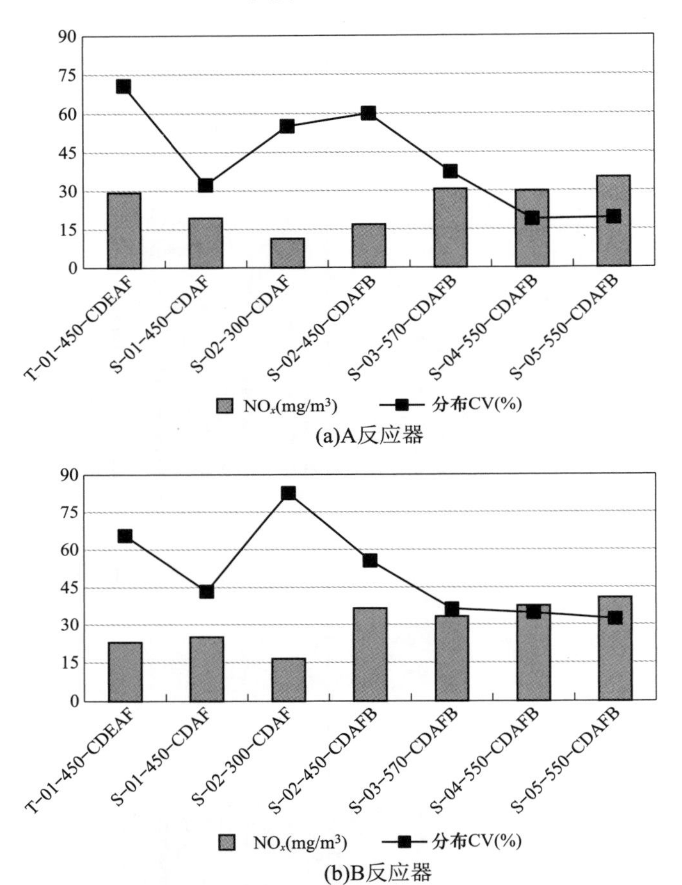

图 4-18 喷氨优化调整中反应器出口 NO_x 分布均匀性

高中低五个磨煤机组合下的校核试验显示，A 反应器出口的 NO_x 分布均匀性保持较好，相对标准偏差在 19.34%～29.50%之间变化，300MW 负荷 CAF 磨煤机组下均匀性最差。B 反应器出口的 NO_x 分布均匀性则变化较大，相对标准偏差在 32.25%～50.99%之间变化，450MW 负荷 CDAF 磨煤机组合下均匀性最差。

根据五个磨煤机组合下的 NO_x 出口分布，进行综合调整后，450MW 负荷 CDAF 磨煤机组合下 B 反应器出口的 NO_x 分布相对标准偏差也下降到了 29.87%，如图 4-19 所示。

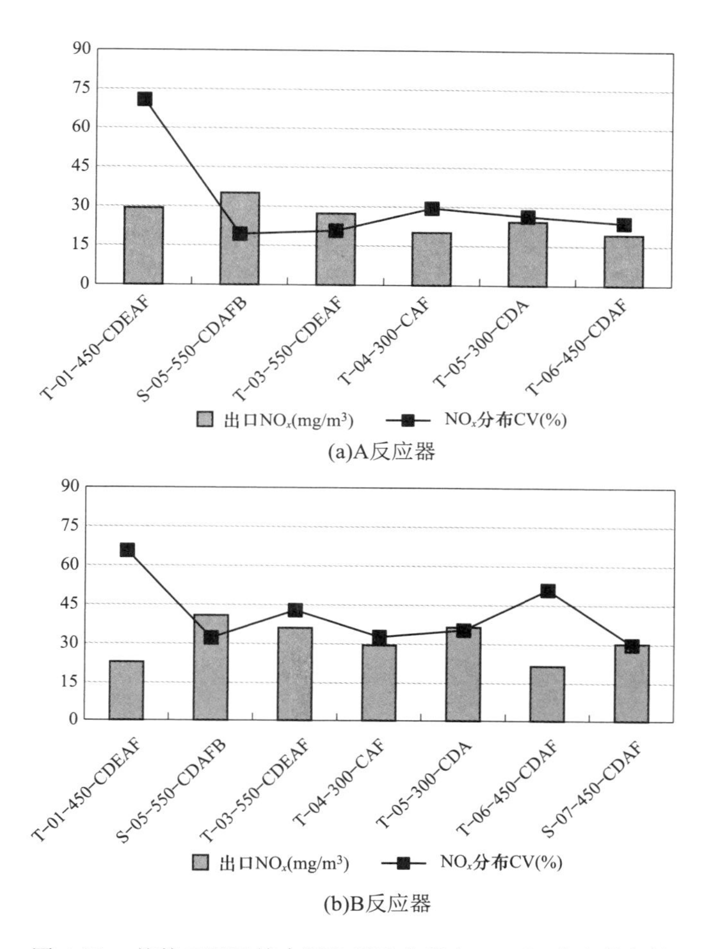

图 4-19　校核工况及综合调整后反应器出口 NO_x 分布均匀性

经过多轮的喷氨优化调整和高中低负荷五个磨煤机组合下的平衡调整，450MW 下 A 反应器出口 NO_x 分布相对标准偏差从 70.82%下降到了 23.92%，B 反应器出口 NO_x 分布相对标准偏差从 65.62%下降到了 29.87%。

五、结论

开展了脱硝入口流场优化技术改造，主要目的是提高脱硝系统入口流场均匀性，从而保证反应器出口 NO_x 浓度分布的均匀性。在流场优化改造前后分别进行了脱硝系统入口流场测量，同时开展了改造后脱硝系统进出口 NO_x 浓度和氨逃逸量测量。主要结论如下：

（1）流场优化改造前 A、B 侧的相对标准偏差分别为 34%和 31%，说明流场分布很不均匀。

（2）流场优化改造后脱硝系统入口流场分布均匀性得到很大程度的改善，尤其是在三个不同负荷下，反应器入口流速均匀性都比较好，这充分说明流场均匀性改造是成功的。

（3）经过 5 轮优化高负荷下（CDAFB 磨煤机），A 反应器出口 NO_x 分布相对标准偏差降低到了 19.34%，B 反应器降低到 32.25%。

第三节 电厂SCR脱硝系统数值模拟技术

近年来随着工业不断发展，NO_x 排放量的不断增加，酸雨已由硫酸型向硫酸、硝酸复合型转变。NO_x 逐渐成为主要的大气污染源，而燃煤电厂由于其排放量较高，成为未来大气治理的主要对象。对于燃烧煤粉的电厂锅炉，其污染物氮氧化物排放主要是NO和 NO_2，其中的NO约占90%以上，因此通常将NO和 NO_2 总称为 NO_x。

近些年来，在对 NO_x 污染的控制方面，政府及科研单位做了大量的研究工作，并且开发出了许多实用的新技术。按照氮氧化物在燃烧时控制阶段的不同，其减排最常用的技术一般分为三类：燃烧前、燃烧中和燃烧后的烟气脱硝。燃烧中控制的手段主要为采用低 NO_x 燃烧器、燃料混合、分级燃烧等。燃烧后脱硝的措施包括选择性催化还原法（SCR）、选择性非催化还原法（SNCR）、炽热碳还原法、湿式络合吸收法、电子束照射法和等离子体法以及微生物法等。当下最主流的脱硝技术包括SCR和SNCR两种。对于SNCR技术，当反应温度低于900℃时会造成氨穿透的现象，所以对反应温度控制要求比较高。SCR法是目前国际上应用最为广泛的高效烟气脱硝技术，技术成熟、不形成二次污染、且运行可靠、便于维护，最适合大力推广。

一、SCR脱硝系统数值模拟

SCR烟气脱硝系统的效率不仅与所选催化剂的活性有关，而且与整个脱硝系统流场、温度场、烟气组分分布及喷氨调整有关。由于数值模拟技术的飞速发展所带来的便捷性和经济性，使得数值模拟在SCR脱硝系统方面的研究得以深入开展。目前，数值模拟技术在SCR烟气脱硝技术中的应用主要包括：①SCR系统部件布置模拟研究；②SCR脱硝系统内组分分布及反应模拟研究。通过模拟SCR系统内部件如导流板、整流器及催化剂布置，可以在最短的时间内得到大量关于流场、飞灰冲刷等数据，从而获得最优的布置方式；而对于烟气组分及反应的模拟可以得到试验短时间内无法得到的大量信息，为催化剂的运行监测提供数据支撑。目前关于SCR脱硝系统的模拟最大的困难在于两点：①催化剂表面及内部的反应复杂性以及组分反应与流动传热的耦合；②电厂实际变工况运行时流场的多变性。因此，更加全面综合的数值模拟方法有待进一步的研究。

二、反应动力学模型研究

SCR脱硝催化反应是较为复杂的气固非均相反应，包括表面反应和内部反应两部分。整个反应过程通常包括三部分：①组分扩散到催化剂表面；②反应组分吸附在催化剂表面并发生反应；③反应生成物脱附。目前学术界普遍认可的SCR脱硝催化反应的机理主要为两种：第一种是Langmuir-Hinshelwood（L-H）机理，认为主反应发生在温度低于200℃，且在反应发生时，NH_3 和NO同时扩散到催化剂表面，然后同时吸附在催化剂表面相邻的活性反应位上进行反应。第二种是Eley-Rideal（E-R）机理，认为主反应发生温度高于

200℃，且在反应是 NH_3 先扩散到催化剂表面并被吸附在催化剂，然后再与 NO 发生反应。也有人认为随着温度窗口的扩大，两种机理可能同时存在。对于目前火电厂普遍应用的蜂窝式钒基催化剂，研究认为 E-R 模型机理更符合实际情况。

在 L-H 机理和 E-R 机理的基础上，有学者进行了进一步的研究分析，以 E-R 机制为动力学基础，建立了 SCR 催化剂单孔道一维数学模型，用于模拟 SCR 催化剂孔道内的反应进程。模型同时还考虑了氨氧化的副反应以及孔道内反应的热效应。利用模型计算了孔道内的浓度和温度分布、不同运行参数对 NO 转化率的影响，以及催化剂孔通道大小与孔形状对脱硝效率的影响。廖永进等采用 E-R 机制建立的速率方程对试验数据进行回归，得到了典型催化剂服役前后的表观动力学参数，并分析了催化剂失活的原因。研究结果表明：催化剂服役前的 NH_3 均衡速率常数的表观活化能和表观指前因子均比服役后增大。Tronconi 等以常用的钒钛基催化剂为研究对象进行研究，通过研究反应温度窗口发现，温度在 200℃以上时催化反应主要为 E-R 反应机理，温度在 200℃以下时催化反应主要为 L-H 反应机理。

三、SCR 系统部件模拟

在 SCR 脱硝系统实际运行中，喷氨合理性脱硝效率达标在很大程度上依赖于反应系统的流场及温度场的均匀性，而这又取决于系统内装置，如导流板、整流器及催化剂的布置形式（见图 4-20）。

1. 导流板优化数值模拟

脱硝烟道内构件的合理布置有利于烟道内流场的均匀化。对于 SCR 脱硝系统来说，其流场的均匀性等都有赖于烟道内导流板的布置。将导流板合理的布置在烟道扩口处、烟道上升拐弯部位以及整流器上部，可以很好地保证流场均匀性，减少脱硝系统由于烟道不均导致的磨损、积灰等。

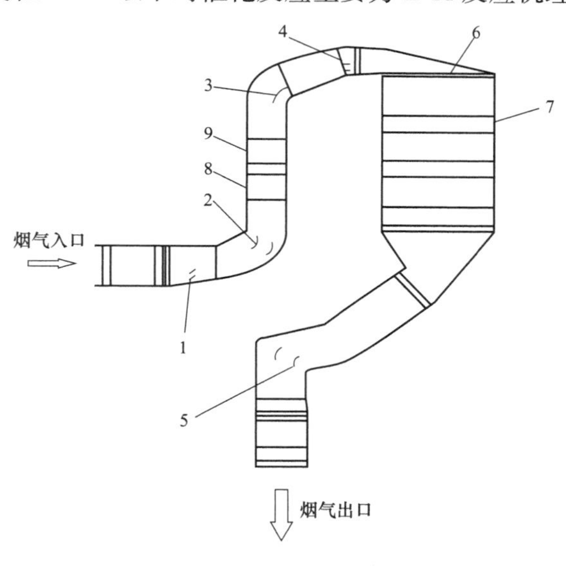

图 4-20 SCR 系统图

1～5—反应器内导流板；6—整流器；7—催化剂层；8—喷氨格栅；9—混合器

在导流板优化设计布置方面，李德波在现场运行优化的基础上，采用三维稳态计算和 SIMPLE 算法进行数值模拟研究，对某燃煤机组 SCR 脱硝系统进行烟气流场均匀性和飞灰沉积的综合数值模拟。在加入飞灰颗粒离散相后，开展烟道内导流板结构以及导流板布置形式对 SCR 反应器内流场以及飞灰沉积的影响研究。结果表明：导流板的弧形板后加装一段竖直直板可进一步引导烟气流动，减小回流作用，烟气进入上层催化剂层时速度更加均匀，同时经过多工况 ONI 后的综合分析考虑，给出了常规运行下优化布置的方案。LiMao 等以某 600MW 超临界锅炉为研究对象，利用数值模拟研究导流板布置方式。在模拟过程中，通过在脱硝系统烟气入口处（图 4-20 中 1 处）加装 2 块导流板，在脱硝系统上升弯道处（图 4-20 中 2 处）加装 5 块导流板，在整流器（图 4-20 中 3 处）上方加装 9 块导流板，达到了优化烟道流场的目的。在完成导流板布置位置模拟研究后，进行优化设计，还对导流板间距进行优化设计，保证了最佳的烟气分布。

徐妍、李文彦以某电厂 300MW 机组 SCR 脱硝反应器中导流板为研究对象，采用 FLUENT 软件，应用 k-ε 双方程模型计算气体的湍流运动，采用物质输运方程预测烟气组分的混合，研究反应器原设计方案下的速度场和浓度场信息，通过模拟五种不同的烟气流速及四种不同结构的导流板下反应器内流场的数值模拟。通过多种方案的对比分析，得出最优的导流板结构及反应器内流场分布。文献采用 Fluent 对 SCR 脱销系统烟道弯道处 4 种导流板设置方案进行了模拟，通过对烟道内速度分布图和烟道进出口压力下降的分析，探讨了导流板布置方式对脱硝烟道出口速度分布、进出口压差及流动过程能量损耗的影响，得出以下结论：在脱硝烟道中设置导流板，可以显著改善烟道内流场的分布。合理的导流板设计不仅能使流速变得均匀，而且还可以降低烟道的能量损失和压降。但是当导流板设计结构尺寸过大时，虽能很好地改善流场，但因其本身影响使其对流体阻力的增大，将导致烟道的能量损失和压降增大。而作者认为脱硝反应器内流场均匀性取决于催化剂床层顶部导流板的性能。通过改变导流板间距、导流板长度、与 z 轴的夹角（垂直轴），以及第 1 块导流板距反应器边壁的距离，对烟气整流格栅进行模拟，从而分析烟气整流格栅结构参数对反应器流场分布的影响。

2. 导流板及喷氨系统综合模拟

通过合理设置烟道内导流板的位置，可以改善烟道内流场的分布。但是由于 SCR 烟道流场的复杂性，需要对导流板以外的喷氨格栅、混合器等进行综合优化，才能达到实际运行需要的准确度。

由 SCR 脱硝机理可知，NH_3 在脱硝中起到重要的作用，喷氨量、喷氨均匀性及氨氮摩尔比的变化将直接影响到脱硝效率的高低。文献选取实际的脱硝反应器为研究对象，以分析脱硝系统中烟气反应物组分浓度分布不均匀性对 SCR 脱硝性能影响为目的，进行了数值模拟分析。数值模拟结果表明，烟气中喷氨分布的不均匀性对脱硝装置的脱硝效率和氨逃逸有显著影响。孙虹以某 1000MW 电厂锅炉 SCR 脱硝系统为研究对象，对脱硝反应器内的多组分分布、湍流流动及化学反应进行数值计算研究。利用数值模拟多次试算获得最优喷氨策略，并对该最优喷氨策略进行现场验证。现场验证试验表明，可有效地指导喷氨优化调整，降低调整盲目性，提高现场工作效率。周丽丽考察了未加静态混合器、多孔板以及导流板的空白模型和优化模型的数值模拟结果。结果表明：加入静态混合器、多孔板以及导流板的优化模型中混合气体的速度变化幅度明显减小，在一定的区域内速度分布均匀；有效改善 SCR 系统中混合气体的流动方向，减小回流区域。

3. 催化剂相关模拟

催化剂作为 SCR 烟气脱硝技术的核心工艺，是保证电厂脱硝效率的关键所在，但是由于其工艺布置位置和煤质的影响，容易引起催化剂中毒、磨损的问题，造成催化剂活性下降。而数值模拟作为一种重要工具，对研究催化剂运行有重要的意义。

徐秀林等采用 Ansys Workbench 对催化剂端面和孔壁磨损进行了数值模拟研究，分别讨论了催化剂孔径、布置间距及空岛堵塞对催化剂运行中磨损的影响，揭示了催化剂磨损的规律。安敬学以国内某 600MW 超超临界锅炉脱硝系统催化剂为研究对象，利用数值模拟研究了飞灰颗粒场的不均匀分布对催化剂磨损的影响，同时提出了包括加装导流撞击装置在内的六种不同的改造方案，显著提高了脱硝系统运行的可靠性。在催化剂种类方面，东南大学的刘涛利用 Fluent 模拟软件，利用试验数据得出的化学动力学参数，模拟蜂窝式、板式及波纹式催化剂阻力特性，结果表明使用蜂窝式催化剂效果最好。Kenji Tanno 以蜂窝式催化剂为研究对象，采用直接数值模拟对三种不同的流入条件：一个层流和两个湍流进行计算。结果显示以湍流方式进入流动区域时，脱硝效率明显高于以层流方式，且随着流动向下游移动，流动方式由湍流转变为层流，所以在催化剂通道下游处脱硝效率降低。

4. 试验研究与数值模拟耦合研究

作为处于负荷变化运行中的 SCR 脱硝系统，单靠 CFD 数值模拟不能很好地满足实际运行和设计的需要。为了达到更好的数值模拟效果，需要将数值模拟和冷态物理实验台进行对比优化，才能更好地优化工程设计。

Hanqiang Liu 结合多孔介质模型和组分输运方程，对 1000MW 燃煤电厂的 SCR 系统进行了数值模拟，得到了不同情况下的速度场和浓度场。结果表明：安装了角叶片叶栅和整流格栅，在反应器内催化剂入口处的烟气速度不均匀性小于 15%。在最佳流场的前提下，涡流混合器可以确保反应器中氨和烟道气的充分混合。通过冷模型试验验证数值模拟的可靠性，有效地指导 SCR 系统的设计。Yanhong Gao 以 600MW 发电厂的 SCR 系统为研究对象，通过改变导板的位置和数量，以及混频器的形状进行数值模拟研究。研究结果表明：使用板式导板和盘式环形混合器，其流场均匀性效果更好。同时，随着氨氮比的增加，NO_x 的转化率从 67%增加到 96%，但随着速度的增加从 98%降低到 82%。催化剂床入口处的速度分布和 NH_3 泄漏的减小，可以满足需求工程。上海海事大学徐圆圆等人使用 Fluent6.3 软件进行了 300MW 燃煤发电厂 SCR 脱硝系统三种不同导流板、整流格栅布置方式的模拟，得出改进后的 SCR 脱硝系统布置方式，确保催化剂入口速度均匀分布，得出混合器厚度为 350mm，并通过 1/12 比例设计的冷态试验结果定性验证了数值模拟结果。

四、结论

通过综述研究，认为反应动力学模型是 SCR 数值模拟的基础所在，根据催化剂的类型和电厂实际运行选择合适的机理进行模拟是数值模拟准确性的关键所在。而在实际运行中，SCR 系统流场的模拟具有积极的意义，通过对 SCR 脱硝系统烟道内导流板、混合器等装置进行数值模拟，可以优化脱硝系统流场设计。因此，在常规 SCR 脱硝系统设计前期以及运行中，利用 CFD 软件对脱硝反应器内部流场及脱硝效果进行模拟分析是优化工程设计越来越重要的技术手段之一。

第四节　电厂锅炉SCR脱硝系统非典型优化试验

近年来，国内火电机组陆续加装了治理烟气中氮氧化物排放的SCR烟气脱硝装置，SCR脱硝系统运行至今，部分催化剂已超过或接近性能保证期。催化剂性能下降，氨逃逸率上升，生成的NH_4HSO_4沉积物导致空气预热器堵灰、局部堵塞现象。通过对SCR脱硝系统的优化调整，减少NH_3逃逸的技术研究逐渐发展起来。李德波等开展了四角切圆锅炉变CCOFA与SOFA配比下燃烧特性数值模拟，通过改变CCOFA与SOFA风配风比例，从而降低炉膛出口NO_x浓度，减轻SCR脱硝系统脱除的压力。李德波等进行了SCR脱硝系统喷氨格栅调整试验关键问题探究，研究者通过现场实际SCR脱硝系统喷氨格栅调整试验，提出了现场喷氨格栅调整试验方法。国内研究者对脱硝系统现场优化技术进行了大量研究工作，取得了较好的工程应用效果。李德波等开展了600MW电厂锅炉SCR脱硝系统全负荷投运改造方案研究，研究者通过省煤器分级技术改造，提高了SCR脱硝系统低负荷下进口烟气温度，从而使得脱硝系统满足投运要求，提高SCR脱硝系统投运率，具有较好的环保价值。郭义杰等开展了100MW燃煤锅炉硫酸氢铵堵塞空气预热器原因分析及应对措施，提出了现场优化运行的方式。王乐乐等进行了SCR脱硝催化剂低负荷运行评估技术研究。研究者通过分析影响MOT的因素，提出了MOT的可变性以及根据SCR脱硝系统实际运行烟气参数科学评估MOT的重要性。于玉真等开展了SCR脱硝系统流道均流装置数值模拟与优化技术研究。研究者采用ANSYS FLUENT软件对流道情况进行了数值模拟，研究结果表明：多孔板开孔率对AIG上游速度均匀性影响最大，整流格栅间距对第1层催化剂入口速度均匀性影响最大。在优化方案下，AIG上游相对标准偏差值为3.94%，第1层催化剂入口相对标准偏差值为4.33%。国内研究者在燃煤电厂超低排放技术路线等方面开展了相关的研究工作。

当前SCR脱硝系统的优化调整手段的主要技术路线是根据SCR脱硝反应器出口NO_x质量浓度分布调节相应入口喷氨支管的喷氨量，达到提高脱硝效率并降低氨逃逸的目的。查找国内近几年的研究文献发现，机组SCR脱硝系统多数优化调整试验仅在机组满负荷下进行，现场多年试验发现，大多数机组SCR脱硝系统经过高负荷下优化调整后，机组低负荷时的SCR脱硝系统仍然符合要求。然而并非所有SCR脱硝系统符合这一规律。

本部分介绍某电厂现场脱硝优化调整试验，高、低负荷时优化调整测试结果偏差较大的案例，并分析了出现异常的原因并总结处理对策。

一、机组及SCR脱硝优化调整试验介绍

某电厂600MW国产超临界发电机组，锅炉为单炉膛Π型布置，燃烧器采用前后墙对冲布置，共6组燃烧器，每组布置5个。脱硝装置采取选择性催化还原（SCR）工艺。SCR反应器布置在锅炉省煤器与空气预热器之间。每台机组配置2个SCR反应器，采用纯度为99.6%的液氨做为反应剂。催化剂采用蜂窝式催化剂。

SCR系统进出口截面预留的取样孔，进口每侧有14个测孔，出口每侧有10个，入口处每侧反应器共18个喷氨支管，喷氨支管布置方式为线性控制式喷射格栅喷氨技术。采用网格法，在SCR反应器的进口（喷氨格栅之前）和出口测量NO和O_2，每孔测试3点。根据测量结果计算得到反应器出口折算到6%O_2浓度下NO_x的分布状况。对于NO_x含量过低的区域，适当减少喷氨量，对于NO_x含量高的区域，适当增加喷氨量，最终实现出口NO_x的均匀分布。喷氨优化调整的调整方法见图4-21。

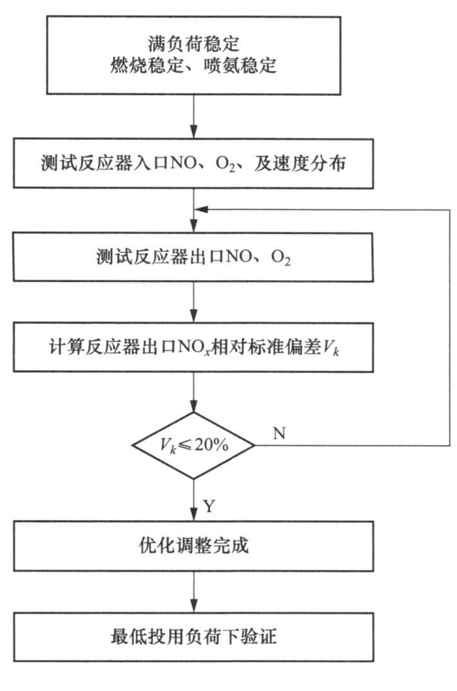

图4-21　SCR脱硝系统喷氨优化调整方法示意图

SCR系统脱硝优化调整验收标准一般为反应器出口NO_x浓度分布相对标准偏差不超过20%，其中相对标准偏差的计算如下：

相对标准偏差：$V_k = \frac{\sigma(n-1)}{\overline{x}} \times 100\%$

平均值：$\overline{x} = \frac{1}{n}\sum_{i=1}^{n} x_i$

标准偏差：$\sigma(n-1) = \sqrt{\frac{1}{(n-1)}\sum_{i=1}^{n}(x_i - \overline{x})^2}$

其中，x_i为某一测点值，n为测点数。

二、喷氨优化调整过程及结果分析

在600MW负荷及锅炉燃烧稳定下，各个喷氨支管的调节阀初始开度为80%左右，对SCR系统进行了测试。每侧反应器测孔按照机组固定端到扩建段方向上排序（即A侧反应器从外向内，B侧反应器从内向外），反应器深度方向上由浅至深排序1～3。调整前SCR出口NO_x分布测试结果见表4-15。

表4-15　调整前SCR出口NO_x分布测试结果

测点＼测孔	A1	A2	A3	A4	A5	A6	A7	A8	A9	A10
1	11.9	12.1	19.0	40.7	45.8	72.5	71.7	67.1	78.1	95.9
2	11.9	10.2	15.4	37.8	51.2	67.9	71.3	69.8	79.5	90.6
3	13.6	8.5	17.0	29.3	56.3	63.9	71.3	72.4	77.7	90.6
平均值（mg/m^3）	50.7		标准偏差（mg/m^3）		29.0		相对偏差（%）		57.1	
测点＼测孔	B1	B2	B3	B4	B5	B6	B7	B8	B9	B10
1	88.4	72.0	80.7	57.4	57.4	41.4	35.5	23.9	19.4	13.8

续表

测孔 测点	B1	B2	B3	B4	B5	B6	B7	B8	B9	B10
2	97.1	89.5	79.6	73.9	53.7	41.2	39.4	36.1	16.3	17.3
3	84.3	93.5	71.0	76.6	60.7	46.7	38.9	32.8	21.8	16.2
平均值 (mg/m³)	52.5		标准偏差 (mg/m³)		26.6		相对偏差(%)		50.7	

试验发现：①SCR 出口 NO_x 分布非常不均匀，A、B 侧反应器出口 NO_x 浓度相对标准偏差分别达到了 57.1%及 50.7%。②分别按照反应器的宽度、深度两个方向测点的 NO_x 分布进行线性平均的统计分析，得到 A 反应器宽度方向上相对偏差为 59.0%，深度方向上相对偏差 1.4%；B 反应器宽度方向上相对偏差为 51.5%，深度方向上相对偏差 5.9%，主要偏差在反应器宽度方向。③两台反应器均为靠外侧 NO_x 浓度偏低，内侧 NO_x 偏高。调整应当关小外侧喷氨支管调阀，并开大内侧喷氨支管调阀。

经过对反应器喷氨支管流量调节阀的反复测试及调整，最终反应器出口 NO_x 浓度见表 4-16。测试发现：①A、B 侧反应器出口 NO_x 浓度相对标准偏差分别达到了 16.6%及 15.1%。②A 反应器宽度方向上相对偏差为 16.6%，深度方向上相对偏差 1.0%；B 反应器宽度方向上相对偏差为 14.3%，深度方向上相对偏差 3.9%，偏差均不超过 20%。600MW 负荷时精细喷氨格栅调整试验取得了较好的效果。

表 4-16　调整后 SCR 出口 NO_x 分布测试结果

测孔 测点	A1	A2	A3	A4	A5	A6	A7	A8	A9	A10
1	76.3	79.6	78.7	76.7	67.0	61.6	54.0	51.4	52.0	63.2
2	74.9	77.5	74.4	76.5	71.0	65.5	54.2	49.2	49.4	56.7
3	79.1	69.9	80.7	67.7	72.1	66.8	50.5	53.4	54.7	55.1
平均值 (mg/m³)	65.5		标准偏差 (mg/m³)		10.9		相对偏差(%)		16.6	
测孔 测点	B1	B2	B3	B4	B5	B6	B7	B8	B9	B10
1	87.2	67.5	56.2	58.7	70.2	77.5	61.3	72.7	55.9	70.6
2	95.6	68.6	57.2	60.7	69.3	74.3	60	69.5	59.4	82
3	78.6	71.6	54.9	56.3	63.9	71.9	62	52.3	57.1	75.6
平均值 (mg/m³)	68.7		标准偏差 (mg/m³)		10.4		相对偏差(%)		15.1	

在 300MW 下对脱硝反应器出口 NO_x 浓度进行了测试验证，测试结果见表 4-17。经过脱硝喷氨优化调整后，反应器 SCR 出口 NO_x 浓度分布非常不均匀，A、B 侧 NO_x 分布相对标准偏差达到了 40.6%、40.0%。

表 4-17　　　　调整后 300MW 负荷下 SCR 出口 NO_x 分布测试结果

测孔 / 测点	A1	A2	A3	A4	A5	A6	A7	A8	A9	A10
1	90.7	97.9	75.3	71.7	67.9	63.3	57.1	40.1	26.8	28.8
2	104.1	94.9	75.3	74.0	65.0	63.7	53.1	42.1	33.2	31.2
3	98.7	94.0	84.1	75.2	70.3	44.9	43.0	29.7	29.9	22.1
平均值 (mg/m³)	61.6		标准偏差 (mg/m³)		25.0		相对偏差（%）		40.6	
测孔 / 测点	B1	B2	B3	B4	B5	B6	B7	B8	B9	B10
1	26.8	29.4	41.0	48.2	66.4	69.6	80.3	87.6	88.2	94.2
2	23.0	31.7	41.0	49.1	63.4	69.3	80.4	83.1	89.6	96.6
3	22.1	32.2	38.5	44.0	63.8	66.9	89.6	93.5	87.6	95.7
平均值 (mg/m³)	63.1		标准偏差 (mg/m³)		25.2		相对偏差（%）		40.0	

图 4-22 所示为 600MW 下调整前后及 300MW 负荷下的验证试验工况时，A、B 反应器出口 NO_x 分布趋势图。在 600MW 负荷下，喷氨优化调整前后 A、B 反应器出口 NO_x 分布变化整体来看，调整前，各喷氨支管开度基本为 80%，锅炉燃烧产生的 NO_x 主要在中间烟气中，即为炉膛燃烧的中心区域，而靠近两侧烟气中 NO_x 浓度相对较低。调整反应器出口 NO_x 浓度基本平均。但是在 300MW 时，A、B 反应器出口 NO_x 浓度外侧明显高于内侧。这与调整前 600MW 负荷下的测试结果相比，出口 NO_x 分布恰恰相反。

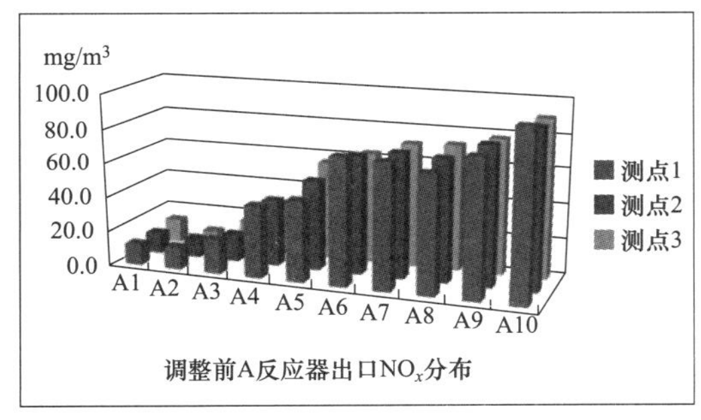

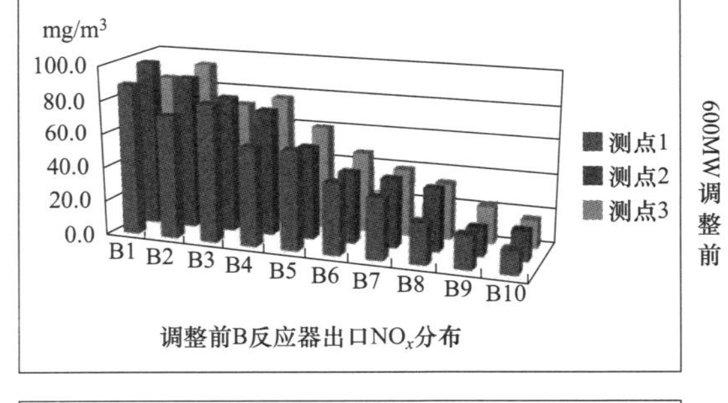

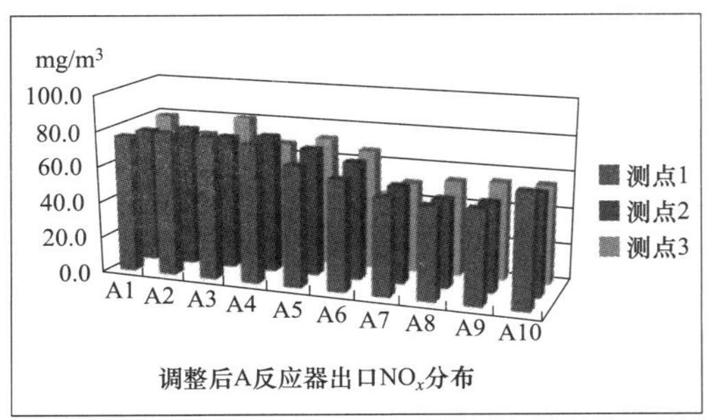

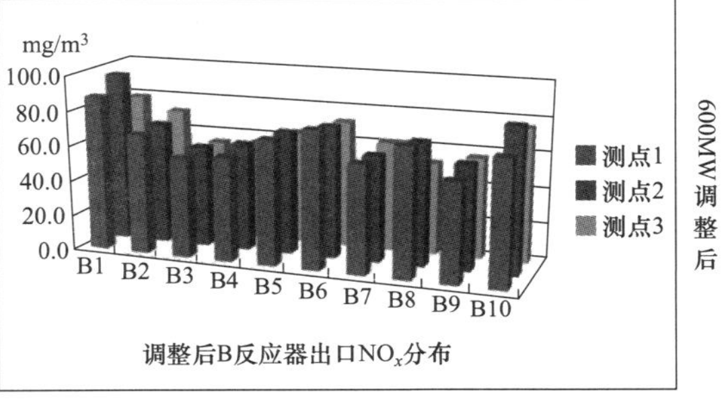

图 4-22　600MW 调整前、后及 300MW 下 SCR 脱硝系统出口 NO_x 分布（一）

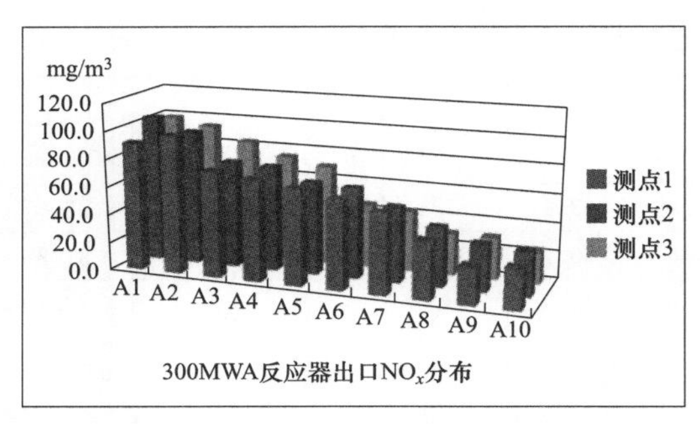

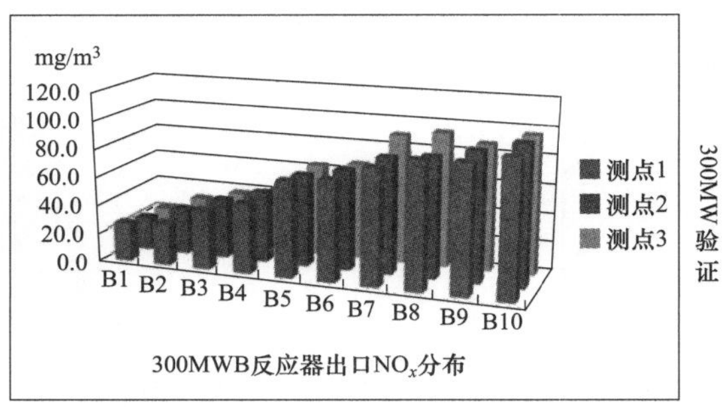

图 4-22　600MW 调整前、后及 300MW 下 SCR 脱硝系统出口 NO_x 分布（二）

三、高、低负荷测试偏差原因分析及处理对策

机组在 600、300MW 负荷下反应器入口的烟气流场分布见图 4-23。根据流速分布可见，300MW 负荷时，反应器入口靠外侧烟气流速高于内侧，这与 600MW 负荷下反应器入口烟气流场分布恰恰相反。按照 600MW 负荷下对喷氨格栅的调整优化方式，造成 300MW 喷氨情况更加恶化。查找国内近些年对喷氨调整优化的文献，国内并没有对这种非常规现象的描述，在现场进行试验中，极少碰到这种现象。在未经 SCR 脱硝系统的烟气中 NO_x 浓度偏差一般低于 5%，所以 SCR 反应器入口 NO_x 分布的主要偏差来自烟气流速分布方面。

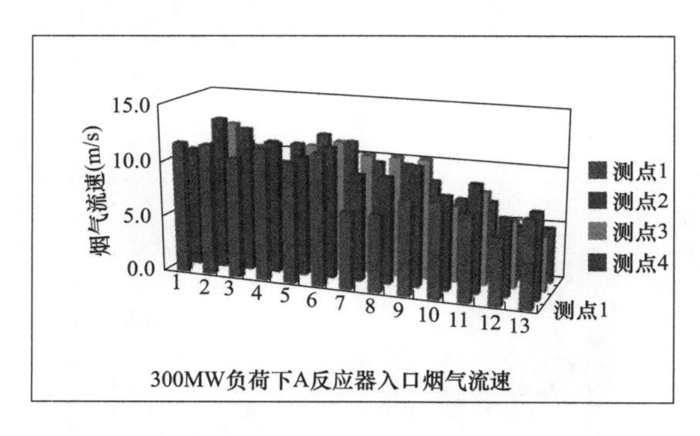

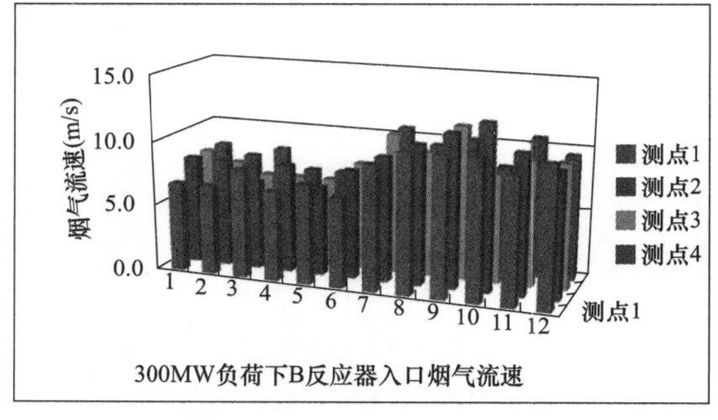

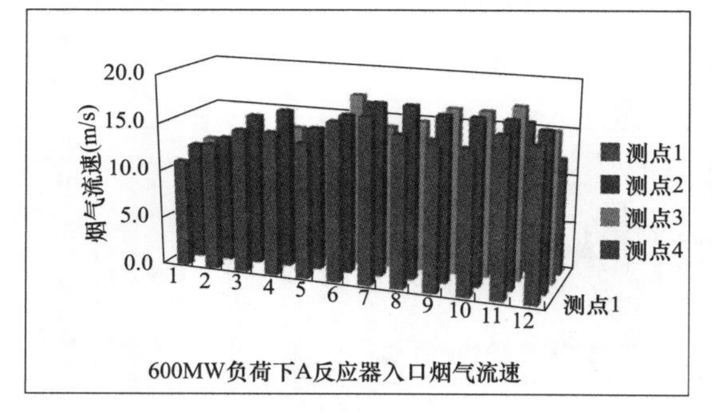

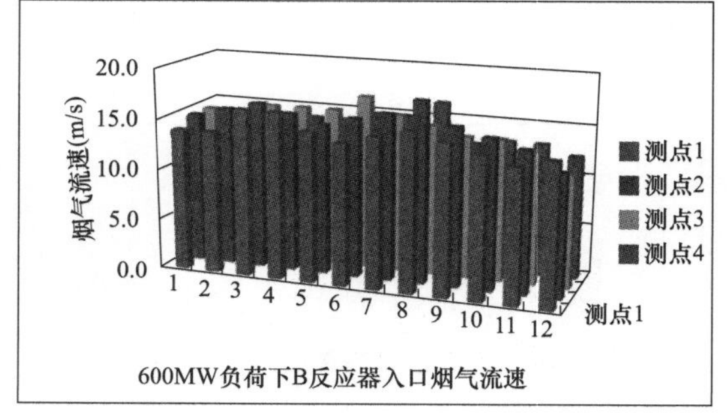

图 4-23　300MW 及 600MW 负荷下 SCR 脱硝系统入口烟气流速分布

影响 SCR 脱硝系统反应器入口烟气流场分布的因素包括锅炉燃烧器选用、各燃烧器配风及配粉偏差，煤粉燃烧偏差、烟气导流板、烟气挡板及省煤器旁路挡板等。从以上各因

素的影响水平及出现问题的可能性方面综合考虑，各燃烧器配风及配粉、烟气导流板是造成反应器入口流场分布偏差最可能的因素。各燃烧器配风及配粉方面，机组在600MW负荷下是5组燃烧器投用，而在300MW时常用3组燃烧器。如其中1组中的5台燃烧器出现左右侧严重偏差，对整体炉膛的燃烧中心及热负荷分布影响明显。烟气导流板方面，烟气导流板的样式及尾翼的长短都影响到SCR反应器入口的烟气速度场分布。

根本上解决SCR反应器入口烟气流场分布在高低负荷下的偏差问题，主要可行措施包括燃烧器风量调平优化及反应器入口烟气导流板的结构优化，这些措施需要停机大修或者较长时间试验调整。如机组短期内无检修计划，或者燃烧优化调整试验暂时无法实施下，可以根据机组平均负荷率，选择机组常用出力负荷下进行脱硝优化调整。

四、结论

针对某电厂600MW机组SCR脱硝系统进行了优化调整试验研究主要结论如下：

（1）根据SCR脱硝系统反应器出口NO_x质量浓度的分布，针对性地对反应器入口的喷氨支管进行喷氨量优化调整。本部分在600MW负荷下对脱硝系统优化调整，调整后A、B反应器出口NO_x质量浓度相对标准偏差分别降为16.6%及15.1%，喷氨优化效果良好。

（2）机组SCR脱硝系统经过在600MW负荷下优良优化调整后，在300MW负荷下验证时，A、B反应器出口偏差分别达到40.6%及40.0%，出口分布偏差较大。可见SCR脱硝系统的优化调整试验需要在2个不同高低负荷下进行。

（3）造成机组SCR脱硝优化调整试验在高低负荷下出现明显偏差的主要原因在于SCR反应器入口烟气流速分布在高低负荷下的明显偏差。

（4）SCR脱硝系统入口烟气流场在高低负荷下明显偏差的根本处理措施是对机组燃烧器风量调平及SCR反应器入口导流板的优化。短时间处理措施可以选择在机组最常见负荷下进行SCR脱硝系统优化调整试验。

第五节　燃煤电厂SCR脱硝系统运行特性

目前大型燃煤电厂脱硝系统采用选择性催化还原法（SCR）。通过现场大量的工程应用实践发现，SCR法脱硝系统存在脱硝系统出口NO_x浓度分布不均匀、氨逃逸量高等技术问题，造成空气预热器硫酸氢铵沉积，导致空气预热器堵塞被迫停机，严重影响机组安全稳定运行。因此开展SCR脱硝系统现场流场优化和喷氨格栅调整、CEMS在线测量仪表完善等综合技术手段是保障脱硝系统安全、稳定运行的关键技术。

针对600MW燃煤电厂SCR脱硝系统，从启机开始，一直到满负荷阶段，不同阶段SCR脱硝运行特性，包括SCR反应器入口流场、反应器入口温度场分布、反应器出口NO_x浓度分布、氨逃逸等，通过现场试验，获取了SCR脱硝系统运行关键信息，为准确评估SCR脱硝系统从低负荷到满负荷阶段安全性和经济性，提供了重要的指导。

一、脱硝系统流场分布规律

启机时进行了脱硝反应器入口流速测量。A 反应器入口速度相对标准偏差为 20.56%，B 反应器入口速度相对标准偏差为 21.44%。图 4-24 和图 4-25 所示为速度三维分布图。从流场分布的情况来看，启机阶段脱硝入口速度分布均匀性不够好，速度场分布比较紊乱。

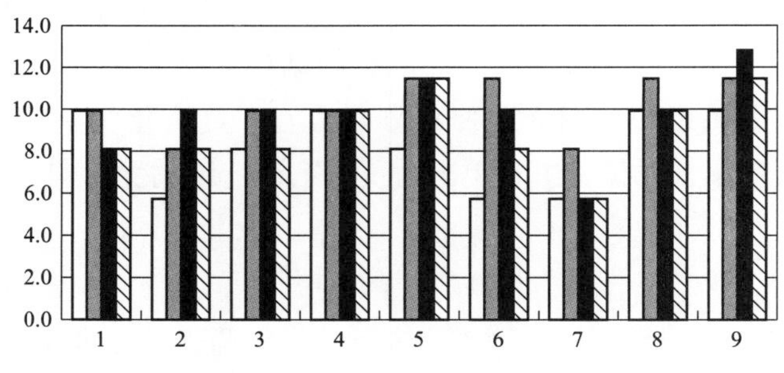

图 4-24　A 侧反应器入口速度分布图

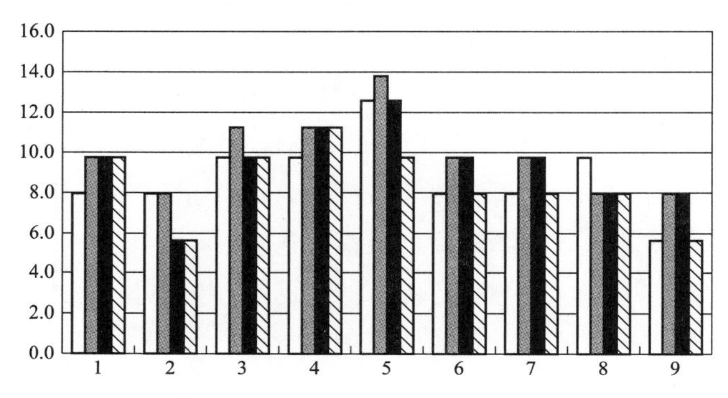

图 4-25　B 侧反应器入口速度分布图

表 4-18 所示为不同负荷阶段脱硝反应器入口速度分布规律。启机阶段 A 反应器入口速度分布相对标准偏差较大，说明启机阶段 A 反应器入口流场分布不均匀性较大。B 反应器入口速度分布在 450MW 负荷时最差，其次是启机阶段和 600MW 负荷阶段。整体上看，目前脱硝系统在不同负荷阶段速度分布均匀性较为稳定，没有出现偏差超过 25%以上。脱硝反应器入口速度分布均匀性直接影响到反应器出口 NO 浓度分布的均匀性，现场需要通过流场优化结构设计，提高反应器入口速度分布均匀性。一般采用布置导流板等提高烟气速度分布均匀性。图 4-24 和图 4-25 为起机阶段脱硝系统入口速度分布规律。

表 4-18　　不同负荷阶段脱硝反应器入口速度分布规律

项目	启机阶段（%）	300MW 负荷（%）	450MW 负荷（%）	600MW 负荷（%）
A 反应器入口速度相对标准偏差	20.56	18.48	15.39	17.19
B 反应器入口速度相对标准偏差	21.44	16.13	22.33	21.02

二、脱硝系统入口烟气温度场规律

表 4-19 所示为不同负荷阶段脱硝反应器入口温度最高值、最低值，以及平均值分布规

律。300MW负荷时，反应器A进口烟气烟温测量结果的平均值为334.2℃，最低烟气温度为309.3℃，最高烟气温度为348.4℃。B反应器进口烟气烟温测量结果的平均值为321.3℃。最低烟气温度为297.5℃，最高烟气温度为338.7℃。从下列温度分布图4-26和图4-27可以看出，A反应器左侧烟气温度要明显低于右侧烟气温度。B反应器右侧烟气温度要明显高于左侧烟气温度。在脱硝系统运行中，反应器入口局部区域长时间低于脱硝系统最低喷氨温度，容易造成催化剂永久失活，影响催化剂使用寿命。

表4-19　　不同负荷阶段脱硝反应器入口温度场分布规律

项目	300MW（℃）	450MW（℃）	600MW（℃）
A反应器入口烟气温度最大值	348.4	358.3	369
A反应器入口烟气温度最小值	309.3	327.7	349
A反应器入口烟气温度平均值	334.2	342.7	359.5
B反应器入口烟气温度最大值	338.7	344	363
B反应器入口烟气温度最小值	297.5	329	354
B反应器入口烟气温度平均值	321.3	335.3	359.4

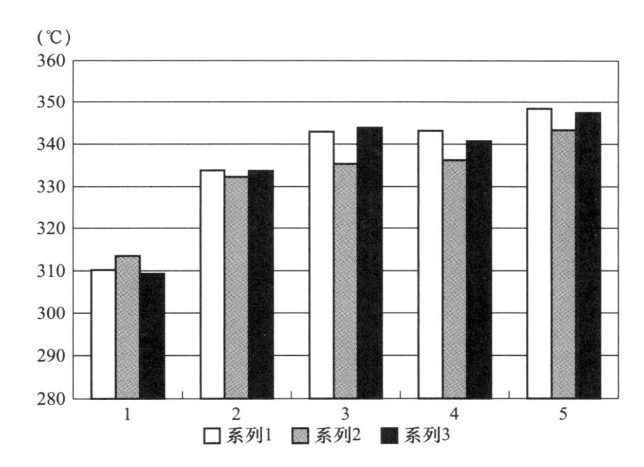

图4-26　A反应器入口温度分布图

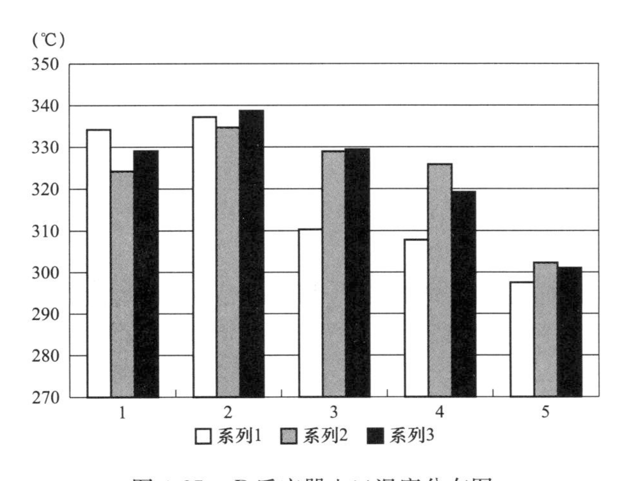

图4-27　B反应器入口温度分布图

450MW 负荷时，进行了反应器进口温度场测量。反应器 A 进口烟温测量结果的平均值分别为 342.7℃，最低烟气温度为 327.7℃。B 反应器进口烟温测量结果的平均值分别为 335.3℃，最低烟气温度为 329℃。

600MW 负荷时，进行了反应器进口温度场测量。反应器 A 进口烟温测量结果的平均值分别为 359.5℃，最低烟气温度为 349℃，最高烟气温度为 369℃。B 反应器进口烟温测量结果的平均值分别为 359.4℃，最低烟气温度为 354℃，最高烟气温度为 363℃。图 4-28 和图 4-29 所示为 600MW 负荷时，脱硝反应器入口温度场分布规律。

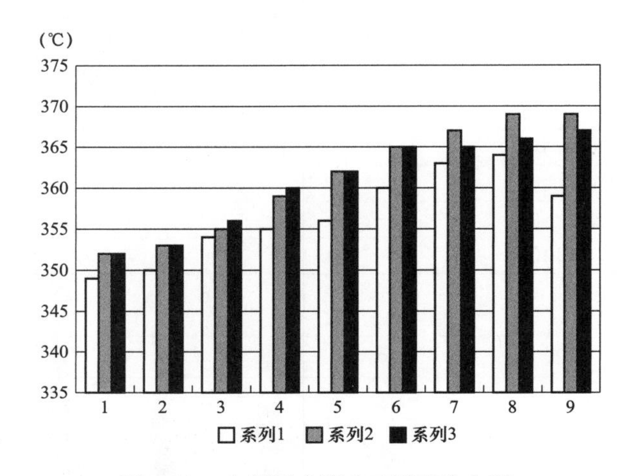

图 4-28　A 侧反应器入口温度分布图

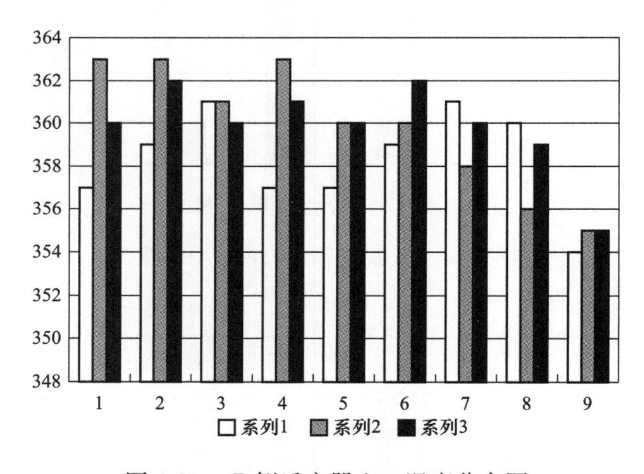

图 4-29　B 侧反应器入口温度分布图

三、脱硝系统出口 NO_x 浓度分布规律

450MW 负荷时，精细喷氨格栅调整前脱硝反应器 A、B 出口 NO 浓度相对标准偏差分别为 34.79%、42.24%。图 4-30 和图 4-31 所示为 A、B 反应器出口 NO_x 浓度分布情况。从三维分布图可以明显看出，反应器出口 NO_x 浓度分布严重不均匀，这主要是由于脱硝系统入口 NO_x 浓度分布不均匀，喷氨量不能根据入口 NO_x 浓度分布进行自动调整喷氨量，从

而导致反应器出口 NO_x 浓度分布均匀。因此现场开展SCR脱硝系统喷氨格栅调整试验是非常重要的，已经成为燃煤电厂SCR脱硝系统需要定期开展的试验工作。

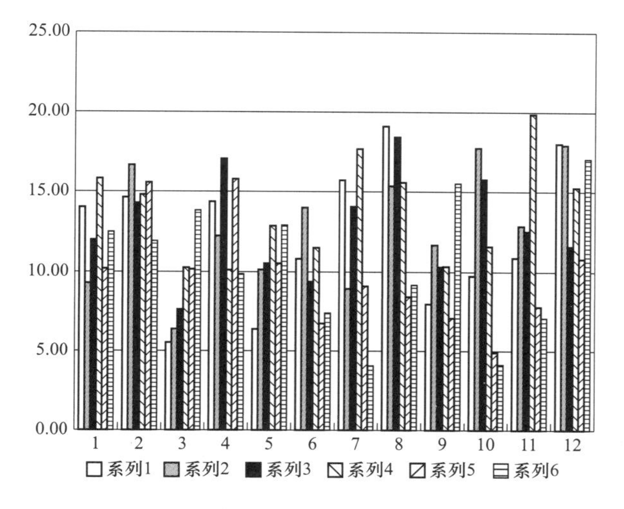

图4-30　A侧反应器出口NO浓度分布图

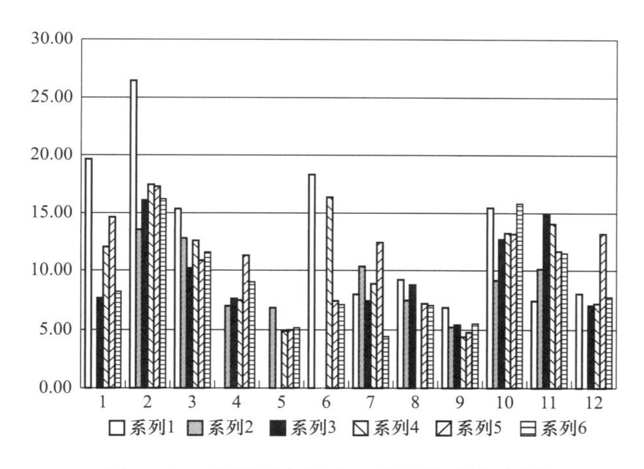

图4-31　B侧反应器出口NO浓度分布图

通过现场6次喷氨格栅调整试验之后，450MW负荷时，A、B反应器出口NO浓度相对标准偏差降低为28.98%、28.9%。图4-32和图4-33所示为精细喷氨格栅调整试验结束后，反应器出口 NO_x 浓度三维分布的规律。通过喷氨格栅调整试验，反应器出口NO浓度相对标准偏差降低到30%以内时，喷氨格栅调整试验取得了较好的效果。喷氨格栅调整试验前，600MW负荷时，A、B反应器出口NO浓度相对标准偏差为49.65%、42.45%。通过450MW负荷喷氨格栅调整试验之后，600MW负荷时，A、B反应器出口NO浓度相对标准偏差降低为35.96%、34.47%。300MW负荷时，A、B反应器出口NO浓度相对标准偏差为32.1%、31.3%。需要指出的是由于目前SCR脱硝系统喷氨格式调门是手动门，无法实现在不同负荷下自动调整喷氨量。因此现场喷氨调整试验一般固定在某一负荷开展精细喷氨格栅调整，比如本部分在450MW负荷下开展了6次调整试验，然后在300MW和

600MW负荷进行验证性试验，根据验证性试验情况，对喷氨格栅阀门进行一些微调，但是不要对阀门做大的调整，否则会影响450MW负荷下脱硝系统出口NO浓度分布的均匀性。

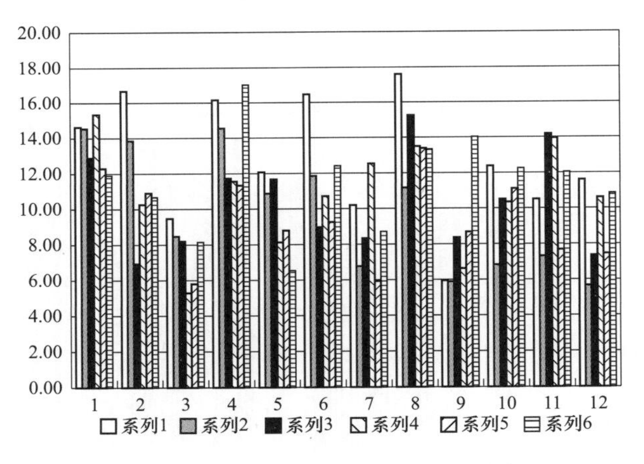

图4-32　A侧反应器出口NO浓度分布图

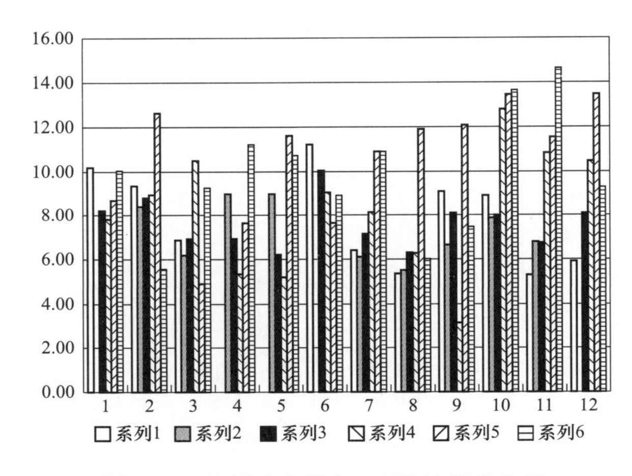

图4-33　B侧反应器出口NO浓度分布图

四、脱硝系统出口氨逃逸规律

启机阶段SCR脱硝系统出口氨逃逸率的测量（出口浓度控制在25mg/m^3，工况1），测量得到A反应器出口的氨逃逸量为2.25μL/L，小于3μL/L；B侧反应器出口测量得到的氨逃逸量为1.7μL/L，小于3μL/L。启机阶段脱硝系统出口氨逃逸浓度都小于3μL/L。当出口NO_x浓度控制在40mg/m^3（工况2）时，测量得到A反应器出口的氨逃逸量为1.16μL/L，B侧反应器出口测量得到的氨逃逸量为0.06μL/L，小于3μL/L。从工况1和工况2测量结果可以看出，降低脱硝系统出口NO_x浓度，将会增加反应器出口氨逃逸浓度，建议实际运行中，反应器出口NO_x浓度控制在35～40mg/m^3。

450MW负荷时，SCR脱硝系统出口氨逃逸率的测量（出口浓度控制在35～40mg/m^3），测量得到A反应器出口的氨逃逸量为2.07μL/L，小于3μL/L；B侧反应器出口测量得到的氨逃逸量为 1.96μL/L，小于 3μL/L。450MW 负荷时脱硝系统出口氨逃逸浓度都小于 3μL/L。

600MW 负荷时，SCR 脱硝系统出口氨逃逸率的测量（出口浓度控制在 20mg/m^3），测量得到 A 反应器出口的氨逃逸量为 1.97μL/L，小于 3μL/L；B 侧反应器出口测量得到的氨逃逸量为 3.98μL/L，大于 3μL/L。该工况为最大脱硝效率的试验，DCS 显示的反应器入口 NO_x 浓度 A 侧为 271.8mg/m^3，B 侧为 287mg/m^3，DCS 显示的 A 侧反应器出口 NO_x 浓度为 30mg/m^3 左右，B 侧反应器出口 NO_x 浓度为 26.5mg/m^3。DCS 显示 A 侧反应器脱硝效率达到了 90.25%，B 侧反应器脱硝效率达到了 89.55%。通过现场实际测量表明，由于该工况脱硝效率较高，反应器出口氨逃逸量较高，尤其是 B 反应器出口氨逃逸量达到了 3.98μL/L，因此建议实际运行中脱硝效率不要控制太高，反应器出口 NO_x 浓度控制在 35～40mg/m^3 左右。

600MW 负荷时，SCR 脱硝系统出口氨逃逸率的测量（出口浓度控制在 35～40mg/m^3），测量得到 A 反应器出口的氨逃逸量为 1.42μL/L，小于 3μL/L；B 侧反应器出口测量得到的氨逃逸量为 1.65μL/L，小于 3μL/L。该工况为中等脱硝效率的试验，DCS 显示的反应器入口 NO_x 浓度 A 侧为 247.4mg/m^3，B 侧为 252.9mg/m^3。DCS 显示的 A 侧反应器出口 NO_x 浓度为 38.6mg/m^3 左右，B 侧反应器出口 NO_x 浓度为 34.5mg/m^3。DCS 显示的 A 侧脱硝效率达到了 84.4%，B 侧脱硝效率达到了 83.6%。通过现场实际测量表明，由于该工况为中等脱硝效率，反应器出口氨逃逸量比较低。

300MW 负荷时，SCR 脱硝系统出口氨逃逸率的测量（出口浓度控制在 35～40mg/m^3），测量得到 A 反应器出口的氨逃逸量为 2.14μL/L，小于 3μL/L；B 侧反应器出口测量得到的氨逃逸量为 2.48μL/L，小于 3μL/L。DCS 显示的反应器入口 NO_x 浓度 A 侧为 190.9mg/m^3，B 侧为 178.2mg/m^3，DCS 显示的 A 侧反应器出口 NO_x 浓度为 29.4mg/m^3 左右，B 侧反应器出口 NO_x 浓度为 22mg/m^3。DCS 显示的 A 侧脱硝效率达到了 84.6%，B 侧脱硝效率达到了 87.65%。

五、结论

本部分针对 600MW 燃煤电厂 SCR 脱硝系统，从启机开始，一直到满负荷阶段，不同阶段 SCR 脱硝运行特性，包括 SCR 反应器入口流场、反应器入口温度场分布、反应器出口 NO_x 浓度分布、氨逃逸等。主要结论如下：

（1）从流场分布的情况来看，启机阶段脱硝入口速度分布均匀性不够好，速度场分布比较紊乱。300MW 负荷时 A 反应器入口速度相对标准偏差为 18.48%，B 反应器入口速度相对标准偏差为 16.13%。450MW 负荷时，A 反应器入口速度相对标准偏差为 15.39%，B 反应器入口速度相对标准偏差为 22.33%。600MW 负荷时 A 反应器入口速度相对标准偏差为 17.19%，B 反应器入口速度相对标准偏差为 21.02%。

（2）建议现场实际运行中脱硝效率不要设置太高，避免造成脱硝系统出口较高的氨逃逸，对空气预热器运行带来风险。

（3）450MW 负荷时，精细喷氨格栅调整前 A、B 反应器出口 NO 浓度相对标准偏差分别为 34.79%、42.24%。通过 6 次喷氨格栅调整试验之后，450MW 负荷时，A、B 反应器出口 NO 浓度相对标准偏差降低为 28.98%、28.9%，喷氨格栅调整试验取得了较好的效果。

（4）在满足氮氧化物排放浓度（50mg/m^3）后，脱硝系统反应器出口 NO_x 浓度控制在 35～40mg/m^3 左右，避免反应器出口 NO_x 浓度过低，造成 NH_3 上升，增加空气预热器堵塞的风险，同时增加电厂脱硝成本。

第五章

粉尘超低排放系统优化技术

第一节　燃煤电厂除尘技术研究及应用

一、燃煤电厂除尘现状

火电燃煤排放的大气污染物是造成我国区域大气污染问题的重要因素。燃煤电厂经烟气除尘后仍会排放出大量飞灰，在区域间传输，使大气中颗粒物（Particulate Matter）浓度上升；同时烟囱排放的SO_2、NO_x等气态污染物在大气中经过复杂的光化学、成核凝结聚集过程形成二次气溶胶，造成降水酸化、能见度降低，并对人体健康产生极大危害。据统计，2012年，全国电力烟尘年排放量约为151万t，火电每千瓦时烟尘排放量为0.39g。与2005年相比，烟尘排放量下降42%，排放绩效下降78%。但步入2013年后，京津冀区域出现了21世纪以来最为严重的持续空气污染事件。据中国科学院大气物理研究所监测数据统计，仅2013年1月京津冀就发生5次强霾污染，我国大气污染控制形势依然十分严峻。《京津冀2013年元月强霾污染事件过程分析》对京津冀区域$PM_{2.5}$来源的解析中指出，燃煤占34%、机动车占16%，二者相加为50%；其余50%来源于工业、外来输送、扬尘、餐饮和其他。由绿色和平环保组织与英国利兹大学研究团队做出的报告数据显示，燃煤对雾霾的贡献，占一次$PM_{2.5}$颗粒物排放的25%，对二氧化硫和氮氧化物的贡献分别达到了82%和47%。以行业来看，燃煤电厂和钢铁厂、水泥厂等工业排放源则是京津冀地区的主要污染源。

我国火电厂锅炉配套的除尘设备大部分为静电除尘器，但比集尘面积（SCA）普遍偏小，大部分只在80～110$m^2/(m^3 \cdot s)$之间，同时存在高比电阻粉尘引起的反电晕、二次扬尘及$PM_{2.5}$难以脱除等技术瓶颈，极大影响了除尘性能。20世纪90年代以前，国产静电除尘器的效率在98%左右；20世纪90年代，静电除尘器设计的效率一般在99%～99.5%之间，电场数大多为4电场。随着新排放标准和国家行动计划的出台实施，很多按原有标准设计的电厂，粉尘的排放浓度已无法满足环保要求，因此需对现有除尘器进行改造或更换。需要通过不同除尘技术的组合和开发一些新型的除尘技术，例如低低温电除尘、电袋复合除尘、袋式除尘、湿式电除尘，以及细颗粒团聚长大技术等。

二、除尘新技术

目前的除尘新技术主要有：低低温电除尘、旋转电极式电除尘、湿式电除尘、电袋复合除尘、袋式除尘，以及 SO_3 烟气调质、微细粉尘凝聚长大等技术。国内电除尘厂家从2010 年开始逐步加大对低低温电除尘技术的研发，正进行有益的探索和尝试，已有660MW 机组投运业绩。国内有多家公司正在研发或引进湿式电除尘技术，已有数家公司掌握了其核心技术，并有投运业绩，湿式电除尘器在满足超低排放、治理 $PM_{2.5}$ 方面已得到基本认可，这里做一介绍。

为达到更低的烟尘排放，电除尘器向更多的电场数、更大的比集尘面积的方向发展，受到了极大的限制。常规电除尘器还存在除尘效率受粉尘比电阻影响大、污染物去除功能单一等问题。由于湿法烟气脱硫过程中存在颗粒物二次形成现象，而采用高效除尘技术虽可降低进入湿法脱硫塔的颗粒物浓度，但对于 WFGD 过程中形成的颗粒无能为力；若难以脱除 WFGD 过程中形成的颗粒物，当前火电厂烟气粉尘排放浓度极难满足要求。

湿式电除尘技术可以有效去除烟气中的 $PM_{2.5}$、SO_3 酸雾、汞等污染物，是大气复合污染物控制系统的最终处理设备，已经在欧美和日本得到广泛应用。特别是人口稠密的日本，湿式电除尘设备应用普遍。湿式电除尘器可以有效捕集 $PM_{2.5}$ 和 SO_3，可较好地解决石膏雨、蓝烟、汞等问题，治霾效果得到业内专家普遍认可。湿式电除尘（WESP）的工作原理和常规电除尘器的除尘机理相同，都要经历荷电、收集和清灰三个阶段，与常规电除尘器不同的是清灰方式。

2013 年 2 月，国家环保部门编制的《环境空气细颗粒物污染防治技术政策（试行）》中对工业污染源治理方面，明确鼓励火电企业采用湿式电除尘等技术，防止脱硫造成的“石膏雨”污染。湿式电除尘以其接近零排放的终端把关技术，将在我国燃煤锅炉 $PM_{2.5}$ 脱除中发挥重要作用，也会成为实现我国燃煤锅炉 $PM_{2.5}$ 控制的有效手段。

近百年来，数以千计的 WESP 应用于各工业领域用来控制酸雾和微细颗粒物的排放。湿式静电除尘器在结构上有两种基本型式：管式和板式，如图 5-1 所示。

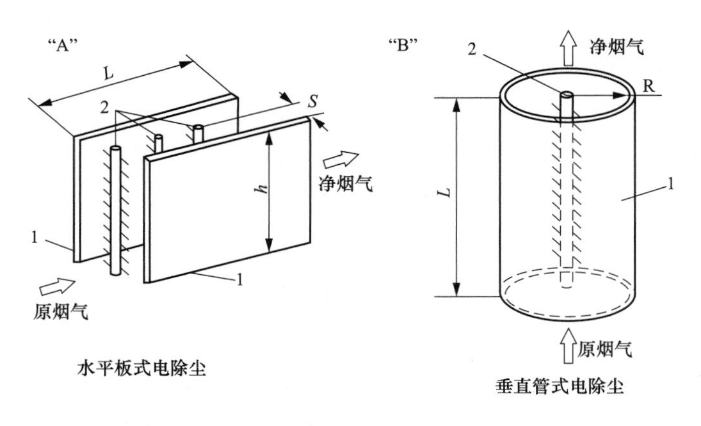

图 5-1　板式和管式电除尘示意图

1—集尘极；2—放电极

日本的湿式电除尘技术已在其国内大型燃煤电厂有 30 多年的使用业绩，目前已有 32 套湿式电除尘器在火电厂应用。在日本，日本三菱公司最早开发湿式电除尘器。其中典型案例为湿式电除尘器在碧蓝电厂的应用。该电厂 1～3 号机组为超临界 700MW 机组，4、5 号机组为超临界 1000MW 机组，设计煤种灰分为 10%左右。烟气排放处理方式为：1～3 号机组采用 SCR＋干式静电除尘器＋烟气换热器＋FGD＋湿式静电除尘器＋烟气换热器的方式，4、5 号机组采用 SCR＋烟气换热器＋2 电场固定电极和 1 电场转动电极的干式电除尘器＋FGD＋湿式静电除尘器＋烟气换热器的方式。其中烟气换热器主要用高温烟气加热脱硫后的低温烟气提高排烟温度，使烟囱出口处烟气温度达到 90℃左右。因烟气内含尘量极低且排烟温度高，无水蒸气凝结，烟囱排放的烟气基本透明。

在国内，湿式电除尘器首先应用在化工行业，随着中国大气污染的加剧和国家对火电行业的排放标准逐步提高，近年来在国内得到迅猛发展。这几年来，WESP 在国内得到迅速发展，WESP 合同订单已近国外投运数量的总和。从制作材料上来看。主要有金属电极 WESP、导电玻璃钢 WESP、柔性电极 WESP 三种。2006 年在鞍钢第二发电厂的燃气-蒸汽联合循环发电厂上首先应用；2010 年福建龙净环保股份有限公司开始在上海电力长兴岛电厂 2 台 15MW 发电机组上试运行自主研发的湿式电除尘器；2012 年山大能源将自主研发的柔性金属极板湿式电除尘器应用到华电益阳电厂机组上。2014 年初，浙江省、广东省及广州市纷纷出台政策性文件，要求大力开展湿式电除尘器示范性应用改造，在华润南沙、珠海金湾、国华惠电等电厂都得到了应用。

第二节　FGD 协同脱除烟尘技术

一、脱硫协同除尘技术研究

在 WFGD 过程中，通过脱硫浆液的洗涤作用（如惯性碰撞、布朗扩散、黏附等），可协同脱除烟气中的颗粒物；同时，由于存在脱硫浆液雾化夹带、脱硫产物结晶析出，以及各种气-液、气-液-固脱硫反应等物化过程，本身又可能会形成颗粒物，使得烟气经湿法脱硫后颗粒物排放特征可能产生显著变化，其中 $PM_{2.5}$浓度反而有可能增加。采用高效除尘技术虽可降低进入湿法脱硫塔的颗粒浓度，但对于 WFGD 过程中形成的颗粒却无能为力。除了在 WFGD 系统下游安装湿式电除尘外，还可采用以下两种途径降低 WFGD 系统出口颗粒物浓度：①结合现有 WFGD 系统进行过程优化以提高其对颗粒物的脱除效果，特别是抑制颗粒物的二次形成；②利用外场作用促使细颗粒长大，使其易于被脱硫液、除雾器捕集。

综合采用实验室台架试验及电厂现场测试分析。试验考察了 WFGD 过程中颗粒物的形成机制，并试验考察了 WFGD 系统对 SO_3 酸雾的脱除性能；研究成果可为利用过程优化实现 WFGD 系统高效除尘和增强 $PM_{2.5}$及 SO_3 酸雾脱除奠定重要试验基础。

模拟烟气 WFGD 系统主要由模拟烟气配制系统、脱硫浆液配制及输送系统、脱硫塔、测量控制系统等组成，烟气量为 15m³/h，如图 5-2 和图 5-3 所示。脱硫塔采用喷淋塔结构(三级喷淋)，塔径为 72mm，塔高 2200mm。利用该模拟试验系统，主要开展了以下试验研究：①WFGD 系统脱硫净烟气中细颗粒物排放特性；②脱硫浆液中晶体结晶特性及其与脱硫净烟气中细颗粒物物性变化关系。

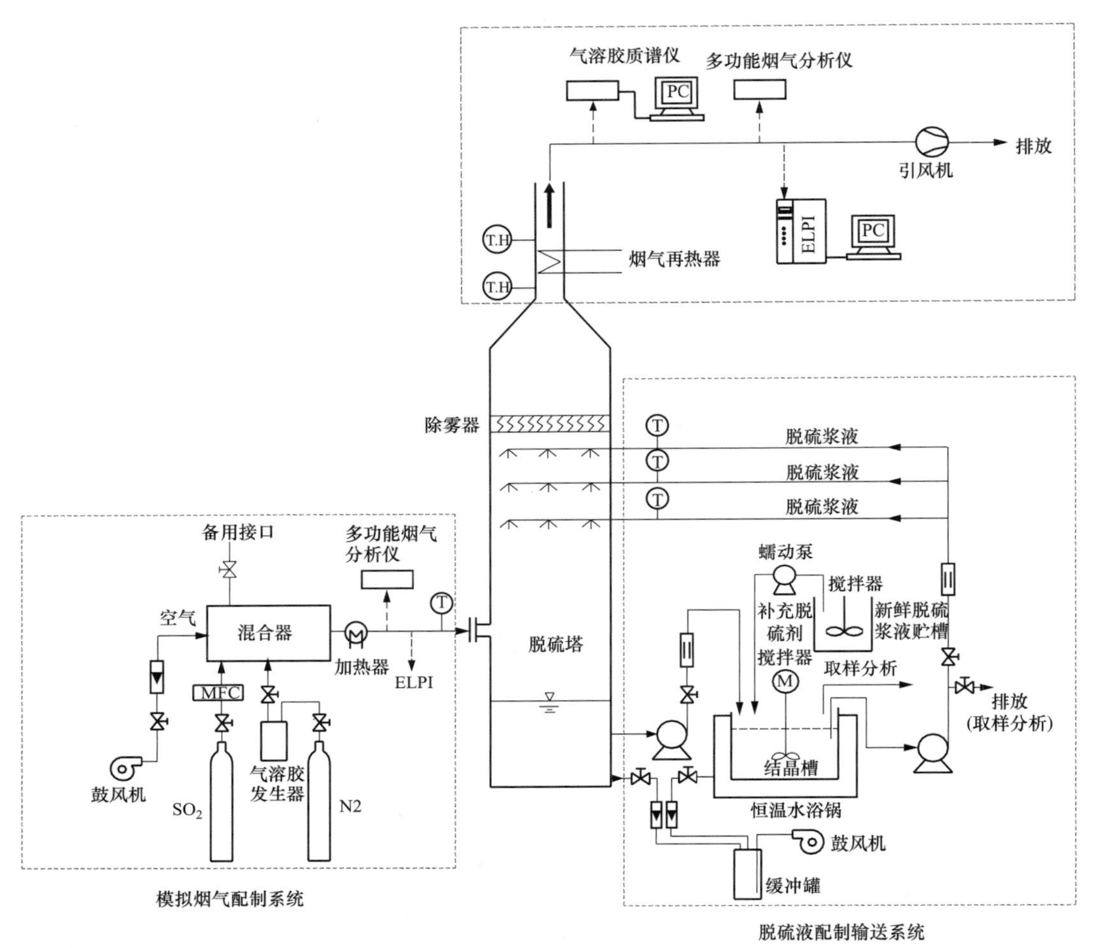

图 5-2　模拟试验系统工艺流程图

实际燃煤烟气 WFGD 系统主要由全自动燃煤锅炉、烟气缓冲罐、湿法脱硫系统、SO_2 及 SO_3 添加系统、细颗粒物与 SO_2 分析测试系统等组成，烟气量为 450m³/h，如图 5-4 所示。含尘烟气主要由全自动燃煤锅炉燃烧产生，经干式电除尘器脱除粗颗粒后依次进入换热器、脱硫塔。湿法烟气脱硫系统由脱硫塔、新鲜浆液配制槽、脱硫液混合池及脱硫浆液输送计量系统组成，脱硫塔为喷淋塔，设置 5 级喷淋，采用不锈钢制作，塔径为 200mm，塔高为 5750mm。

1. WFGD 过程中 $PM_{2.5}$ 物性变化机制

综合采用实验室台架试验及电厂现场测试分析，基本探明了石灰石-石膏法、氨法脱硫系统出口颗粒物物性及其与脱硫产物结晶、浆液夹带、除雾过程间的关系；揭示了 WFGD 过程中 $PM_{2.5}$ 的形成机制；并试验考察了 WFGD 系统对 SO_3 酸雾的脱除性能。研究成果为利用过程优化实现湿法烟气脱硫系统高效除尘和增强 $PM_{2.5}$ 及 SO_3 酸雾脱除奠定重要试验基础。部分研究结果如图 5-5～图 5-13 所示。主要研究结论如下：

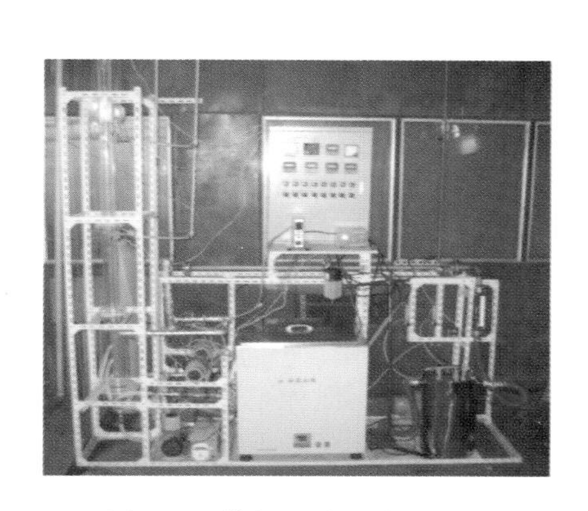

图 5-3　模拟试验系统实物图

图 5-4　实际燃煤烟气 WFGD 系统

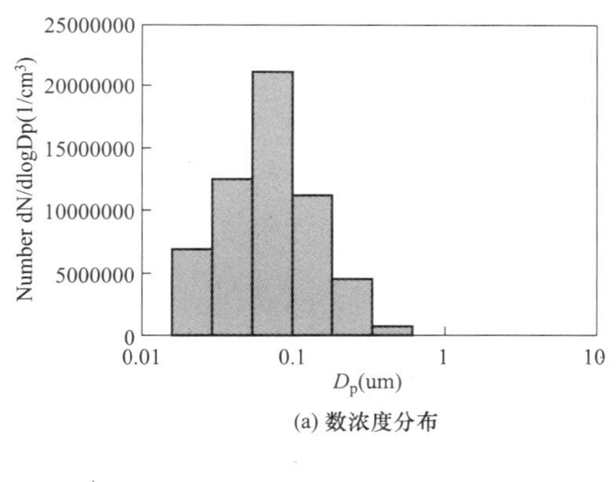

(a) 数浓度分布

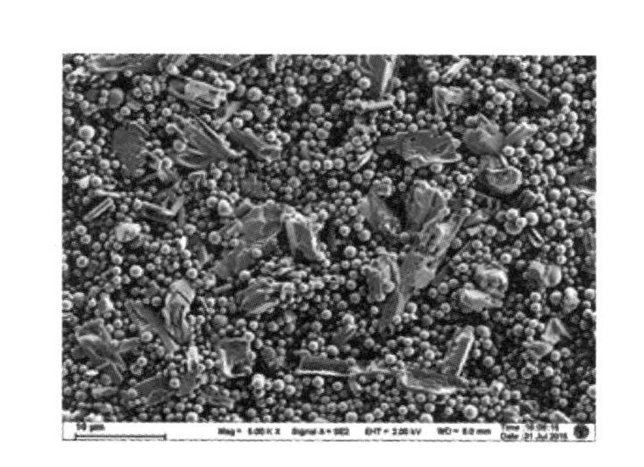

(b) 颗粒形貌

强度
900
600
300
0
15 30 45 60 75 90
2θ/(°)
1: $CaSO_4 \cdot 1/2H_2O$
2: $CaSO_4 \cdot 2H_2O$
3: $Al_6Si_2O_{13}$
4: SiO_2

(c) 物相组成

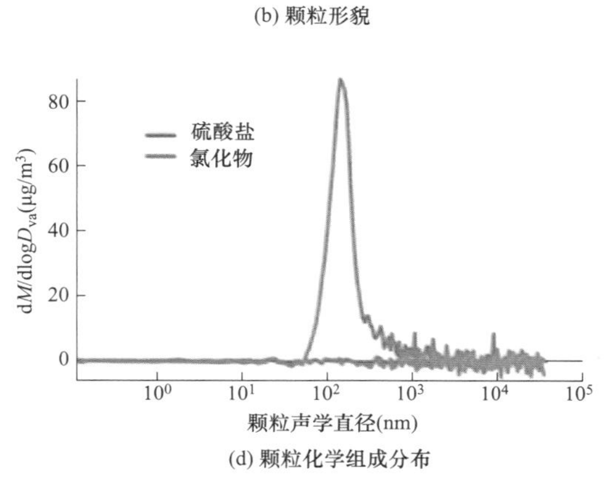

(d) 颗粒化学组成分布

图 5-5　石灰石-石膏法脱硫系统出口颗粒物性

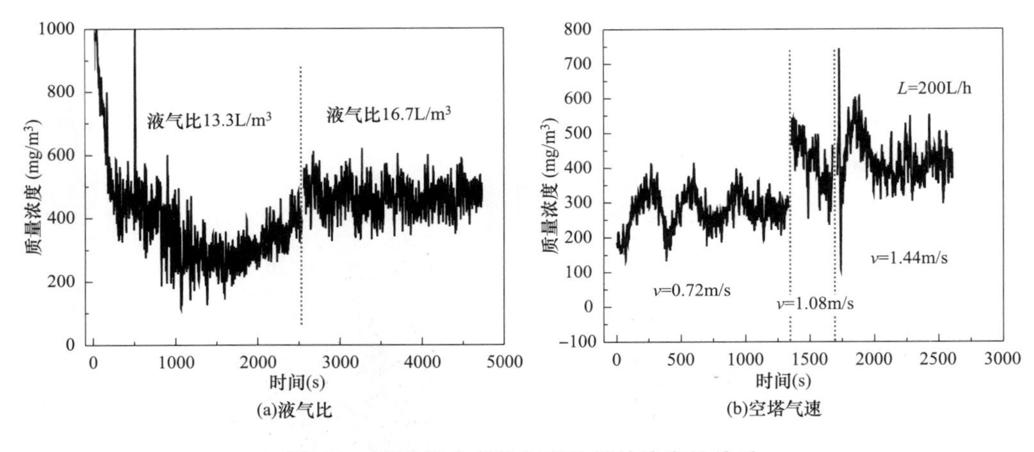

图 5-6　脱硫操作条件与颗粒排放浓度的关系

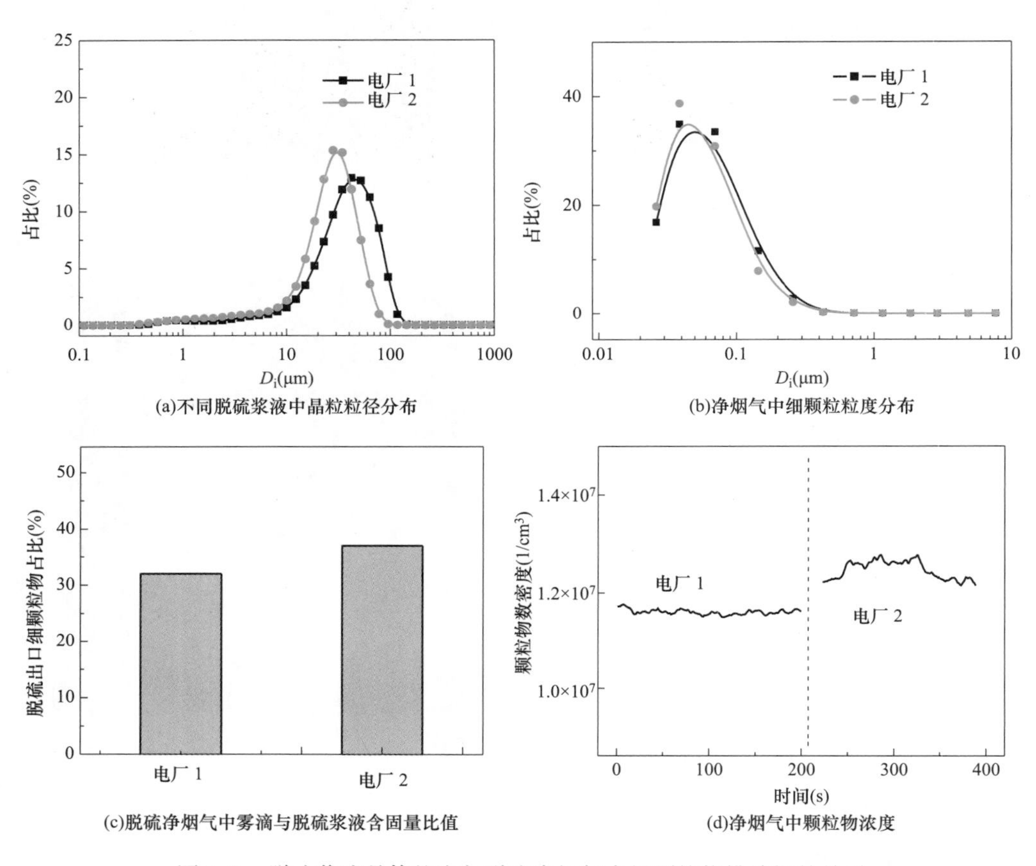

图 5-7　脱硫浆液晶体粒度与脱硫净烟气中细颗粒物排放间的关系

（1）石灰石-石膏法脱硫系统出口颗粒物浓度与脱硫浆液中石膏晶体粒度、浆液浓度及其夹带存在一定关联，颗粒物成分中硫酸盐大多占 50%以上，主要来源于脱硫浆液蒸发夹带。其形成量与喷嘴雾化效果、脱硫浆液浓度、空塔气速等相关，直接通过石灰石浆液与 SO_2 非均相反应过程中形成的细颗粒物量则较少。

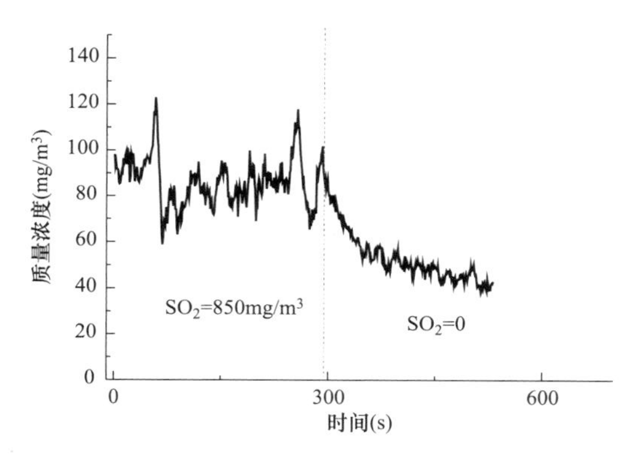

图 5-8　SO_2 浓度与石灰石-石膏法出口颗粒浓度的关系

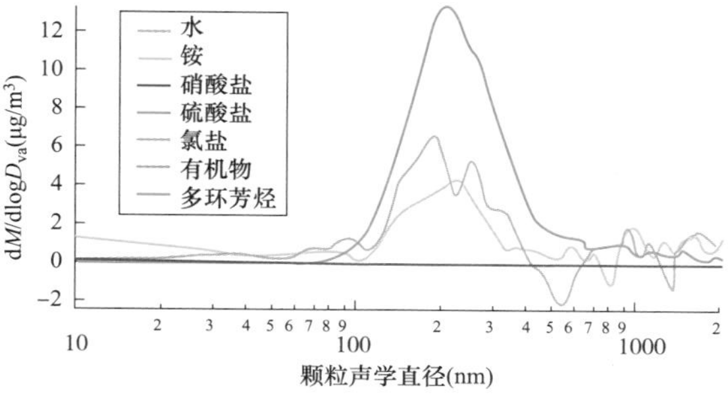

图 5-9　氨法脱硫浆液夹带与蒸发生成的气溶胶组分

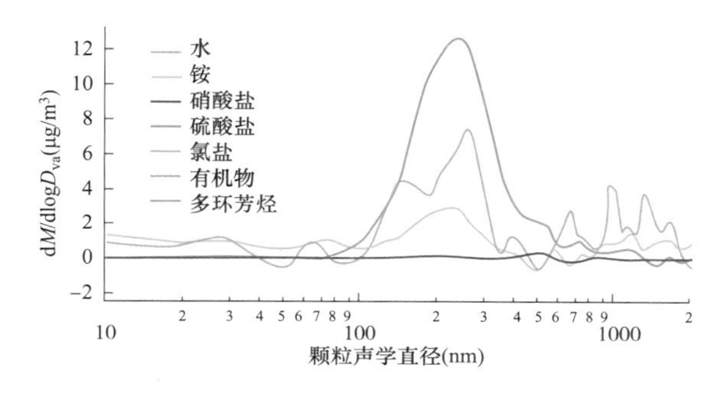

图 5-10　氨法脱硫中非均相反应生成的气溶胶组分

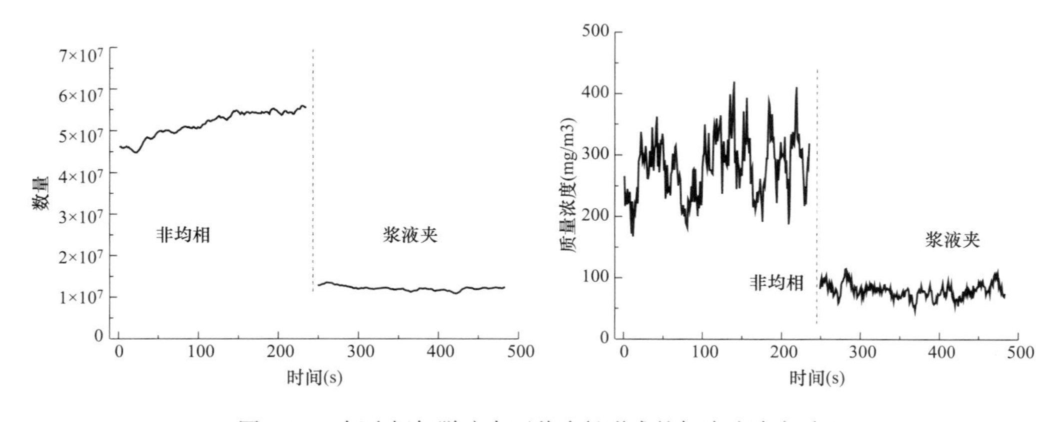

图 5-11　氨法烟气脱硫中两种途径形成的气溶胶浓度对比

（2）由于粗石膏晶粒不易夹带及容易被除雾器捕集，脱硫净烟气中雾滴含固量约为脱硫浆液的 20%～40%，脱硫浆液中石膏晶粒越粗、除雾性能越佳，两者差别越大；随着脱硫浆液中晶体粒径减小，脱硫净烟气中颗粒物粒径分布总体向小粒径方向迁移。

（3）脱硫浆液中挥发逸出的气态 NH_3 与烟气中 SO_2、H_2O 间的非均相反应是氨法脱硫气溶胶的主要来源，生成的气溶胶粒径绝大多数为亚微米级颗粒，形成量随脱硫浆液 pH

值及塔入口烟温的升高而增加；其次来自脱硫液滴的夹带和蒸发作用，产生的气溶胶颗粒粒径平均在 1.0mm 以上，形成量随空塔气速及脱硫浆液浓度的增加而提高。

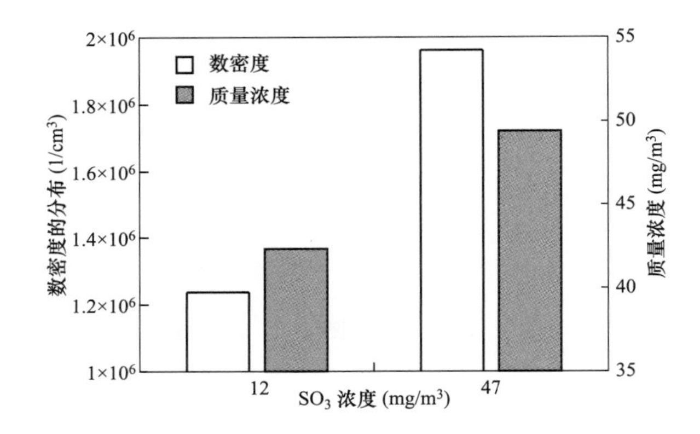

图 5-12　塔入口烟气中 SO_3 浓度与脱硫净烟气中细颗粒物浓度的关系

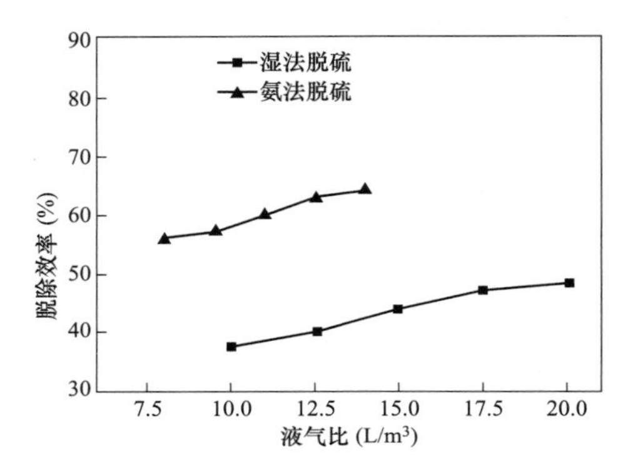

图 5-13　脱硫工艺与 SO_3 酸雾脱除率的关系

（4）SO_3 酸雾通过均质成核及以烟气中细颗粒为凝结核的异质成核作用形成，粒径在亚微米至微米级，氨法脱硫系统对 SO_3 酸雾脱除效率总体高于石灰石-石膏法，这与部分 SO_3 转化为硫铵盐气溶胶有关；单塔脱硫系统对 SO_3 酸雾脱除效率约为 30%～40%，低于双塔脱硫系统（约 50%～65%）；随着煤中硫分与灰分，以及脱硫液气比及塔入口粉尘浓度的增加，SO_3 酸雾脱除效率有所提高。

（5）烟气 SO_3 浓度会对脱硫净烟气颗粒物排放浓度产生一定影响，随着塔入口 SO_3 浓度的增加，脱硫净烟气中细颗粒物数量、质量浓度均有所增加，其中氨法脱硫更趋显著；燃用高硫煤时，即使安装湿式电除尘，也可能出现明显蓝烟现象，并会影响湿式电除尘系统的正常运行。

2. WFGD 过程中脱硫浆液液滴的夹带与除雾捕集数值模拟研究

采用欧拉与拉格朗日相结合的数值模拟方法，分别对连续烟气和离散喷淋浆液进行建模，并考虑气液两相间的动量传递及热质交换，获得了不同粒径液滴在塔内的运动规律以及脱硫洗涤区流场分布、喷淋方式、脱硫浆液液滴粒度等对液滴夹带逃逸的影响规律。部分结果如图 5-14～图 5-16 所示，主要研究结论如下：

（1）2mm 以上粒径的液滴运动受到流场不均匀性的影响较小，能够均匀分布于塔内。而 1mm 以下液滴由于受到低速区与高速带的影响，液滴运动轨迹集中于低速区，浓度分布呈现出中间高四周低的情况，液滴粒径为 0.5mm 时浓度分布已很不均匀。液滴夹带与喷淋位置有关，喷淋位置靠近壁面，其夹带率高，喷淋位置靠近塔中心低速区则夹带率低。

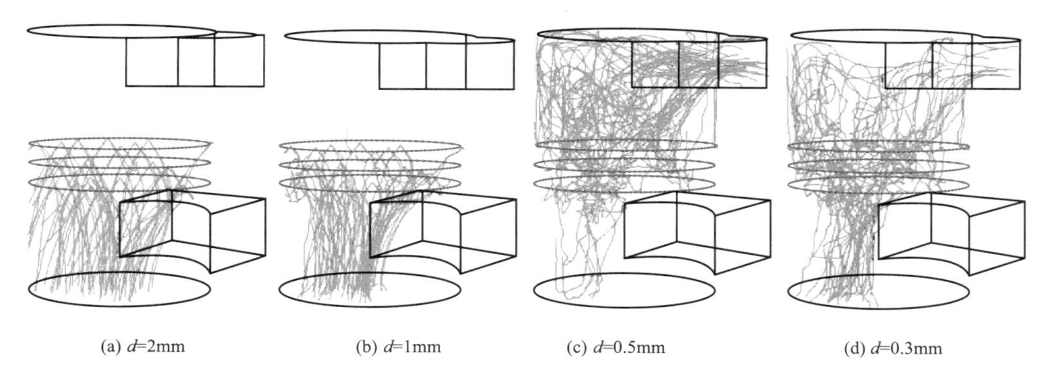

图 5-14　不同粒径液滴在脱硫塔内的运动轨迹

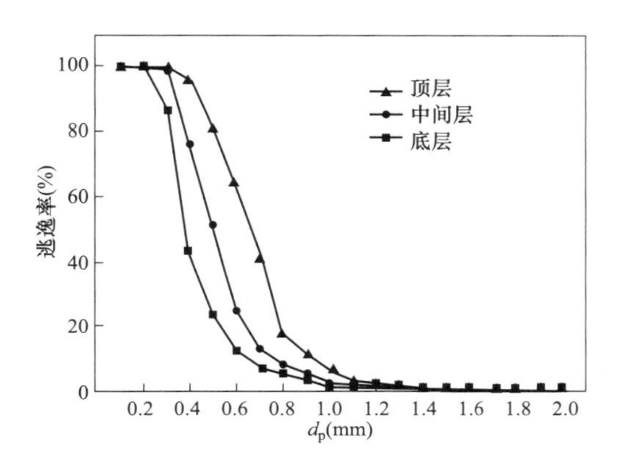

图 5-15　不同粒径液滴在脱硫塔内的逃逸率曲线

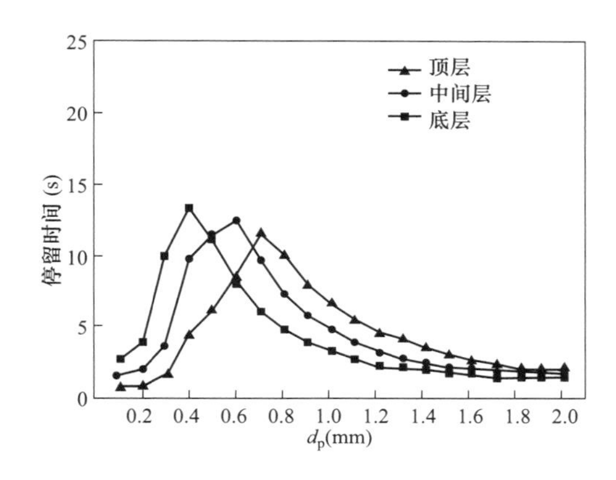

图 5-16　不同粒径液滴在脱硫塔内的停留时间

（2）粒径大于 1.2mm 的液滴几乎不会被夹带出去。在粒径小于 0.8mm 后，液滴的逃逸率迅速上升，直到粒径为 0.2mm 时逃逸率接近 100%。从各喷淋层之间的比较来看，液滴逃逸率随着喷淋层高度的增加而增大。

（3）液液滴停留时间曲线具有峰值，且该峰值粒径对应的液滴逃逸率均为 20%。

3. 不同粒径雾滴穿越除雾器逃逸特性及脱除增强方法的研究

建立了除雾器通道内的气液两相数学模型，数值模拟了除雾器叶片间距、折角、烟气流速、烟气穿越除雾器的流场均匀性、雾滴间碰撞效应等对不同粒径雾滴的分级除雾效率和总除雾效率的影响特性。揭示了不同粒径雾滴穿越除雾器的逃逸特性，提出了可有效增强除雾捕集效果的一种基于流场数值计算的气流均布方法和一种旋转除雾器。部分结果如图 5-17～5-19 所示。

4. 湿法烟气脱硫系统高效除尘及脱除 $PM_{2.5}$ 技术

在 WFGD 过程中，一方面，通过脱硫浆液的洗涤作用可协同脱除烟气中的颗粒物；另一方面，本身又会形成 $PM_{2.5}$，使得经湿法脱硫后 $PM_{2.5}$ 浓度反而增加。目前，$PM_{2.5}$ 二次形成、石膏雨、SO_3 酸雾等问题已成为关注的热点。依据颗粒物物性改变与 WFGD 过程间的内在关联，探究了抑制 $PM_{2.5}$ 形成、增进 $PM_{2.5}$ 与气态污染物共同脱除的方法原理，进而构建 WFGD 系统高效除尘及脱除 $PM_{2.5}$ 的技术。针对石灰石-石膏法，通过对石灰石-石膏法脱硫石膏结晶、脱硫洗涤区脱硫浆液液滴夹带特性、除雾系统性能与脱硫净烟气中颗粒物排放关系的系统研究，提出了通过抑制细小石膏晶粒形成、脱硫洗涤区流场及脱硫工艺操作参数的优化减少脱硫浆液液滴的夹带，以及脱硫区上方除雾系统结构及流场系统的优化等措施，实现 WFGD 系统出口颗粒物排放浓度有效降低的同时，SO_3 酸雾、SO_2 的协同高效脱除。针对氨法脱硫，提出了进口烟道气喷水降温、脱硫塔内加装规整填料或筛板技术、塔顶加装除沫丝网技术等多项降低氨法脱硫气溶胶排放技术，并开展工程应用试验，气溶胶排放浓度可降低 50%以上。

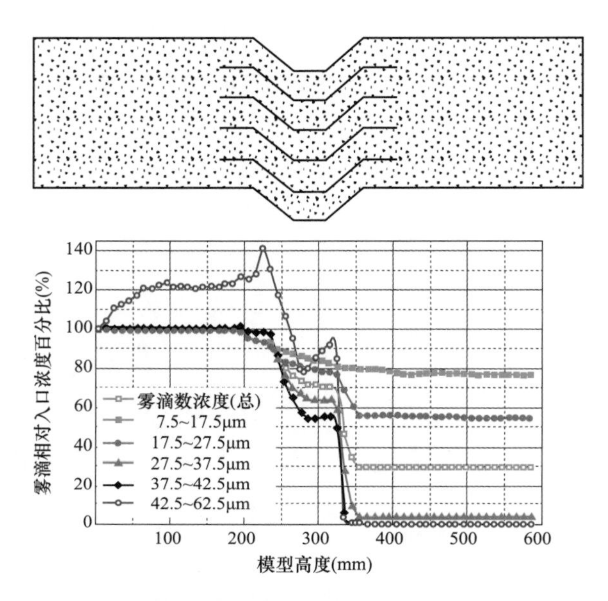

图 5-17 不同粒径雾滴穿越除雾器过程数浓度的变化

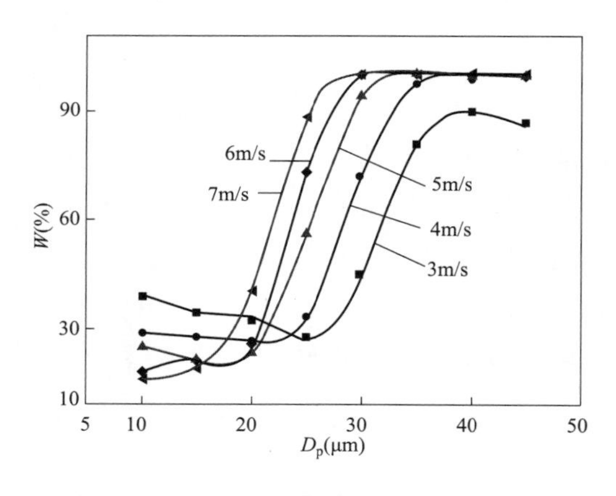

图 5-18 不同气速下除雾器的分级除雾效率

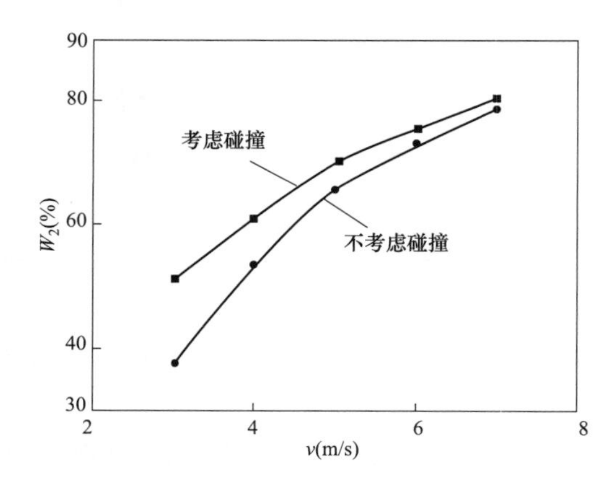

图 5-19 雾滴间碰撞效应对除雾效率的影响

二、FGD 吸收塔协同除尘原理

烟气处理的“协同脱除”，即每个烟气处理子系统在脱除主要污染物的同时，也考虑脱除其他污染物的可行性，或为下一流程烟气处理子系统更好地发挥效能创造条件。低低温电除尘器及高效除尘 FGD 吸收塔就是协同脱除粉尘的很好例子，其基本工艺流程如图 5-20 所示。

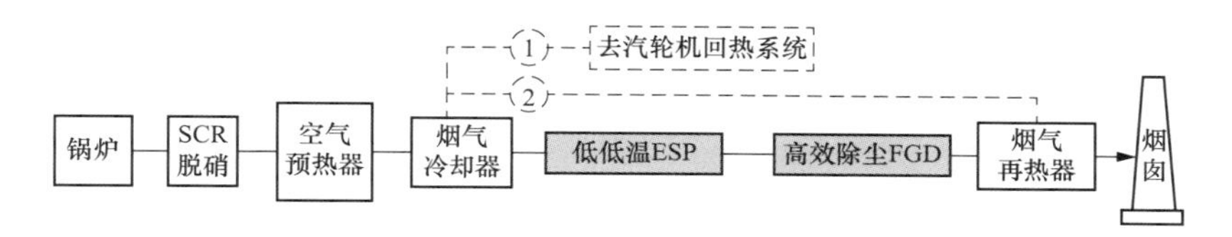

图 5-20　粉尘协同脱除路线示意图

高效除尘湿法 FGD 吸收塔，就是利用湿式石灰石-石膏法 FGD 工艺采用浆液洗涤的气液接触方式所具有的除尘效应，通过采用适当的技术措施和设计方案，同时也利用前端低低温电除尘器产生的粉尘粒径特性变化，使之具有较高的除尘效率。在喷淋塔内，气流中的烟尘主要靠喷淋液滴捕集。捕集机理主要有惯性碰撞、截留、布朗扩散等。喷淋塔在液滴直径一定的情况下，除尘效率的主要影响因素包括：烟尘特性、烟气流速、喷淋密度、浆液特性等。

（1）烟尘特性。对亲水性烟尘选用湿法除尘方法会取得较好效果。电厂烟尘主要成分是 SiO_2、Al_2O_3、Fe_2O_3 等，属于亲水性烟尘，因此喷淋塔工艺有利于烟尘去除。对于亲水性烟尘，影响烟尘去除的最大因素是烟尘的粒径。对于烟尘粒径大于 0.3μm 时，颗粒度越大，去除率越高，50μm 以上的颗粒基本上可以被全部去除。图 5-21 所示为粒径大于 0.3μm 时 FGD 除尘性能与烟尘粒径的关系。可以看出当粒径分布较大时，除尘效率较好；粒径分布减小时，除尘效率会大幅衰减。

对于有低低温电除尘器的情况，在脱硫塔入口烟气粉尘浓度相同的情况下，其粒径分布发生变化，总体粒径分布增大，从而改善了 FGD 吸收塔的除尘效果。图 5-22 所示为日本日立公司所做的低低温电除尘器与常规电除尘器出口颗粒粒径图。可以看出低低温电除尘器增大了粉尘颗粒粒径，因此可以有效地提高湿法 FGD 装置的除尘效率。

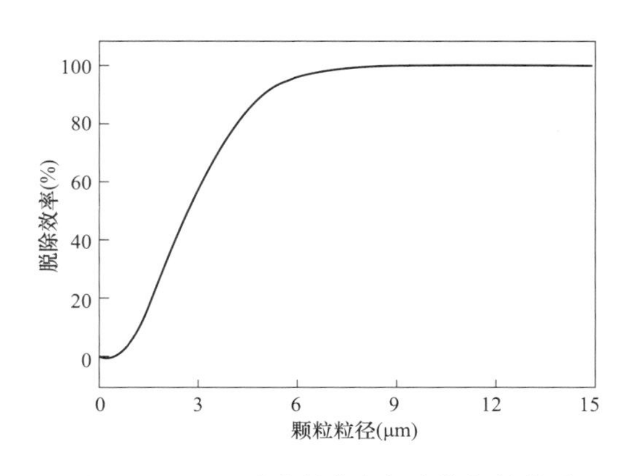

图 5-21　FGD 除尘性能与烟尘粒径的关系

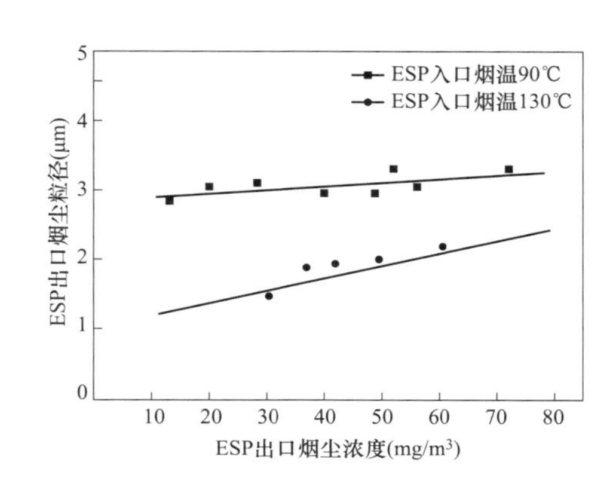

图 5-22　不同运行烟温下粉尘颗粒粒径

对于粒径大于 0.3μm 的尘粒，尘粒与水滴之间的惯性碰撞是最基本的除尘作用。粒径较大和密度较大的尘粒具有较大的惯性，便脱离气流和流线保持其原来方向运行而碰撞到液滴，从而被液滴捕集。对于粒径小于 0.3μm 的尘粒，布朗扩散是一个很重要的捕集因素。此时，在气体分子的撞击下，微粒像气体分子一样，做复杂的布朗运动，尘粒的运动轨迹与气流流线不一致而沉积在液滴上。尘粒越小，布朗扩散越强烈，在水滴粒径与速度一定时，烟尘粒径越大，布朗运动时所具有的动能越大，水滴越不易于捕集。因此烟尘粒径在此区域，粒径越大，除尘效率越低。烟尘的密度对除尘效率的影响与烟尘粒径是相关的，烟尘粒径越小，尘粒的堆积密度也越小，因此捕集越困难，除尘效率越低。

（2）烟气流速。因为微小尘粒和水滴在空气中均存在环绕气膜现象，尘粒与水滴在空气中必须冲破环绕气膜才能接触凝并，为此尘粒与水滴必须具有足够的相对速度。为了提高除尘效率，特别是惯性除尘效率，需要提高水滴与气流的相对速度，除尘效率随烟气流速的增加而提高。在逆流喷淋塔中，如果气体的上升速度大于液滴的末端沉降速度，液滴将会被气流带走，故喷淋塔有一个气速上限。为使脱硫喷淋塔有高效除尘作用，建议塔内烟气流速设计不要超过 3.5m/s。

（3）浆液喷淋密度。就截留机制而言，在喷淋量一定的情况下，喷出的水滴越细（即液滴直径越小），则塔截面上有液滴通过的部分越多，喷淋密度也越大，因而尘粒与液滴接触并被捕集的机会也越多。因此，当烟气流速一定时，除尘效率与喷淋密度呈正相关性。当喷淋量增加时（即液气比增加），不同直径尘粒的分级除尘效率均增加，因此适当增加液气比可使脱硫塔除尘效率增加。

（4）浆液特性。吸收塔喷淋的浆液主要由石膏（$CaSO_4 \cdot 2H_2O$）溶液和少量其他固体微粒组成。固粒的粒径很小，约为 60μm，有利于喷淋雾化，得到更细的喷雾液滴，增强对烟气中尘粒的捕集。同时，在适当的运行控制条件下，喷淋吸收工艺产生的石膏结晶良好，副产品没有微细的黏结物，这有利于除雾器对烟气携带的浆液的去除，避免了“二次携带”。

（5）除雾器的除雾效果。除喷淋层区域发生烟尘的洗涤作用外，除雾器对烟尘（含浆液固体物）也有很强的洗涤作用。高效的除雾器，如吸收塔上部两级屋脊式除雾器再增加一级管式除雾器，可以均匀流场分布，并除去大部分大液滴，减轻了屋脊除雾器的除雾负担，从而提高整个除雾器的效率。在除雾器拦截作用下，水分中的循环浆液固体物质和烟尘返回浆液池。高效除雾器出口液滴含量可在 40mg/m^3（标况、干基、6%O_2），这就大大减少了烟气携带的吸收塔浆液固含物，减少了吸收塔除尘的负协同效应。

三、超净吸收塔技术

与常规的湿法吸收塔比较，高效除尘湿法吸收塔需要做以下改进：

（1）降低吸收塔内的烟气流速，一般不要超过 3.5m/s。

（2）采用增强气液接触的强化装置（如双托盘等，这同时也是提高脱硫效率的要求）。

（3）优化吸收塔喷嘴选型及喷嘴布置方案，尤其注意吸收塔周边的喷嘴布置设计。

（4）设置增效环，避免塔壁面处的烟气流短路。

（5）采用数模及物模手段优化吸收塔空气动力场设计。

（6）采用高效的吸收塔除雾器（常规要求出口雾滴浓度为 75mg/m³，高效除尘要求低于 40mg/m³ 甚至更低）。

（7）注重脱硫塔制造、安装精度，尤其是塔内件的制造、喷嘴布置定位的安装尺寸等。

采用 FGD 协同除尘的技术理念，在湿法 FGD 吸收塔的设计中充分考虑其除尘效应；减少出口雾滴携带的浆液量；同时脱硫效率要求的提高引起的设计变动如气液比的增大、脱硫增效装置的采用也对除尘效果有改善作用；在设计、制造、施工和验收等环节进行精细化控制，以最大限度地利用湿法吸收塔来除尘，从而减轻后续湿电的压力，或可直接达到 10mg/m³ 的要求。

超净吸收塔技术在一些 FGD 工程中得到应用，例如广东沙角 B 电厂 2×350MW 机组 MgO 湿法脱硫工艺，脱硫 GGH 出口净烟气 SO_2 稳定排放浓度不大于 35mg/m³（标态、干基、6%O_2）。实测结果表明 FGD 入口的烟尘浓度在 20mg/m³（标况、干基、6%O_2）条件下，出口烟尘浓度仅为 6.5mg/m³（标况、干基、6%O_2），达到排放限值（10mg/m³）要求，如图 5-23 所示。

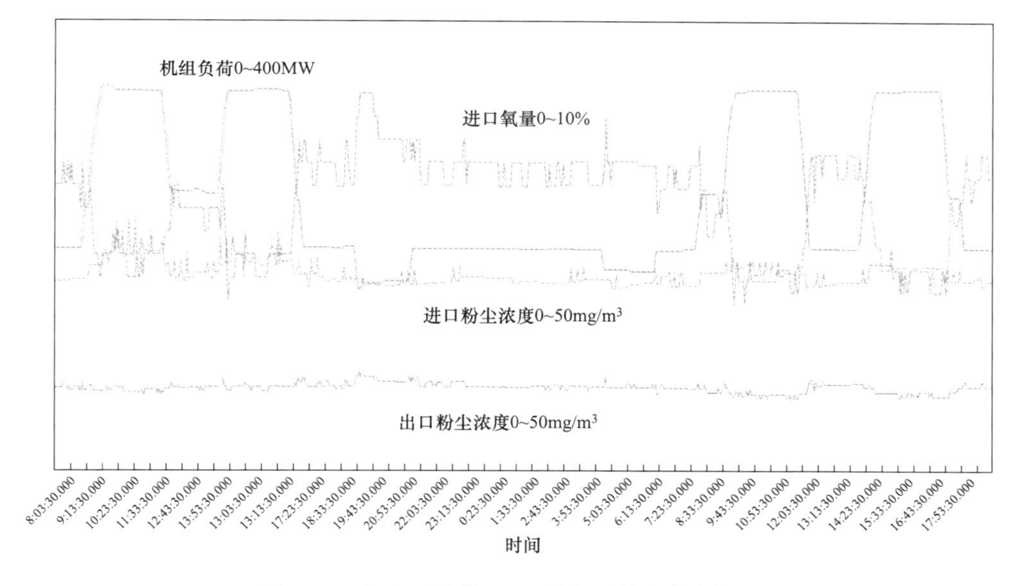

图 5-23　超净吸收塔 FGD 进出口粉尘浓度情况

四、FGD 协同除尘的技术方案

为了达到最新的环保政策要求的粉尘排放浓度小于 10mg/m³ 或小于 5mg/m³ 的目标，除可采用湿式电除尘器之外，也可在一定条件下采用协同治理的技术方案，达到燃煤电厂粉尘超低排放的目标。本部分推荐的烟尘排放浓度达到小于 10mg/m³ 或小于 5mg/m³ 水平的协同治理技术方案如图 5-24 所示。

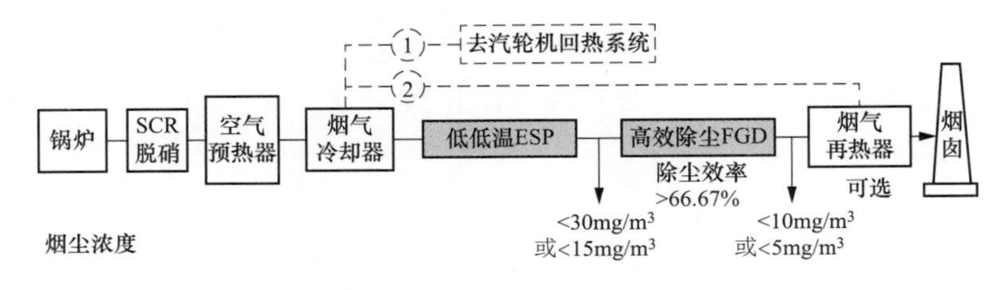

图 5-24　FGD 协同除尘技术方案

第六章 超低排放的技术路线

第一节 煤粉炉 SO_2 超低排放路线

如前所述，煤粉炉 SO_2 超低排放技术的选择与锅炉燃煤含硫率即 FGD 系统入口的 SO_2 浓度有直接关系。本部分将电厂的煤按收到基硫分分为 3 类：①低硫煤，$S_{ar}\leqslant 1.00\%$；②中硫煤，$1.00\%<S_{ar}\leqslant 2.00\%$；③高硫煤，$S_{ar}>2.00\%$。以此来选择 SO_2 超低排放的 FGD 技术。表 6-1 所示为推荐的不同含硫量煤种即 FGD 系统入口不同 SO_2 浓度时，到达超低排放时采用的 FGD 技术，对火电厂有很好的指导意义。

表 6-1　　基于 FGD 系统入口不同 SO_2 浓度的 FGD 超低排放技术

序号	FGD 系统入口 SO_2 浓度* (mg/m³)	所需脱硫率（%）	超低排放优先 FGD 技术
1	≤2212	约 98.42	常规多喷层吸收塔、托盘塔、旋汇耦合塔等，可设置 GGH
2	2213～4424	98.42～99.21	单塔双循环、双托盘塔，取消 GGH
3	>4424	>99.21	双塔双循环、高效吸收剂，取消 GGH

* 假定煤 $Q_{ar,net,p}$ 为 20.9MJ/kg（5000kcal/kg），K 取 0.85。

第二节 煤粉炉 NO_x 超低排放路线

目前国内外电厂锅炉控制 NO_x 技术主要有 2 种：一种是控制生成，主要是在燃烧过程中通过各种技术手段改变煤的燃烧条件，从而减少 NO_x 的生成量，即各种低 NO_x 技术；另一种是生成后的转化，主要是将已经生成的 NO_x 通过技术手段从烟气中脱除掉，如选择性催化还原法（SCR）、选择性非催化还原法（SNCR）。

在超低排放下，降低氮氧化物的技术原则如下。

（1）低氮燃烧器改造。常规低氮燃烧器约 75%的 NO_x 是在燃尽风区域产生的，低氮燃烧器是通过改造燃烧器，调整二次风和燃尽风的配比，增加燃尽风的比例，大幅度减少燃尽风区域产生的 NO_x，从而有效降低 NO_x 排放。

（2）脱硝催化剂增加备用层。催化剂加层是简单有效地提高脱硝效率、降低 NO_x 排放的方法，目前在各大电厂超低排放改造中广泛使用。通过增加催化剂和喷氨量，可以进一

步增加烟气中 NO_x 和氨的反应量，减少 NO_x 排放。

两种改造方式投资都比较高，相比之下，燃烧器改造的一次性投入大，而催化剂加层的运行成本很高，远期投资要比低低氮燃烧器大得多。低氮燃烧器改造用于四角切圆直流燃烧器的比较多，改造也都比较成功，而用于对冲布置的旋流燃烧器的案例较少，而且经常会带来屏式过热器结焦严重、超温等影响锅炉安全运行的问题，对于炉膛出口烟温和排烟温度较高、容易结焦的锅炉来说不太合适。

相比之下脱硝催化剂加层的效果是比较确定的，脱硝加层会带来100～150Pa的阻力增加，影响不大。但是单纯依靠加层和增加喷氨量来提高脱硝效率，将会带来氨逃逸的增多，同时 SO_2 转 SO_3 的数量也会增大。逃逸的 NH_3 与 SO_3 反应生成 NH_4HSO_4，该物质在150～190℃时为鼻涕状黏稠物质，增加的 NH_4HSO_4 可能会造成空气预热器差压上升甚至造成堵塞，影响空气预热器的运行效率和运行安全。

因此，综合上述分析，氮氧化物超低排放改造的技术路线如下：

（1）炉内采用先进的低氮燃烧器改造技术，有效控制炉内 NO_x 的生成；在锅炉高、低负荷时，优化燃烧器配风方式，保证燃烧器区域处于较低的过量空气系数，有效控制低负荷时 NO_x 的排放；通过大量燃烧调整试验，包括变氧量、变配风方式（SOFA、CCOFA风）、变磨煤机组合等方式，在保证锅炉效率和运行安全的前提下，尽量降低炉膛出口 NO_x 的浓度。

（2）采用SCR脱硝技术，根据超低排放的要求，增加催化剂的层数，满足氮氧化物排放要求；满足超低排放下氮氧化物稳定达标排放要求，需要对脱硝热工自动控制进行优化改进，主要优化内容为对脱硝系统保护逻辑进行优化，提高脱硝系统投运率；对 NO_x 生成端进行优化，减少锅炉侧 NO_x 的生成；NO_x 脱除端进行优化，提高脱硝侧 NO_x 控制水平。

（3）对于锅炉低负荷时，脱硝系统入口烟气温度达不到喷氨温度要求的实际情况，可以采用省煤器分级改造、高温烟气旁路、提高锅炉给水温度、旁路部分省煤器给水等技术手段。

第三节　粉尘超低排放路线

根据国内电除尘器应用现状及新技术研发和应用情况，为了实现超低排放的技术要求，我国现各燃煤电厂可通过电除尘器提效改造，结合WFGD系统及加装WESP来实现。

电除尘器改造可采用的主要技术有：电除尘器扩容、低温电除尘技术、旋转电极式电除尘技术、细颗粒物团聚长大预处理技术、高频高压电源技术、电袋复合除尘技术、袋式除尘技术、湿式电除尘技术等。除尘器提效改造技术路线可分为三大类：电除尘技术路线（包括电除尘器扩容、采用电除尘新技术及多种新技术的集成），袋式除尘技术路线（包括电袋复合除尘技术及袋式除尘技术），以及湿式电除尘技术路线。各改造技术的实施方法及主要技术特点如表6-2所示，各技术的综合比较如表6-3所示。

表 6-2　　各改造技术的实施方法及主要技术特点

可采用的改造方法	实施方法	主要技术特点
电除尘器扩容	增加电场有效高度，原电除尘器进、出口端增加电场，并可考虑加宽改造的可能性	（1）对粉尘特性较敏感，即除尘效率受煤、飞灰成分的影响； （2）对烟气温度及烟气成分等影响不敏感，运行可靠； （3）本体阻力低，一般在200～300Pa； （4）未能解决电除尘固有的技术瓶颈
低温电除尘技术	在电除尘器的前置烟道上或进口封头内布置低温省煤器	（1）烟气降温幅度为30～50℃，降低粉尘比电阻，减小烟气量，进一步提高电除尘器的除尘效率； （2）可节省煤耗及厂用电消耗，平均可节省电煤消耗1.5～4g/kWh，一般3～5年可回收投资成本； （3）每级低温省煤器烟气压力损失为300～500Pa； （4）对高硫分煤种存在腐蚀风险
旋转电极式电除尘器	将末电场改成旋转电极电场	（1）保持阳极板永久清洁，避免反电晕，有效解决高比电阻粉尘收尘难的问题； （2）显著减少二次扬尘，有效降低电除尘器出口烟尘浓度； （3）增加电除尘器对不同煤种的适应性，特别是高比电阻粉尘、黏性粉尘； （4）可使电除尘器小型化，占地少； （5）本体阻力低，一般在200～300Pa； （6）结构复杂，制造和安装工艺要求较高
微颗粒捕集增效技术（电凝并技术）	在前置烟道上布置微颗粒捕集增效技术装置	（1）减少烟尘总量排放； （2）可减少$PM_{2.5}$排放； （3）减少汞、砷等有毒元素的排放； （4）压力损失增加250Pa； （5）安装需要一定长度的进口烟道，提效受除尘设备出口排放和粉尘粒径影响
高频电源技术	将原常规电源改为高频电源	（1）可以有效提高脉冲峰值电压，增加粉尘荷电量，克服反电晕，提高电除尘器的除尘效率； （2）可为ESP提供从纯直流到窄脉冲的各种电压波形，可根据ESP的工况，提供最佳电压波形，达到节能的效果
电袋复合除尘技术	保留一个或二个电场，其余改为袋式除尘	（1）除尘效率高，对粉尘特性不敏感，但对烟气温度、烟气成分较敏感； （2）本体阻力较高，一般小于或等于1100Pa； （3）滤袋的使用寿命及换袋成本仍是电袋复合除尘器的一个重要问题，目前旧滤袋的资源化利用率较低
袋式除尘技术	将所有电场改为袋式除尘	（1）除尘效率高，对烟气温度、烟气成分较敏感； （2）本体阻力高，一般小于1500Pa； （3）滤袋的使用寿命及换袋成本仍是袋式除尘的一个重要问题；目前旧滤袋的资源化利用率较低
湿式电除尘技术（WESP）	在湿法脱硫后新增湿式电除尘器	（1）可有效脱除湿法烟气脱硫过程中形成的无机盐颗粒、SO_3酸雾及汞等污染物，烟尘排放浓度可达10mg/m³甚至5mg/m³以下； （2）本体阻力增加200～300Pa； （3）投资成本高

表 6-3　　各改造技术的综合比较

技术名称	提效幅度及适用范围	运行费用	应用业绩
电除尘器扩容	提效幅度受煤、飞灰成分和比电阻影响及场地限制	较低	多
低温电除尘技术	提效幅度有限，且受降温幅度限制，适用范围较广	3～5年可回收投资成本	一般

续表

技术名称	提效幅度及适用范围	运行费用	应用业绩
旋转电极式电除尘技术	提效幅度显著，适用范围较广	较低	较多
微颗粒捕集增效技术	提效幅度有限，且受烟道长度限制，适用范围较窄	低	少
高频高压电源技术	提效幅度有限，适用范围较广	有节能效果	多
电改袋式除尘	提效幅度显著，适用范围较广	高	一般
电改电袋除尘技术	提效幅度显著，适用范围较广	较高	多
湿式电除尘技术	烟尘排放浓度可达 $10mg/m^3$ 甚至 $5mg/m^3$ 以下，适用范围较窄	高（需与其他除尘设备配套使用）	少

对于既定的除尘设备出口烟尘浓度限值要求，电除尘器提效改造时需要优先分析煤种的除尘难易性及原有电除尘器的状况（以比集尘面积 SCA 和目前电除尘器的出口烟尘浓度为主要考虑因素），在考虑满足现有改造场地的前提下，以具备最佳技术经济性为原则来确定改造技术路线。同时要注意它的使用条件和适用范围，了解它的局限性。依据 2009～2010 年编制的《燃煤电厂电除尘器选型设计指导书》，对于除尘设备出口烟尘浓度限值为 20、$30mg/m^3$ 时改造技术路线选择可参考如下：

（1）煤种除尘难易性评价为“容易或较容易”时，优先采用电除尘技术路线；可对电除尘器扩容，或采用电除尘新技术和多种新技术的集成。

（2）煤种除尘难易性评价为“一般”时，宜通过可行性研究后选择除尘技术路线。

（3）煤种除尘难易性评价为“较难或难”时，优先采用袋式除尘技术路线。

（4）要求烟尘排放浓度小于或等于 $10mg/m^3$，且对 SO_3、雾滴、$PM_{2.5}$ 排放有较高要求时，可采用湿式电除尘技术路线。

目前，高效除尘器改造技术解决了原除尘器体积小、电源能力不足、振打系统不能长期稳定运行等造成的效率低下问题。采用低低温烟气换热器、电除尘本体改造、袋式除尘器以及布袋除尘器等技术，可使除尘器出口烟尘排放浓度控制到 20～$40mg/m^3$ 以下。

实施除尘器改造时，须遵循以下两个原则：

（1）原除尘器出口粉尘浓度大于 $50mg/m^3$ 时，升级改造后，除尘器出口粉尘浓度须小于 $30mg/m^3$。

（2）原除尘器出口粉尘浓度小于或等于 $50mg/m^3$ 时，升级改造后，除尘器出口粉尘浓度须小于 $20mg/m^3$。

1. 低低温烟气换热器

加装低低温烟气换热器使电除尘器入口烟气温度降至 90℃左右，可有效降低烟尘比电阻、降低电除尘器实际烟气流速、提高运行电压，进而提高电除尘器效率。

同步进行电除尘器提效改造技术时，可有效控制烟尘排放浓度为 20～$30mg/m^3$。研究表明，低低温换热器将烟气温度降低至 90℃时，已低于烟气酸露点温度，当烟尘浓度（mg/m^3）与 SO_3 浓度（mg/m^3）之比（灰硫比）大于 100 时，最高可使 95%以上的三氧化硫被烟尘吸附。实施改造后除尘器本体无腐蚀现象。

电除尘器除尘效率易受燃煤、飞灰特性、极板变形及振打退化影响，现高效除尘技术广泛采用电场小分区供电、烟气流场优化、高效清灰优化、配置高效电源，以及扩容改造等技术。

原电除尘器空间内可采用电场小分区供电、烟气流场优化、高效清灰优化、配置高效电源，并同步采用低低温换热器技术，在燃煤灰分低于15%，且燃煤及灰特性有利于电除尘器收集、电除尘器比集尘面积较大时可控制除尘器出口粉尘浓度为20～30mg/m^3；当超出30mg/m^{3}时，应考虑进行电除尘器扩容或其他技术改造。

（1）流场优化。电除尘器可采用均流技术达到优化其气流均布的目的，改造后应满足以下要求：烟气量偏差不大于±3%，烟气温度偏差不大于±5℃，除尘器内烟气流速均方根偏差小于0.2。

（2）小分区供电。电除尘器小分区供电可减少部分供电区的故障提高除尘效率。600MW以上机组电除尘器改造时，一、二电场应采用小分区供电，单台高压电源对应的极板面积不大于2500m^2；300MW及以下机组电除尘器改造时，采用前后分区形式的小分区供电，单台高压电源对应的极板面积不大于1500m^2。

（3）高效电源。电除尘器的高压供电电源主要有：高频电源、三相电源、软稳（恒流）电源和脉冲电源等。高频、三相电源和软稳（恒流）电源均可提高电场平均电压以增加电场强度，有利烟尘的收集；脉冲电源在保证基本的电场强度下通过叠加脉冲以增加烟尘荷电。

改造中，高频电源、三相电源一般应用于前级电场；脉冲电源应用于后级电场。

（4）高效清灰优化。电除尘器设计中，通过振打结构和扬尘控制的优化设计，必要时采用关断振打技术或转动电极技术等有效控制电除尘器振打的二次扬尘。电除尘器前加装了低低温烟气换热器，烟气温度较低，烟尘易凝聚在极板、极线上，需增加振打力以有效清灰。

（5）扩容改造。由于原电除尘器出口的烟尘浓度一般设计为100～200mg/m^3，其电除尘器设计比集尘面积一般小于80m^2/(m^3/s)［通过低低温电除尘器改造其比集尘面积仍小于100m^2/(m^3/s)以下］；当要求电除尘器出口烟尘浓度在20～30mg/m^3、燃煤灰分大于15%，且燃煤及灰特性不利于电除尘器收集时，需扩建电场，增加电除尘器的比集尘面积。

扩建电场的经济损失及投资费用比湿式除尘器大时，可先根据上述其他措施将电除尘器出口粉尘排放浓度降至最小，综合考虑烟气协同治理后烟尘排放浓度是否达标后，根据实际情况确定是否建湿式除尘系统。

2. 布袋除尘技术

正常情况下，布袋除尘器出口烟尘排放浓度不受燃煤和烟尘特性的影响，特别是针对高比电阻烟尘及微细烟尘，通过流场及结构优化设计、布袋滤料选择等，可控制除尘器出口烟尘排放浓度在20mg/m^{3}以下，系统阻力约为1200～1500Pa。除尘器空间越大，流速越低，系统阻力越小，改造时应充分提供场地及空间。但袋式除尘存在维护费用高、旧滤袋无法达到资源化利用等缺点。

在布袋除尘器前加装低低温换热器时，应根据布袋滤料规范要求，合理确定低低温换热器出口烟气温度。

3. 电袋除尘技术

电袋复合除尘器技术通常保留一级电场，其余电场改造为布袋除尘器，烟气中80%左右的烟尘在电场内被荷电收集下来，剩余烟尘随烟气进入布袋收尘区。改造后，可控制除尘器出口烟尘排放浓度在20mg/m³以下，系统阻力约为800～1000Pa。除尘器空间越大，流速越低，系统阻力越小。但存在维护费用高、旧滤袋无法达到资源化利用等缺点。

在电袋除尘器前加装低低温换热器时，应根据布袋滤料规范要求，合理确定低低温换热器出口烟气温度。

4. 湿法脱硫协同高效除尘技术

石灰石-石膏湿法脱硫系统协同除尘技术如下：

（1）通过脱硫塔托盘及旋流耦合等技术，利用浆液洗涤等作用提高烟尘协同去除能力。

（2）提高喷淋量及喷淋面积覆盖率。

（3）采用高效除雾器或高效管式除雾器技术；综合使用协同除尘效率达到70%以上。

（4）抑制细小石膏晶粒形成、优化塔流场结构减少脱硫浆液液滴夹带，以抑制颗粒物二次形成。

对于脱硫塔出口烟尘排放浓度需小于5mg/m³的机组，脱硫塔除雾器后的烟气雾滴携带量须控制在20mg/m³以下。

采用湿法脱硫协同高效除尘技术，当烟尘排放限值需低于5mg/m³时，湿法脱硫装置的除尘效率应不低于70%，脱硫塔入口烟尘浓度宜小于20mg/m³，一般应小于15mg/m³。

5. 湿式除尘器技术

湿式电除尘器通过电场力使湿烟尘颗粒、浆液滴、酸雾等细微颗粒物荷电，荷电后的细微颗粒物会被吸附到阳极壁上，达到烟气最后一步除尘除雾功能。湿式电除尘器内烟气流速越低，越有利于细微颗粒物的捕集，除尘效率越高。湿式除尘器烟气流速在2.5m/s时固体颗粒（烟尘及浆液滴）除尘效率可达85%左右，酸雾脱除率可达60%以上。目前，湿式除尘器阳极采用导电玻璃钢、金属板等技术，入口烟尘浓度不超过20mg/m³时，可控制烟尘排放浓度不超过5mg/m³。

湿式电除尘器适用的情况如下：

（1）地方政府要求烟尘排放小于5mg/m³，通过除尘设备及湿法脱硫设备改造难度大或费用很高、烟尘排放达不到标准要求时。

（2）通过技术经济性比较后，采用湿式除尘器有较好经济性时。

（3）粉尘浓度达到10mg/m³以下，可以采用FGD协同除尘技术，不用采用湿式电除尘技术；粉尘浓度达到5mg/m³以下，需要采用湿式电除尘技术。

第四节　循环流化床（CFB）锅炉超低排放路线

一、CFB锅炉SO_2超低排放

如第二章所述，CFB锅炉可以通过炉内加石灰石来进行脱硫，但对于达到SO_2小于

$35mg/m^3$ 的超低排放要求，推荐采用“炉内脱硫＋尾部湿法 FGD”的技术，而不采用干法或半干法技术。只有在特殊条件下，如严重缺水或寿命短的老机组、采用半干法脱硫又能满足当地环保要求的，才考虑选用半干法烟气脱硫技术。

二、CFB 锅炉 NO_x 超低排放

大部分 CFB 锅炉的运行床温控制在 850～950℃，可实现低温燃烧和分级燃烧，在合适的运行参数下，NO_x 的排放浓度可控制在 $200mg/m^3$ 以下。但也有部分挥发分较高的煤种以及运行床温较高的 CFB 锅炉，NO_x 排放浓度可达到 $400mg/m^3$，满足不了超低排放要求，需要加装尾部烟气脱硝系统。目前在电厂控制 NO_x 排放的主要方法有选择性非催化还原 SNCR、选择性催化还原 SCR 等。

SNCR 的主要优点是技术简单，运行费用低；缺点是对温度依赖性强。对煤粉炉来说，大部分脱硝率只有 30％左右，这是因为在煤粉锅炉中还原剂的穿透深度较长，无法保证还原剂与烟气达到最佳的混合，另外反应时间也较短。但对于 CFB 锅炉，情况有所不同：①CFB 锅炉的 NO_x 初始排放浓度因其低温燃烧和分级燃烧方式而相对较低，较低的燃烧温度使得热力型 NO_x 与燃料型 NO_x 大量减少。②CFB 锅炉具有一个非常有效的还原剂喷入点和混合反应器——旋风分离器，旋风分离器内温度一般在 850℃左右，正处于 SNCR 反应温度范围之内；分离器内的烟气扰动强烈且流动路径较长，利于喷入的还原剂和烟气之间迅速而均匀地混合和还原剂在反应区获得较长停留时间，从而保证了更高的脱硝效率。目前已有大量的 SNCR 系统在 CFB 锅炉中应用，如秦皇岛秦热发电有限责任公司 2×300MW 机组、华能白山煤矸石发电有限责任公司 2×330MW 机组、国华宁东 2×330MW 机组、江苏徐矿综合利用发电有限公司 2×300MW 机组等，SNCR 装置的脱硝效率可以保证在 50％以上，甚至高达 80％以上。

SCR 技术的 NO_x 的脱除率可达 80％～95％，目前我国绝大多数电厂将 SCR 技术作为控制 NO_x 的主要手段，目前 SCR 一般是高飞灰布置，即电除尘器之前。对燃用高灰煤的 CFB 锅炉，飞灰有一定程度的磨损性，其中的一些有害物质也会导致催化剂中毒，降低脱硝效率，同时烟气中的 SO_3 在会与 SCR 反应中逃逸的氨反应，生成 NH_4HSO_4。而 NH_4HSO_4 是一种黏性很大的物质，会附着在催化剂上，隔绝催化剂与烟气，使得反应无法进行，并使尾部空气预热器严重堵塞。对此可通过选取合适的催化剂节距、壁厚等，以及运行中控制氨逃逸、声波吹灰和蒸汽吹灰联合使用来满足高灰条件的要求。

对于 CFB 锅炉 NO_x 的超低排放，单纯的 SNCR 有时还难以满足要求。例如当原始 NO_x 的排放浓度为 $200mg/m^3$ 时，要达到 $50mg/m^3$ 的要求，至少需要 75％的脱硝效率，SNCR 不一定能保证。这时可以采用 SNCR＋SCR 混合法，即将 SNCR 工艺的还原剂氨（或尿素）喷到旋风分离器入口，逃逸的氨可在 SCR 催化剂反应，进一步脱除 NO_x。它是把 SNCR 工艺的低费用特点与 SCR 工艺的高脱硝率进行有效结合的一种扬长避短的混合工艺，特别适合现有 CFB 锅炉脱硝的分步实施。即先安装 SNCR 工艺，当环保要求越来越严格后，再安装 SCR 装置。对于新建大型 CFB 锅炉，建议将 SNCR 作为常规配置，而至少

要在尾部预留“1+1”SCR催化剂的空间。当SNCR满足不了环保要求时，再安装1层SCR装置，当催化剂的活性降低或者要求更高的效率时，布置第2层催化剂。

三、CFB锅炉烟尘超低排放技术分析

与煤粉炉一样，采用常规的电除尘器技术以及电除尘新技术，包括低低温电除尘技术、新型高压电源和控制技术、移动电极电除尘技术、机电多复式双区电除尘技术、烟气调质技术、粉尘凝聚技术等，除尘器出口烟尘排放或许可达到20mg/m^{3}重点地区的环保要求。而即使采用电袋复合除尘或纯袋式除尘器，烟尘排放还是难以达到5mg/m^{3}的超低排放要求，此时必须采用湿式电除尘器（WESP）技术。WESP通过在除尘器上部设的喷水系统，将水雾喷向电场，水雾在强大的电晕场内荷电后分裂进一步雾化，电场力、荷电水雾的碰撞拦截、吸附凝并，共同对粉尘粒子起捕集作用，最终粉尘粒子在电场力的驱动下到达收尘极而被捕集。水在收尘极上形成连续的水膜，将捕获的粉尘冲刷到灰斗中随水排出。

因此对CFB锅炉，采用干式除尘器先将湿法吸收塔入口烟尘控制在30mg/m^{3}以下，而吸收塔设计要求不增加烟尘含量即可，最后只需通过1个电场的WESP，使烟尘排放浓度达到5mg/m^{3}以内的超低排放要求。对于新建CFB锅炉，即使暂不上WESP，尾部烟道上也一定要预留WESP装置的空间。

综上所述，本部分提出的CFB锅炉超低排放技术路线如图6-1所示，即采用“SNCR+SCR脱硝技术+尾部湿法FGD技术+湿式电除尘器技术”，这是必然趋势。

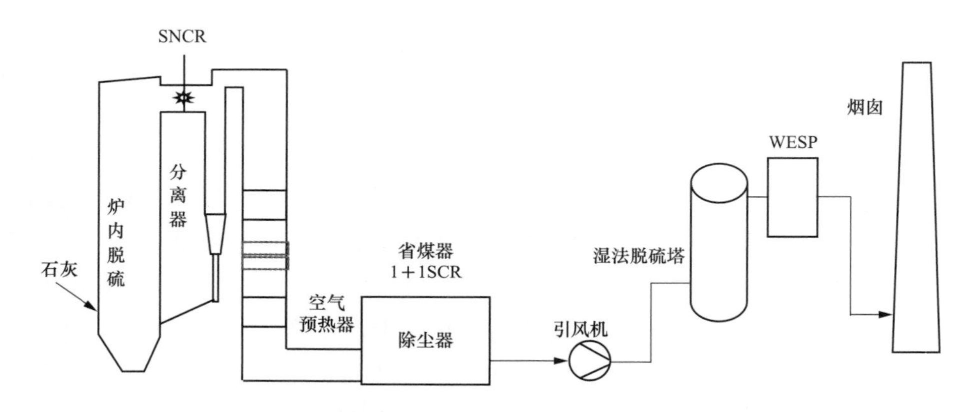

图6-1 基于湿法FGD的CFB锅炉协同控制超低排放术路线示意

第五节 超低排放总体技术路线

一、煤粉锅炉超低排放总体路线

（1）煤粉锅炉SO_2超低排放路线见表6-4。

表 6-4　　基于 FGD 系统入口不同 SO_2 浓度的 FGD 超低排放技术

序号	FGD 系统入口 SO_2 * 浓度（mg/m^3）	所需脱硫率（%）	超低排放优先 FGD 技术
1	≤2212	约 98.42	常规多喷层吸收塔、托盘塔、旋汇耦合塔等，可设置 GGH
2	2213～4424	98.42～99.21	单塔双循环、双托盘塔，取消 GGH
3	＞4424	＞99.21	双塔双循环、高效吸收剂，取消 GGH

*　假定煤 $Q_{ar,net,p}$ 为 20.9MJ/kg（5000kcal/kg），K 取 0.80。

（2）煤粉锅炉 NO_x 超低排放路线如下。

1）炉内采用先进的低氮燃烧器改造技术，有效控制炉内 NO_x 的生成；在锅炉高、低负荷时，优化燃烧器配风方式，保证燃烧器区域处于较低的过量空气系数，有效控制低负荷时 NO_x 的排放；通过大量燃烧调整试验，包括变氧量、变配风方式（SOFA、CCOFA 风）、变磨煤机组合等方式，在保证锅炉效率和运行安全的前提下，尽量降低炉膛出口 NO_x 的浓度。

2）采用 SCR 脱硝技术，根据超低排放的要求，增加催化剂的层数，满足氮氧化物排放要求；满足超低排放下氮氧化物稳定达标排放要求，需要对脱硝热工自动控制进行优化改进。主要优化内容为：对脱硝系统保护逻辑进行优化，提高脱硝系统投运率；对 NO_x 生成端进行优化，减少锅炉侧 NO_x 生成；NO_x 脱除端进行优化，提高脱硝侧 NO_x 控制水平。

3）对于锅炉低负荷时，脱硝系统入口烟气温度达不到喷氨温度要求的实际情况，可以采用省煤器分级改造、高温烟气旁路、提高锅炉给水温度、旁路部分省煤器给水等技术手段。

（3）煤粉锅炉粉尘超低排放路线如下。

1）对电除尘本体扩容，采用新型电源（但提效幅度有限，需要结合其他技术配套使用，较适宜于原有电除尘出口浓度与标准相比超出不多的场合），降低脱硫塔入口粉尘浓度。同时，在脱硫塔出口加装湿法电除尘器，以进一步降低粉尘、液滴和石膏的排放，满足总体粉尘排放要求。该改造路径工程造价较高、但性能稳定、可靠性高。

2）如果原电除尘器排放浓度较高，则需要先采用移动电除尘、电袋改造和袋式除尘器进行改造，将脱硫塔入口粉尘浓度降低至 $20mg/m^3$ 以下。同时，根据自身脱硫塔的性能进行除雾器改造，对于部分机组，也可实现机组整体粉尘排放浓度达到超低排放的要求。该改造路径工程造价与第 1）条相当，性能也比较稳定。

3）通过加装低温、低低温电除尘提效装置，同时在湿法脱硫塔的出口加装两电场的湿式电除尘器，将其效率提高至 85%以上，也可实现超低排放。该改造路径工程造价最高，同时入炉煤质变化大时，对脱硫塔的影响较大，性能的稳定性也受一定影响。

4）粉尘浓度达到 $10mg/m^3$ 以下，可以采用 FGD 协同除尘技术，不用采用湿式电除尘技术；粉尘浓度达到 $5mg/m^3$ 以下，需要采用湿式电除尘技术。

二、CFB 锅炉超低排放总体路线

CFB 锅炉超低排放总体技术路线如下：

（1）CFB 锅炉的 SO_2 超低排放要采用炉内脱硫＋尾部湿法烟气脱硫技术，无论对于老电厂还是新建电厂，都不要采用干法和半干法烟气脱硫技术。

（2）CFB 锅炉的 NO_x 超低排放要采用 SNCR＋SCR 联合脱硝技术，对于新建 CFB 锅炉，至少要预留 1＋1 的 SCR 装置空间。

（3）CFB 锅炉的烟尘超低排放要采用干法除尘器、湿法脱硫及湿式电除尘器协同控制技术。对于新建 CFB 锅炉，至少要在湿法吸收塔后预留湿式电除尘器的空间。

第七章

火电厂超低排放技术工程实践

第一节 300MW 机组超低排放的工程实践

一、电厂概述

广州华润热电有限公司成立于2006年1月，是华润电力旗下的全资子公司，其位于广州“南拓”战略的龙头“南沙国家级经济技术开发区”，处于珠三角的地理几何中心。南沙区位于广州市番禺区的东南部，地处珠江出海口水道西岸，水路距香港70.4km，距澳门76km，陆路距广州54km，东与东莞市虎门镇隔海相望，西与中山市、顺德区接壤，处于穗港澳金三角的中心和正在建设的穗港澳高速公路的交汇处，是珠江三角洲对外沟通的重要中转枢纽，是连接珠江三角洲东西两翼各县市和港澳地区的客货运中心。公司2×300MW燃煤供热机组，分别于2009年10、12月投产，图7-1所示为南沙电厂总貌。锅炉采用上海锅炉股份有限公司生产的亚临界参数、自然循环汽包炉，汽轮机采用东方电气集团330MW汽轮机，发电机为上海电气集团生产制造。

图7-1 南沙电厂总貌

锅炉型式为：亚临界参数、自然循环、四角切向燃烧方式、一次中间再热、单炉膛平衡通风、固态排渣、采用露天布置、全钢构架的Π型汽包炉，三分仓回转式空气预热器。表7-1所示为锅炉主要参数，设计煤质见表7-2。

表 7-2　锅炉主要参数

锅炉型号	单位	SG1100-17.5/540M	
工况	—	BMCR	TRL
锅炉最大连续蒸发量	t/h	1100	1028.4
过热器出口蒸汽压力	MPa	17.50	17.35
过热器出口蒸汽温度	℃	540	540
再热蒸汽流量	t/h	905.29	845.24
再热器进口蒸汽压力	MPa	3.938	3.672
再热器出口蒸汽压力	MPa	3.738	3.481
再热器进口蒸汽温度	℃	332.4	324.8
再热器出口蒸汽温度	℃	540	540
给水温度	℃	279	274.5

表 7-2　设计煤质分析资料

项目	符号	单位	设计煤种	校核煤种
干燥无灰基挥发分	V_{daf}	%	28.0	37.15
空气干燥基水分	M_{ad}	%	2.85	7.22
收到基灰分	A_{ar}	%	25.09	20.19
全水分	M_t	%	10.45	9.0
收到基碳	C_{ar}	%	53.41	55.26
收到基氢	H_{ar}	%	3.06	3.31
收到基氧	O_{ar}	%	6.64	10.75
收到基氮	N_{ar}	%	0.72	1.08
收到基硫	$S_{t,ar}$	%	1.0	1.2
收到基低位发热量	$Q_{net,ar}$	MJ/kg	22.934	21.080
变形温度、	DT	℃	1110	1400
软化温度	ST	℃	1200	1450
流动温度	FT	℃	1280	1500
可磨性指数	HGI	—	57.4	57

2014 年 6 月，国家发改委下发《关于下达 2014 年煤电机组环保改造示范项目的通知》（国能综电力〔2014〕518 号文件），要求广州华润热电有限公司 1 号机等十三个燃煤机组进行“超低排放”环保示范改造。同时，广东省环保厅、发改委提出燃煤电厂主要大气污染物“趋零排放”的目标，广州市政府也提出按照国家、省对重点地区“燃气轮机大气污染物特别排放限值”的标准对市燃煤电厂进行“超洁净排放”改造，要求广州华润热电有限公司开展 1 号机组“超洁净排放”示范工程，实施“50355”工程（见穗能源办〔2014〕1 号文件），使电厂大气污染物排放浓度达到：氮氧化物 50mg/m^3 以下、二氧化硫 35mg/m^3 以下、烟尘 5mg/m^3 以下。公司于 2014 年初启动 1 号机组“超洁净排放”改造工作，3～7 月进行了机组“超洁净排放”改造工程，2014 年 7 月 21 日随 1 号机组大修后投入运行。“超洁净排放”改造主要工作有脱硫增容改造、高频电源改造、湿式电除尘器改造、脱硝空气预热器改造、脱硝流场及喷氨优化、脱硝催化剂单元加装、钛复合板烟囱改造、

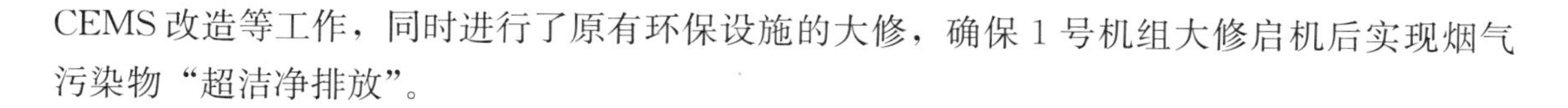

CEMS 改造等工作，同时进行了原有环保设施的大修，确保 1 号机组大修启机后实现烟气污染物“超洁净排放”。

二、项目科研成果现场应用

华润南沙电厂在超低排放改造中，利用了如下研究成果：

（1）采用了煤粉炉 SO_2 超低排放技术路线中提出的“基于 FGD 系统入口不同 SO_2 浓度的 FGD 超低排放技术”，电厂实际改造路线为：采用单回路喷淋塔设计、一炉一塔布置，无烟气旁路、无 GGH。

（2）采用了煤粉炉 NO_x 超低排放技术路线中提出的“对脱硝系统保护逻辑进行优化，提高脱硝系统投运率；对 NO_x 生成端进行优化，减少锅炉侧 NO_x 生成；NO_x 脱除端进行优化，提高脱硝侧 NO_x 控制水平”。电厂实际改造路线为：脱硝空气预热器改造、脱硝流场及喷氨优化、脱硝催化剂单元加装，在脱硝系统进行了热工优化控制优化技术改造，完全采用了该科研项目研究成果。

（3）采用了煤粉炉粉尘超低排放技术路线中提出的“粉尘浓度达到 $10mg/m^3$ 以下，可以采用 FGD 协同除尘技术，不用采用湿式电除尘技术；粉尘浓度达到 $5mg/m^3$ 以下，需要采用湿式电除尘技术”。电厂实际改造路线为：高频电源改造、湿式电除尘器改造。

图 7-2 所示为超低排放技术流程总览。

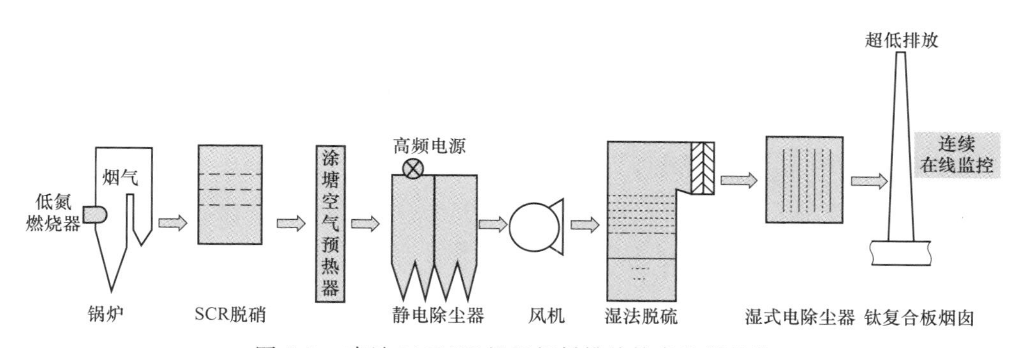

图 7-2　南沙 300MW 机组超低排放技术流程总览

三、SO_2 超低排放实践

（一）原 FGD 系统

原 FGD 装置采用石灰石-石膏湿法工艺，由武汉凯迪电力环保有限公司承包建设，采用单回路喷淋塔设计、1 炉 1 塔布置，无烟气旁路、无 GGH，处理 100％烟气量。设计煤种含硫率为 1.0％时，SO_2 脱除率不低于 95.66％，FGD 出口烟气 SO_2 浓度小于 $92mg/m^3$（干态、6.0％O_2）。当烟气温度达到 160℃时将保证不少于 30min 的安全运行。

1. SO_2 吸收系统

原吸收塔包括一个托盘（烟气分配装置，开孔率约为 35％），3 层喷淋装置，每层喷淋装置上布置有 76 个空心锥喷嘴，单个喷嘴流量为 $50.8m^3/h$，喷嘴进口压头为 82.7kPa。每层喷淋层配置 1 台浆液循环泵，共有 3 台浆液循环泵。

喷淋层上部布置有两级除雾器。在一级除雾器的上、下，二级除雾器下各布置一层清洗喷嘴。吸收塔浆液池上有 4 台侧进式搅拌器。

每套吸收塔的氧化空气系统由 3 台罗茨式氧化风机（2 运 1 备）及氧化空气分布系统组成。氧化空气分布系统含 4 根喷枪及相应的管道、阀门。

2. 烟气系统

烟气系统共包括 2 台静调增压风机、2 个入口原烟气挡板、2 个出口净烟气挡板及相应的烟道和膨胀节等。烟气系统不设置烟气加热器，通过对烟囱钢内筒贴衬玻璃砖防止烟气低温腐蚀。

吸收塔入口烟道（原烟气冷凝和浆液溅滴区）由耐高温耐腐蚀的 6mm 碳钢贴衬 2mm 厚 C276 合金钢板制作，烟道长度离塔壁最短边至少 1.2m，其他原烟气钢烟道不考虑防腐。净烟气钢烟道衬鳞片防腐。膨胀节及所有挡板的选材均防腐。

3. 石灰石浆液制备系统

石灰石粉仓按两套脱硫系统耗量的150％考虑，即 2×6.5t/h。包括 2 台卸料斗装置、1 台布袋除尘器、2 套计量给粉装置，1 座可满足 2 台炉脱硫 3 天用量的石灰石粉仓及一套粉仓气化装置，气化装置用风机设 2 台，1 运 1 备。

两套 FGD 装置设一座 $\phi6\times5.5m$ 的石灰石浆液箱，其容积为 $150m^3$。全套包括搅拌器和搅拌器需要的连接管、进料出料、溢流和排水管、料位控制、检查孔等。

每台炉设 2 台 100％容量石灰石浆液泵（1 运 1 备），每台出力为 $30m^3/h$，扬程为 38m，共 4 台（2 台备用）。

4. 石膏脱水系统

石膏脱水系统包括：一级脱水系统 4 台石膏排出泵（2 运 2 备）、2 台石膏旋流站；二级脱水 1 台废水旋流器、2 台真空皮带过滤机及相应的泵、箱体、管道、阀门等。其中每炉设置一套石膏旋流器，每台处理量为 $51m^3/h$。2 台真空皮带过滤机，每台真空皮带过滤机出力为 11t/h，过滤面积为 $12m^2$，石膏被脱水后含水量降到 10％以下，并对石膏滤饼进行冲洗以去除氯化物，从而保证石膏的品质。冲洗水排至滤液箱。

5. 工艺水系统等

脱硫岛设有冲工艺箱 1 座，容积为 $50m^3$。该水箱配有 2 台除雾器冲洗水泵（1 运 1 备）和 2 台工艺水泵。设有工业水箱 1 座，容积为 $25m^3$。该水箱配有 2 台工业水泵（1 运 1 备）。工业水主要用于滤饼冲洗水、氧化风机冷却水、真空泵密封水、增压风机电机冷却水。

排放系统有：1 个事故浆液箱及 1 台顶进式搅拌器，1 台事故浆液箱泵，排水坑（包括 2 个吸收塔区排水坑、1 个石膏脱水区排水坑），每个排水坑设置 1 台搅拌器、1 台排水泵。

原 FGD 废水系统采用钙法三集箱工艺，废水旋流器溢流直接进入反应箱。澄清池底部污泥通过污泥输送泵排放至真空带式过滤机进行脱水处理。处理后的泥饼含水率约 50％，泥饼混合在石膏里外用。

脱硫废水引自废水旋流器并自流到废水接收箱。每台 FGD 废水排放量为 $4m^3/h$、并在旋流器出水管上安装控制阀，以控制废水排放量。2 台机组 FGD 废水处理系统处理水量为 $10m^3/h$。每个箱体都设置了旁路，所有泵按 100%安装备用。污泥脱水系统的污泥运至干灰场储存。处理后废水就近排放至电厂高含盐量工业废水检查井。

表 7-3 所示为原锅炉 BMCR 工况烟气中污染物成分（标准状态、干基、6%O_2），设计 FGD 出口烟气 SO_2 小于 $92mg/m^3$（干态、6.0%O_2）。

表 7-3　　原锅炉烟气中污染物成分

项目	单位	设计煤质	校核煤质
SO_2	mg/m^3	2099	2893
SO_3	mg/m^3	≤150	≤150
Cl(HCl)	mg/m^3	≤80	≤80
F(HF)	mg/m^3	≤25	≤25
烟尘浓度（FGD 入口）	mg/m^3	≤150	≤150

（二）超低排放 FGD 系统

该次脱硫增容改造，由福建龙净环保股份有限公司 EPC 总承包，采用抬高现有脱硫吸收塔、增加两层喷淋层、改造原吸收塔托盘、更换脱硫除雾器、加大脱硫辅助系统出力的脱硫增容改造技术方案。结合电厂近两年的煤质状况并考虑未来的煤种来源，并综合考虑现有烟气参数，当燃用含硫量 1.5%的设计煤种时，入口 SO_2 浓度达 $4505mg/m^3$（标态、干基、6%O_2）。脱硫效率大于或等于 98.89%，出口二氧化硫排放浓度低于 $50mg/m^3$，在燃用实际煤种（含硫 1.2%）时，出口排放浓度低于 $35mg/m^3$。改造 FGD 系统设计入口烟气条件见表 7-4。

表 7-4　　改造 FGD 系统设计入口烟气条件

项目	单位	数据（干基）	项目	单位	数据（干基）	备注
锅炉 BMCR 工况烟气成分						
SO_2	kg/h	4348	SO_2（6%O_2、干基、标态）	mg/m^3	4505	（设计煤种）
N_2	vol%	78.31	SO_3	mg/m^3	70	（设计煤种）
O_2	vol%	6.78	HCl	mg/m^3	80	（设计煤种）
CO_2	vol%	14.76	HF	mg/m^3	25	（设计煤种）
H_2O	vol%	11.46	ASH	mg/m^3	150	（设计煤种）

锅炉 BMCR 工况烟气参数			
锅炉 BMCR 工况烟气参数	每台炉	设计煤质	
FGD 入口烟气量	m^3/h	1639151	实际状态
	m^3/h	1018107	标态、干基、6%O_2
	m^3/h	1149871	标态、湿基、6%O_2
FGD 入口烟气温度	℃	115.9	正常值
FGD 入口烟气压力	Pa	0	BMCR 工况

主要改造内容如下：吸收塔浆池区抬高6m，喷淋区抬高4m。在原吸收塔上增加两层喷淋层，每层间距1.7m。改造后的吸收塔仍为喷淋空塔，吸收塔内部浆液喷淋系统由分配管网和喷嘴组成，每塔新增两台浆液循环泵，新增循环泵单台流量按照6000m^3/h设计。

原吸收塔氧化空气管为喷枪式，吸收塔搅拌器起到“打散”氧化空气，使其与浆液均匀混合的作用；现氧化空气管改为管网式分布，搅拌器的作用仅为扰动底部浆液、防止沉积，所需电动机功率变小，吸收塔搅拌器完全利旧。

原吸收塔现平板式除雾器更换为两级屋脊式除雾器，采用原装进口产品。利旧吸收塔原3台氧化风机，同时新增1台罗茨氧化风机，在BMCR设计工况下，实现3运1备。

原石灰石供浆泵进行变频改造。原事故浆液箱有效容积无法满足改造后的要求，该次改造新增1台事故浆液箱，规格为$V=1000m^3$，$\phi10.5m\times12m$，配套1台顶进式搅拌器，改造后的事故浆液箱总有效容积不小于1620m^3。新增1台事故浆液返回泵，2台泵的总流量按15h内返回所有浆液考虑。

图7-3　1号吸收塔改造后总貌

该次改造拆除原两台除雾器冲洗水泵，新增3台变频除雾器冲洗水泵，变频器由甲方提供，单台流量为140m^3/h，扬程为68m。保留原两台流量分别为70m^3/h的工艺水泵，新增1台工艺水泵，流量为70m^3/h，工艺水泵采用变频控制。

其余设备无需改造。图7-3所示为1号吸收塔改造后总貌。

四、NO_x超低排放

电厂原SCR装置与机组同步建设，两台机SCR装置分别于2009年10月和2009年12月投运。反应器采用固定床平行通道型式，催化剂按“二加一”（反应器触媒床两层运行，一层备用）设计，当装置进口烟气中NO_x的含量不大于350mg/m^3时，保证脱硝装置出口烟气中的NO_x含量不大于90mg/m^3，设计脱硝效率约为74%。表7-5所示为SCR入口设计烟气参数，图7-4所示为现场SCR照片。

表7-5　脱硝反应器入口设计烟气参数

项目	单位		设计煤/校核煤	
CO_2	%		12.53	
O_2	%		6.89	
N_2	%		80.53	
SO_2	%		0.05	
H_2O	%		7.01（湿基）	
项目	BMCR	BRL	75%THA	50%THA
烟气流量（kg/s）	379.5	356.7	267.8	187.9
烟气温度（℃）	377	371	344	311
NO_x（mg/m^3）	350	—	—	—

2012年加装了第三层催化剂，使得 NO_x 排放浓度在50mg/m³以下。在2014年超低排放改造期间，加装了部分催化剂单元，同时还开展了SCR流场及喷氨优化。为保证机组长期低 NO_x 运行，在超低排放改造中还进行了脱硝空气预热器改造，将空气预热器的换热元件更换为镀搪瓷的耐腐蚀材料。

图7-4　现场SCR反应器

五、烟尘超低排放

电厂同步配套脱硫、脱硝、除尘等环保设施，每台炉配套有双室四电场静电除尘器（型号：2BE297/2-4），设计除尘效率为99.7%，设计出口浓度为60mg/m³，2009年静电除尘设施与机组同时投运。2013年进行了高频电源改造，采用金华大维电子股份有限公司的产品与技术，烟囱排放口粉尘排放浓度为20mg/m³左右。

1号机组湿式电除尘器改造采用浙江菲达环保科技股份有限公司引进的日本三菱技术，塔外分体卧式布置。湿式电除尘器布置与脱硫吸收塔后，除尘效率大于80%，要求烟囱排放口粉尘浓度稳定在5mg/m³以下。烟气量按设计煤种（BMCR、湿基）加10%的裕量设计，除尘器应能在0～100%BMCR工况时运行正常，不发生堵塞。湿式电除尘器设计主要参数见表7-6，图7-5所示为现场照片。

表7-6　湿式电除尘器设计主要参数

项目名称	单位	数值
湿式除尘器型号	—	FW155
除尘器总电耗	kW	299
室数/台除尘器	—	2
本体阻力	Pa	200
系统阻力	Pa	350
本体漏风率	%	0
噪声	dB	80
外形尺寸（长×宽×高）	m×m×m	15.35×18.2×10.8
比积尘面积	$m^2/m^3/s$	12.1
电场内烟气流速	m/s	2.77
烟气流经电场时间	s	1.8
阳极板有效高度	m	8.625
电除尘器有效长度	m	5.031
进口粉尘浓度	mg/m³	25
出口粉尘排放浓度	mg/m³	5
电场有效宽度	m	18
同极间距	mm	300
通道数量	—	60
高宽比系数	—	0.47
阳极板型式	—	CN818
阴极线型式	—	DS

续表

项目名称		单位	数值
阳极喷淋方式		—	连续喷淋
阴极喷淋方式		—	连续喷淋
高压直流电源	型号	—	2.4A/60kV
	数量	台	2
	布置型式	—	除尘器顶部
循环水量	流量	t/h	87.5
	含固量	mg/L	1876
	pH 值	—	8～10
废水排放	流量	t/h	11.6
	含固量	mg/L	2014
	pH 值	—	5～6
整流变压器（油浸式）质量		t	1.8
每台整流变压器的额定容量		kVA	206
整流变压器适用的海拔高度和环境温度		m,℃	2000，50
每台炉电气总负荷		kVA	375
NaOH		kg/h	87

图 7-5　1 号湿电现场总貌

六、超低排放工程效果

2014 年 8 月 26 日～9 月 4 日，对“近零排放”示范工程 1 号机组进行了性能试验，图 7-6 所示为现场测试工作照片。满负荷下，FGD 系统、WESP 系统及 SCR 系统性能测量结果和结论分别见表 7-7～表 7-9。FGD 石灰石消耗量大（Ca/S 大）的主要原因是吸收塔内石灰石过量，为达到超净排放的要求，塔内 pH 值控制过高超过了 6.0，这需要进行优化试验，以减少石灰石消耗量。

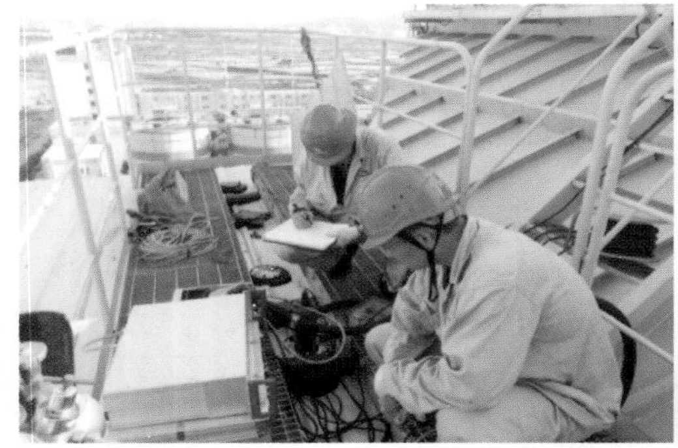

图 7-6　超低排放现场测试工作（一）

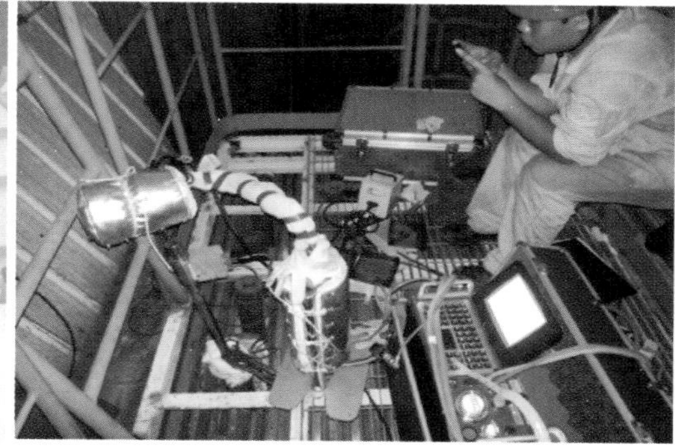

图 7-6　超低排放现场测试工作（二）

表 7-7　FGD 系统性能保证值和实测值的比较结果

序号	项目	单位	数据（保证值）	实测值	修正后数值	结论
1	FGD 系统 SO_2 脱除率	%	98.89	99.64	99.05	合格
2	FGD 装置出口 SO_2 浓度	mg/m^3（标况、干基、6%O_2）	50	8.87	42.8	合格
3	吸收塔出口的雾滴含量	mg/m^3（标况、干基）	<50	36.2	—	合格
4	FGD 系统出口 SO_3 浓度	mg/m^3（标况、干基、6%O_2）	40	0.73	—	合格
5	FGD 系统出口 HF 浓度	mg/m^3（标况、干基、6%O_2）	1	0.14	—	合格
6	FGD 系统出口 HCl 浓度	mg/m^3（标况、干基、6%O_2）	4	2.74	—	合格
7	FGD 系统总阻力	Pa	2700	1257	1198	合格
8	最大工艺水消耗量	t/h	58	54.8	52.46	合格
9	FGD 系统总电耗	kW	1928	1643	1643	合格
10	烟囱入口的烟气温度	℃	≥50	54.4	—	合格
11	石膏总量	t/h	14	11.56	20.1	—
12	废水排放量	t/h	6.75	7.05	≤6.75	合格
13	FGD 可利用率	%	100	100	100	合格

表 7-8　WESP 系统性能保证值和实测值的比较结果

序号	保证值项目	单位	数据（保证值）	实测值	修正后数值	结论
1	粉尘去除率（含石膏）	%	80	89.09	—	合格
2	$PM_{2.5}$ 去除率	%	80	80.2	—	合格

续表

序号	保证值项目	单位	数据（保证值）	实测值	修正后数值	结论
3	SO_3 去除率	%	60	84.9	—	合格
4	粉尘（含石膏）排放浓度	mg/m^3	5	3.12	—	合格
5	系统阻力	Pa	350	252	346	合格
6	NaOH 溶液消耗量	kg/h	87	12.4	—	合格
7	工艺水消耗量	t/h	11.6	≤11.6	—	合格
8	漏风率（外漏）	%	0	4.6	0	合格
9	系统总电耗	kW	299	201.5	—	合格
10	废水排放量	t/h	11.6	10	—	合格
11	可利用率	%	100	100	100	合格
12	出口汞 Hg 排放浓度	$\mu g/m^3$	—	2.54	—	达标
13	WESP 汞 Hg 的去除率	%	—	34	—	—

表 7-9　SCR 装置测试结果

序号	测试项目	单位	测试结果	结论
1	脱硝效率	%	87.7/96.6 平均为 92.2	通过喷氨可达到很高效率
2	NO_x 排放浓度	mg/m^3（标况、干基、6%O_2）	32.2	达到超净排放的要求
3	液氨消耗量	kg/h	143.6	—

由试验结果可知，南沙 1 号机组净烟气中 NO_x 排放浓度、SO_2 排放浓度和粉尘含量完全满足“超洁净”排放“50355”的要求。图 7-7～图 7-9 所示为各系统实际运行画面。

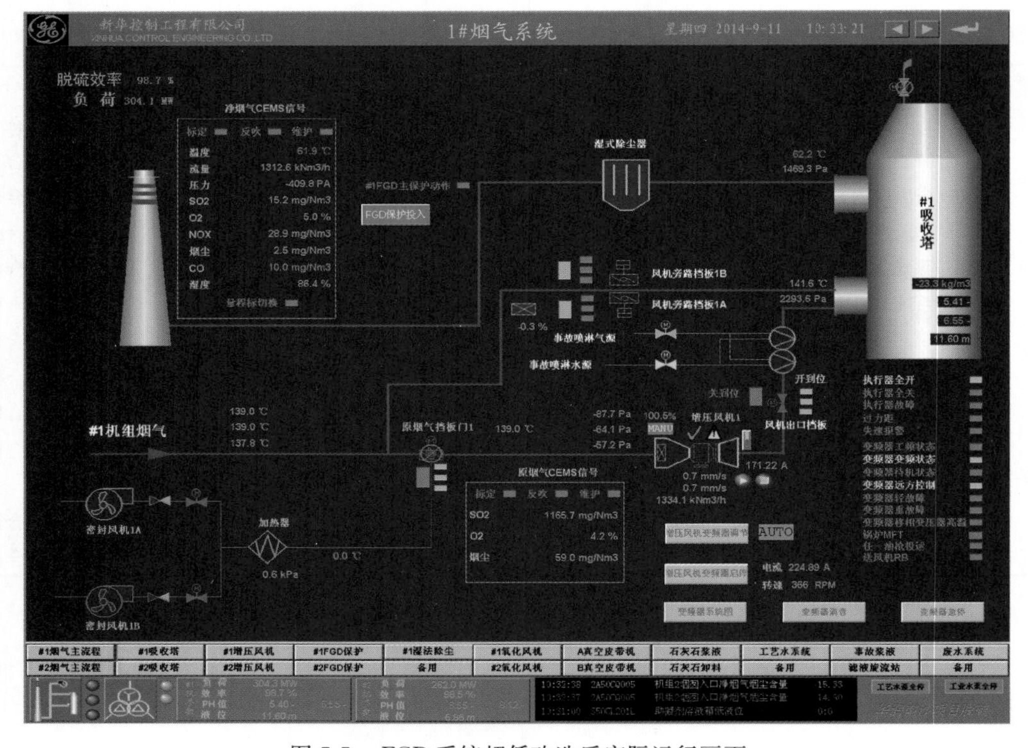

图 7-7　FGD 系统超低改造后实际运行画面

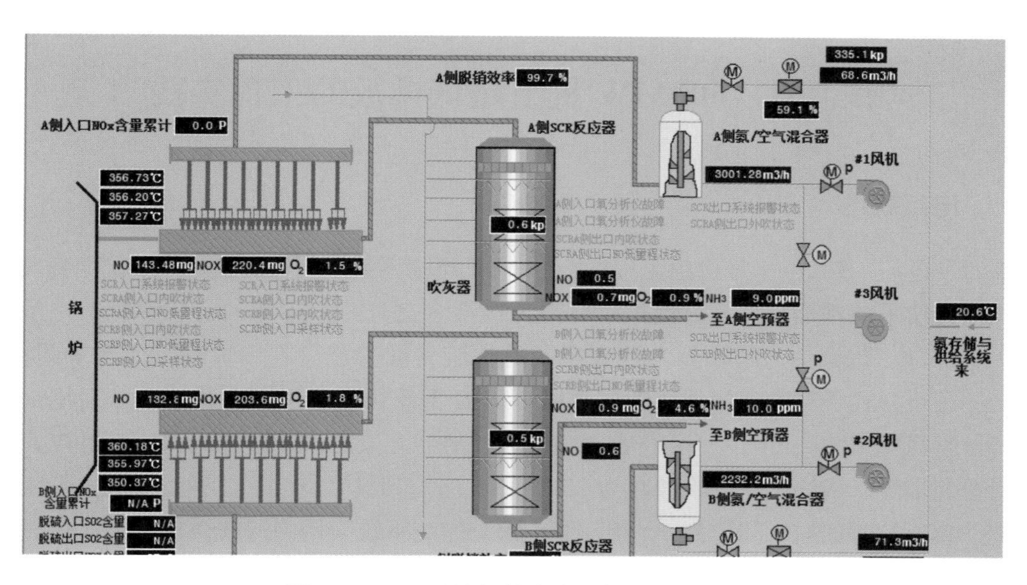

图 7-8　SCR 系统超低改造后实际运行画面

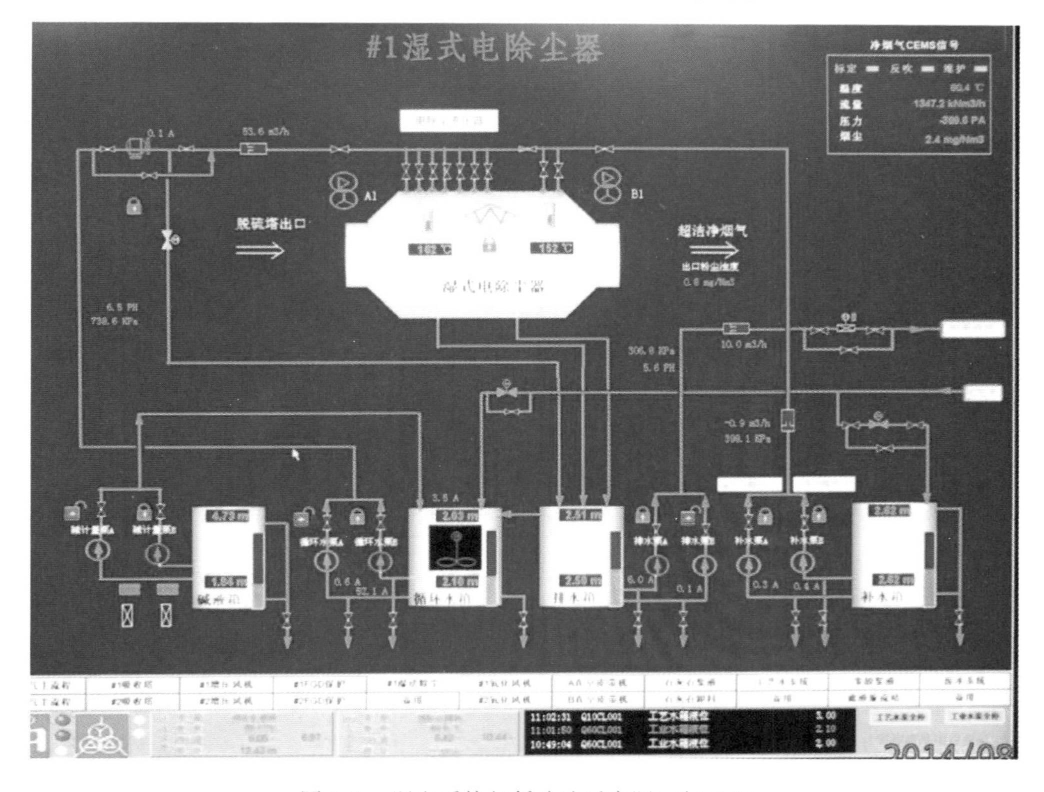

图 7-9　湿电系统超低改造后实际运行画面

实际运行表明，脱硫增容改造后，脱硫效率可达 99%，SO_2 排放浓度可长期稳定在 2～20mg/m^3。脱硝改造后，脱硝效率大于 85%，NO_x 排放浓度可长期稳定在 5～30mg/m^3。湿式电除尘器改造后，运行十分稳定，能长期稳定在 45kV 的二次电压下运行，除尘效果良好，粉尘排放浓度可长期稳定在 0.5～5mg/m^3。

第二节　600MW 机组超低排放的工程实践

一、电厂概述

珠海发电厂一期 3、4 号机组工程 2×600MW 超临界锅炉是在引进 ALSTOM 美国公司超临界锅炉技术的基础上，上海锅炉厂有限公司结合自身技术生产的超临界锅炉，型号为 SG-1913/25.4。该锅炉为超临界参数变压运行螺旋管圈直流炉，单炉膛、一次中间再热、四角切圆燃烧方式、平衡通风、全钢架悬吊结构 Π 型露天布置、固态排渣。炉后尾部布置两台转子直径为 13492mm 的三分仓容克式空气预热器。该炉设计煤种为神府东胜煤，校核煤种为晋北烟煤。锅炉出口蒸汽参数为 25.4MPa（g）/571℃/569℃。锅炉最大连续蒸发量为 1913t/h，与汽轮机的 VWO 工况相匹配。锅炉燃烧系统采用中速磨煤机冷一次风直吹式制粉系统设计。配有六台上海重型机械厂 HP1003 型中速磨煤机，布置在炉前，五台磨煤可带 MCR 负荷，一台备用。

机组风烟系统主要包括送风机、引风机、一次风机、烟道和一、二次风道及其挡板等。冷风系统采用两台上海鼓风机厂生产的 FAF26.6-12.5-1 型单级动叶可调轴流式送风机、两台上海鼓风机厂生产的 PAF18-12.5-2 型双级动叶可调轴流式一次风机各为并联运行。一次风进入三分仓空气预热器的一次风分隔仓加热后再进入磨煤机，进入空气预热器前一部分冷风通过旁路进入磨煤机入口与热一次风混合后作为磨煤机出口温度调节风。二次风进入三分仓空气预热器的二次风分隔仓，加热后进大风箱作为燃烧器助燃风。排烟系统采用两台成都电力机械厂生产的 AN37e6（V13＋4°）型静叶可调轴流风机，为并联运行，烟气从锅炉尾部经过空气预热器、电除尘、引风机、增压风机、湿法脱硫、GGH 后经烟囱排出至大气。

锅炉主要设计参数见表 7-10，设计煤种和校核煤种的燃料特性及灰分成分见表 7-11 和表 7-12。

表 7-10　　锅炉主要设计参数

项目	单位	BMCR	TRL
主蒸汽流量	t/h	1913	1785
再热器出口	t/h	1583.9	1484.0
过热器一级喷水	t/h	49.0	45.2
过热器二级喷水	t/h	27.7	25.9
主蒸汽出口压力	MPa	25.40	25.24
主蒸汽出口温度	℃	571	571
给水温度	℃	282	278
再热蒸汽进口温度	℃	312	306
再热蒸汽出口温度	℃	569	569
空气到烟气漏风量	t/h	116.122	117.936
燃料消耗量	t/h	240.0	226.4

表 7-11 燃料成分及特性

项目		设计煤种	校核煤种
元素分析	收到基碳 C_{ar}(%)	62.83	53.41
	收到基氢 H_{ar}(%)	3.62	3.06
	收到基氧 O_{ar}(%)	9.94	6.64
	收到基氮 N_{ar}(%)	0.70	0.72
	收到基硫 $S_{t,ar}$(%)	0.41	0.63
工业分析	收到基灰分 A_{ar}(%)	8.00	25.09
	全水分 M_{t}(%)	14.50	10.45
	空气干燥基水分 M_{ad}(%)	8.00	2.85
	干燥无灰基挥发分 V_{daf}(%)	35.00	28.00
	可磨系数	56	57
	收到基低位发热量 $Q_{net,ar}$(kJ/kg)	22.760	20.348
灰融点	变形温度（℃）	1100	1110
	软化温度（℃）	1150	1190
	流动温度（℃）	1190	1270

表 7-12 灰分成分

项目	单位	设计煤种	校核煤种
SiO_2	%	36.71	50.41
Al_2O_3	%	—	15.73
Fe_2O_3	%	11.36	23.46
K_2O	%	0.73	2.33
Na_2O	%	1.23	2.33
CaO	%	22.92	3.93
MgO	%	1.28	1.27
SO_3	%	9.30	—

4 号锅炉两台静叶调节轴流式引风机为成都电机机械厂生产，型号为 AN37e6，风机设计转速为 590r/min，引风机及配套电机设备规范见表 7-13。

表 7-13 引风机及配套电机设备规范

名称	单位	T.B	BMCR
进口流量	m^3/s	515	448
进口温度	℃	122.84	122.84
风机全压	Pa	5678	4540
风机效率	%	84.5	87.3
风机轴功率	kW	3391	2293
风机转速	r/min	590	
数量	台	2	
风机型号	—	AN37e6	
风机制造厂	—	成都电力机械厂	
电动机功率	kW	3650	
电动机转速	r/min	597	

4 号锅炉脱硫系统配备的动叶调节轴流式增压风机为豪顿华工程公司生产，型号为 ANN-4494/2120B，风机设计转速为 735r/min，增压风机及配套电机设备规范见表 7-14。

表 7-14　增压风机及配套电机设备规范

名称	单位	T. B	BMCR
进口流量	m^3/s	985	872.6
进口温度	℃	130	120
风机全压	Pa	3492	2910
风机效率	%	86.6	86.5
风机轴功率	kW	1864	1384
风机转速	r/min	735	
数量	台	1	
风机型号	—	ANN-4494/2120B	
风机制造厂	—	豪顿华工程公司	
电动机功率	kW	4300	
电动机转速	r/min	746	

二、研究成果现场应用

珠海金湾电厂在超低排放改造中，利用了如下研究成果：

（1）采用了煤粉炉 SO_2 超低排放技术路线中提出的“基于 FGD 系统入口不同 SO_2 浓度的 FGD 超低排放技术”。电厂实际改造路线为：采用石灰石-石膏湿法烟气脱硫、1 炉 1 塔脱硫装置。

（2）采用了煤粉炉 NO_x 超低排放技术路线中提出的“对脱硝系统保护逻辑进行优化，提高脱硝系统投运率；对 NO_x 生成端进行优化，减少锅炉侧 NO_x 生成；NO_x 脱除端进行优化，提高脱硝侧 NO_x 控制水平”。电厂实际改造路线为：对脱硝系统保护逻辑进行优化，提高脱硝系统投运率；对 NO_x 生成端进行优化，减少锅炉侧 NO_x 生成；NO_x 脱除端进行优化，提高脱硝侧 NO_x 控制水平。

采用了煤粉炉 NO_x 超低排放技术路线中提出的“炉内采用先进的低氮燃烧器改造技术，有效控制炉内 NO_x 的生成；在锅炉高、低负荷时，优化燃烧器配风方式，保证燃烧器区域处于较低的过量空气系数，有效控制低负荷时 NO_x 的排放；通过大量燃烧调整试验，包括变氧量、变配风方式（SOFA、CCOFA 风）、变磨煤机组合等方式，在保证锅炉效率和运行安全的前提下，尽量降低炉膛出口 NO_x 的浓度”。电厂实际改造路线为：在综合考虑锅炉效率、再热器汽温、受热面结渣、壁温偏差、NO_x 排放浓度等方面，进行了两次较全面的锅炉燃烧调整试验。第一阶段试验于 2014 年 1 月进行；第二阶段试验分别于 2015 年 3 月 26 日～4 月 17 日对 3 号锅炉进行调整、5 月 27 日～6 月 16 日对 4 号锅炉进行调整。

采用了煤粉炉 NO_x 超低排放技术路线中提出的“对于锅炉低负荷时，脱硝系统入口烟气温度达不到喷氨温度要求的实际情况，可以采用省煤器分级改造、高温烟气旁路、提高锅炉给水温度、旁路部分省煤器给水等技术手段。”电厂进行了省煤器分级改造。

（3）采用了煤粉炉粉尘超低排放技术路线中提出的“粉尘浓度达到 10mg/m³ 以下，可以采用 FGD 协同除尘技术，不用采用湿式电除尘技术；粉尘浓度达到 5mg/m³ 以下，需要采用湿式电除尘技术”。电厂实际改造路线为：湿式电除尘器改造。

珠海金湾电厂采用的超低排放技术路线见图 7-10。

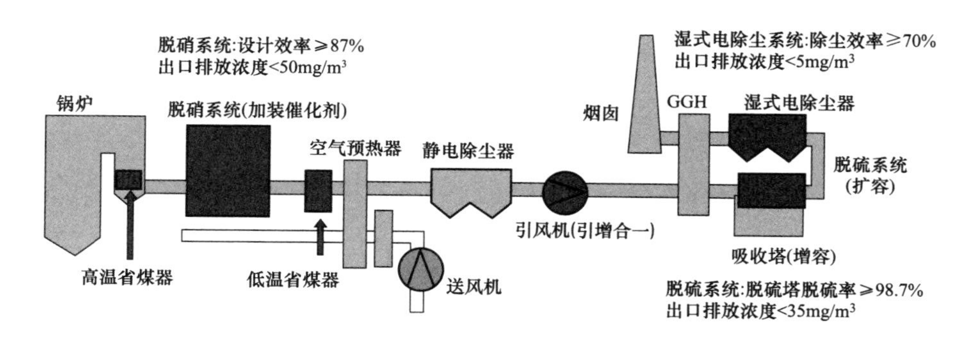

图 7-10　珠海金湾电厂超低排放技术路线

三、SO_2 超低排放实践

（一）原 FGD 系统

珠海发电厂一期 3、4 号（2×600MW）燃煤发电机组烟气脱硫装置，由中电投远达环保工程有限公司承包建设，采用石灰石-石膏湿法烟气脱硫、一炉一塔脱硫装置，在设计煤种及校核煤种、锅炉最大工况（BMCR）、处理 100%烟气量条件下脱硫装置脱硫率保证值大于 90%。

珠海发电厂一期 3、4 号机组脱硫工程原设计燃煤含硫量为 0.63%（FGD 入口 SO_2 浓度 1354mg/m³），校核燃煤含硫量为 0.80%（FGD 入口 SO_2 浓度为 1808mg/m³），但随着煤炭市场供应的不确定性，实际燃用的煤质含硫量与设计煤种存在一定的偏差，实际 FGD 入口 SO_2 浓度较高，且随着最新大气污染物排放标准的颁布实施，净烟气 SO_2 浓度已无法满足最新环保排放标准。表 7-15 所示为原设计脱硫系统入口烟气参数。

表 7-15　原设计脱硫系统入口烟气参数

项目		单位	设计煤种	校核煤种	备注
FGD 入口烟气量（引风机出口）	实际状态、干基	m³/h	2875895	2796231	BMCR
	实际 O_2	m³/h	2568659	2500961	ECR
	实际状态、湿基	m³/h	3141594	3034442	BMCR
	实际 O_2	m³/h	2805020	2713168	ECR
	标态、干基、实际 O_2	m³/h	2000237	1929877	BMCR
	标态、湿基、实际 O_2	m³/h	2171650	2081690	BMCR
	标态、干基、6%O_2	m³/h	2038908	1967188	BMCR
	标态、湿基、6%O_2	m³/h	2278785	2179668	BMCR

续表

项目		单位	设计煤种	校核煤种	备注
引风机出口烟气温度		℃	120	123	BMCR
		℃	117	120	ECR
		℃	180	180	短期运行
		℃	200	200	保护动作
FGD入口处烟气成分（单台机组）	N_2	%（干）	约80%	约80%	
	CO_2	%（干）	13.98	13.98	
	H_2O	%（湿）	5.259	5.259	
	O_2	%（干）	5.71	5.71	
	SO_2	%（干）	0.0484	0.0648	
烟气中污染物成分（标准状态、干基、6%O_2）	SO_2	mg/m^3	1354	1808	
	SO_3	mg/m^3	<50	<80	
	Cl(HCl)	mg/m^3	<50	<50	
	F(HF)	mg/m^3	<25	<25	
	NO_x	mg/m^3	<700	<700	
烟尘浓度（引风机出口）		mg/m^3	$\leqslant 160$		

该烟气脱硫装置主要包括：烟气系统、吸收塔系统、石灰石浆液制备系统、石膏脱水系统、工艺水系统、压缩空气系统、排放系统、热控系统和电气系统。

1. 烟气系统

烟气系统主要包括增压风机及其附属设备、烟气-烟气换热器（GGH）、原烟气、净烟气和旁路挡板及密封风系统等设备。从锅炉引风机后的烟道引出的烟气，通过增压风机升压、经烟气-烟气换热器（GGH）降温后进入吸收塔，在吸收塔内脱硫净化，经除雾器除去浆液液滴后，又经烟气-烟气换热器升温至80℃以上，由净烟气烟道经烟囱排入大气。

机组的烟道上设置了旁路挡板门，当锅炉启动、烟气中烟尘含量大于300mg/m^3或FGD装置故障停运时，烟气由旁路挡板经烟囱排放，旁路挡板设置快开机构，可保证在10s内全部开启。当锅炉运行且FGD装置故障停运时，旁路挡板迅速开启，烟气改由旁路经烟囱排放。

2. SO_2吸收系统

每台炉设置一套SO_2吸收系统，即采用一炉一塔的模式。吸收塔系统包括吸收塔、浆液循环泵、石膏浆液排出泵、氧化风机、吸收塔搅拌器、除雾器、冲洗水等几个部分，还包括辅助的放空、排空设施及集水坑系统。石膏浆液通过循环泵从吸收塔浆池送至塔内喷淋系统，呈雾状喷出的石膏浆液与烟气逆流接触后发生化学反应吸收烟气中的SO_2，在吸收塔浆池中利用氧化空气将亚硫酸钙氧化成硫酸钙，生成石膏，然后由石膏排出泵输送至石膏脱水系统。脱硫后烟气携带的液滴在吸收塔出口的除雾器中收集。

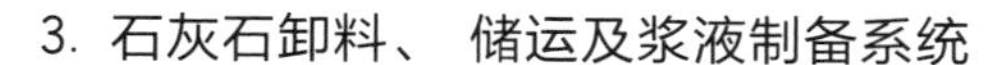

3. 石灰石卸料、储运及浆液制备系统

符合要求的石灰石（粒径小于或等于 20mm）由汽车转运至工艺楼的卸料斗，通过振动钢篦、振动给料机和金属分离器，由波状挡边皮带机提升至石灰石仓，石灰石再由称重皮带机输送到湿式球磨机内磨制成浆液。石灰石浆液用泵输送到水力旋流器分离后，底流大尺寸物料再循环，合格的浆液粒径小于或等于 0.044mm（90%通过 325 目），存储于石灰石浆液箱中，然后经石灰石浆液泵输送至吸收塔。

4. 石膏脱水及储运系统

吸收塔的石膏浆液通过石膏排出泵输送至石膏浆液旋流器进行初级分离，浓缩后的石膏浆液进入真空皮带脱水机，滤液从皮带机流入滤液池，再通过滤液水泵送至制浆系统和石膏缓冲箱，经脱水处理后石膏（表面含水率不超过 10%）直接从真空皮带机的尾部掉入石膏仓储存。经石膏旋流器分离出来溢流浆液一部分进入废水旋流站，一部分流入石膏浆液缓冲箱，经石膏缓冲泵输送至吸收塔重新循环利用。

石膏脱水系统是 3、4 号机组的公用系统，包括两套石膏旋流器、两台真空皮带脱水机和配套的真空泵、一个滤布冲洗水箱、三台滤布冲洗水泵和配套的密封水系统。每台真空皮带脱水机的出力分别按 2 台锅炉 BMCR 工况运行时 FGD 装置石膏总产量的 75%设计，石膏仓的储存能力按存放两台锅炉 BMCR 工况运行 4 天的石膏量设计，不得少于存放两台锅炉 BMCR 工况运行 3 天的石膏量。

5. 工艺水系统

两台机组脱硫装置共用一个工艺水箱，为脱硫系统提供工艺用水和除雾器冲洗水，两路水均有各自的输送系统，工艺水泵采用母管制，供全厂脱硫系统使用，除雾器冲洗水采用单元制，每台脱硫系统配置两台除雾器冲洗水泵，可相互备用。工艺水箱水源从电厂就近的服务水管网引接。

当工艺水氯离子含量超过 400mg/L 时，投入除盐水（用闭式循环冷却水）降低石膏冲洗水氯离子浓度；当工艺水氯离子含量超过 650mg/L 时，全部使用除盐水作为石膏冲洗水，氯离子浓度信号由主机提供。

6. 冷却水系统

设备冷却水由电厂闭式循环冷却水系统供给，最大可供量为 160m^3/h，供水压力为 0.4～0.5MPa，回水返回电厂闭式循环冷却水回水管，FGD 回水处压力不小于 0.3MPa。

增压风机及电动机等设备的冷却水系统采用单元制，其进水管分别从相应机组的闭式冷却水系统接出，回水排至该机组的闭式冷却水系统回水管。

钢球磨煤机等公用设备的冷却水系统采用切换母管制，实现由每台机组的闭式冷却水系统供水，回水则排至相应机组的闭式冷却水系统回水管。

7. 排放系统

在珠海电厂一期 1、2 号机组 FGD 岛内设置了一个供 4 台机组公用的事故浆液罐。在吸收塔重新启动前，通过泵将事故浆液箱的浆液送回吸收塔。FGD 装置的浆液管道和浆液泵等，在停运时需要进行冲洗，其冲洗水就近收集在吸收塔区内，然后用泵送至事故浆液箱或吸收塔浆池。

8. 废水处理系统

3、4 号脱硫废水通过废水排出泵排至 1、2 号机组废水处理系统进行处理。烟气脱硫工程设独立的废水处理系统，装置出力按 1～4 号机组 FGD 的容量设计，一次建成。污泥压滤机可考虑与电厂现有污水处理设施共用，3、4 号机组没有单独设置。

脱硫装置内的水在不断循环的过程中，会富集重金属元素 V、Ni、Mg 和 Cl^- 等，一方面加速脱硫设备的腐蚀，另一方面影响石膏的品质。因此，脱硫装置要排放一定量的废水，进入脱硫废水处理系统，经中和、絮凝、沉淀和过滤等处理过程，达标后排放（见图 7-11）。

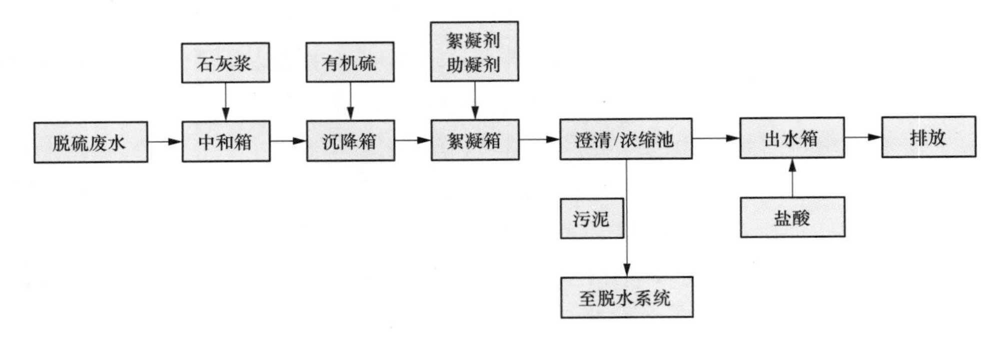

图 7-11　脱硫装置排放过程

该工程澄清/浓缩池中的污泥一部分作为接触污泥经污泥循环泵送回到絮凝箱参与反应，其余大部分污泥经污泥输送泵送至电厂现有污泥脱水装置。

脱硫废水经废水处理系统处理后排水水质至少应达到广东省 DB 44/26—2001《水污染物排放限值》（第二时段）的一级标准（COD 和氟化物执行二级标准），EP 商应提供处理后的水质参数，填写排放技术数据表。EP 商废水排放量为 $28m^3/h$，并排入电厂现有的废水处理系统的清水排放池。

9. 检修用和仪表用压缩空气系统

全厂 FGD 设公用压缩空气系统，仪用空气压力为 0.6～0.8MPa，杂用空气压力为 0.6～0.8MPa。脱硫岛内部不设置仪用和检修用空压机，所需的仪用压缩空气和检修用压缩空气均由电厂除灰相应系统提供。挡板门及调节阀的执行机构均采用气动。

系统在脱硫岛内设置仪用空气储气罐，其容量满足脱硫岛 15min 仪用空气用量及所有烟道挡板门一次动作所需的用气量。

10. 热控系统

该期工程两台机组共用一间脱硫控制室，对 FGD 系统进行集中控制。脱硫控制室设置在 3、4 号机组灰控楼内，与灰控室同一房间，统一布置。FGD-DCS 机柜和控制装置布置在灰控楼内的电子设备间。

在脱硫控制室内布置有 FGD-DCS 操作员站、灰控操作员站等，此外脱硫控制室还预留有打印机台位置。在脱硫控制室附近布置有电子设备间及工程师室等。

仪表、电气共用一套控制装置，采用 DCS 来完成。脱硫岛的 DCS 按工艺系统分为：3

号炉脱硫系统、4号炉脱硫系统、制浆和脱水系统、电气及其他公用系统。I/O信号采用硬接线方式直接进入DCS，实现整个控制系统在DCS操作站上控制与监控的功能。FGD的所有相关的数据采集、闭环回路控制、连锁保护、逻辑顺序控制均由DCS来完成。灰控楼内的通风空调、消防由机组主体工程统筹考虑。

（二）超低排放FGD系统

该次脱硫增容改造，取消脱硫系统旁路，取消增压风机，保留GGH，改造现有吸收塔上部1层喷淋层，将对应的浆液循环泵更换为流量为11000m^3/h的大流量浆液循环泵，每塔再新增2层喷淋层，吸收塔增高3.6m，新增两层喷淋层对应新增两台浆液循环泵，每台浆液循环泵流量也是11000m^3/h，改造后总喷淋量达到46000m^3/h，对应液气比L/G（标湿，吸收塔后）为22.12。保持现有的吸收塔塔径不变，将浆池抬高8m，吸收塔液位为16.0m，总的浆池容积达到2942m^3，浆液循环停留时间为3.84min。更换原有两台氧化风机，采用单级高速离心式，流量为12000m^3/h，扬程为170kPa，一用一备设置。更换4台搅拌器。原两级屋脊除雾器建议重新设计并全部更换，并在原除雾器顶层增加冲洗水系统（3号除雾器顶层已增加冲洗水）。为降低除雾器后雾滴含量，缓解GGH堵塞问题，在原两级屋脊式除雾器前再增加一级管式除雾器。

设计煤种收到基含硫量S_{ar}按1.0%考虑，原烟气中SO_2浓度为2200mg/m^3（标态、干基、6%O_2），改造后脱硫系统出口SO_2浓度小于或等于50mg/m^3（标态、干基、6%O_2）设计。取消旁路后FGD可利用率为100%。表7-16所示为改造设计煤质条件，表7-17所示为改造FGD设计入口烟气条件。

表7-16　改造设计煤质条件

项目	符号	单位	设计煤种
收到基全水分	M_{ar}	%	12.0
收到基灰分	A_{ar}	%	16.91
干燥无灰基挥发分	V_{daf}	%	38.56
收到基碳成分	C_{ar}	%	57.29
收到基氢成分	H_{ar}	%	3.35
收到基氧成分	O_{ar}	%	8.67
收到基氮成分	N_{ar}	%	0.78
收到基硫成分	S_{ar}	%	1.0
收到基低位发热值	$Q_{net,ar}$	kJ/kg	20620

表7-17　改造FGD设计入口烟气条件

参数		单位	数据	备注
1. 烟气参数	烟气量（湿基）	m^3/h	2000000	标态、湿基、实际含氧量
	烟气量（干基）	m^3/h	1833137	标态、干基、实际含氧量
	烟气量（湿基）	m^3/h	2302637	标态、湿基、6%氧量
	烟气量（干基）	m^3/h	2069029	标态、干基、6%氧量
	FGD工艺设计烟温	℃	120	

续表

参数		单位	数据	备注
2. FGD 入口处烟气组成	H_2O	vol-%	8.34	标态、湿基、实际 O_2
	O_2	vol-%	4.07	标态、干基、实际 O_2
	N_2	vol-%	80.45	标态、干基、实际 O_2
	CO_2	vol-%	15.39	标态、干基、实际 O_2
	SO_2	vol-%	0.09	标态、干基、实际 O_2
3. FGD 入口处污染物浓度	SO_2	mg/m^3	2200	标态、干基、6%O_2
	SO_3	mg/m^3	50	标态、干基、6%O_2
	HCl	mg/m^3	50	标态、干基、6%O_2
	HF	mg/m^3	25	标态、干基、6%O_2
	灰尘	mg/m^3	50	标态、干基、6%O_2

图 7-12 所示为 3 号机脱硫系统改造后现场布置图。

图 7-12 改造后 3 号机脱硫系统

四、NO_x 超低排放

3、4 号机组的 SCR 烟气脱硝装置采用高尘型工艺，设两台 SCR 反应器，布置在锅炉省煤器与空气预热器之间。在每台反应器每层催化剂上方设置 4 台蒸汽吹灰器及 5 台声波吹灰器。

脱硝还原剂采用液氨。氨气与稀释风混合后，通过布置在 SCR 入口烟道截面上的格栅式喷氨装置喷入烟道内。喷氨格栅具备横向和纵向的分区调节功能，每个喷氨支管配有手动调节阀，可在根据烟道中 NH_3 和 NO_x 的分布情况，手动调节各支管喷氨流量。

五、烟尘超低排放

仅针对最新环保标准对重点地区烟尘排放浓度控制在 20mg/m^3 以内要求，金湾公司目前系统除尘效果暂时能通过配煤掺烧的手段来满足要求。电除尘器性能试验证明，该技术对煤种的适应性有限，并且受到煤炭市场情况的严重制约。仅对脱硫前除尘器进行改造，虽然可以进一步降低烟尘排放量，但是不能根本解决脱硫系统可靠性问题。因此，为整体解决机组大气污染排放问题，保障脱硫烟气旁路封堵后机组的整体安全可靠性，合理地增加系统阻力的条件下，考虑在脱硫塔后应用湿式电除尘技术。

依据金湾电厂3、4号机组现状，脱硫塔出口与烟囱之间已经没有场地空间，湿式电除尘器只能布置于脱硫系统后，采用水平卧式。现场布置如图7-13和图7-14所示，湿式电除尘器的参数见表7-18和表7-19。

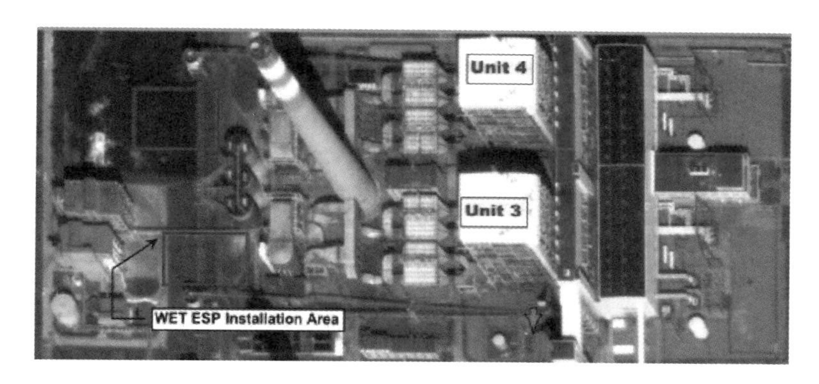

图7-13　3、4号炉湿式除尘器场地位置

图7-14　3号WESP现场总貌

表7-18　湿式电除尘器烟气参数（一台炉）

序号	湿式电除器设计值	单位	设计煤种
1	设计烟气量（工况50℃，含10%余量）	m^3/h	2733077
		m^3/s	759
2	入口处理烟气量（标况、湿基）（含10%余量）	m^3/h	2310000
3	处理烟气温度	℃	50
4	壳体设计压力	kPa	3
5	O_2 浓度	%	6.0
6	除尘器本体阻力	Pa	≤200

续表

序号	湿式电除器设计值	单位	设计煤种
7	系统阻力（包括本体阻力）	Pa	≤800
8	烟囱出口烟尘浓度保证值（标况、干基、6% O_2）	mg/m^3	≤20

表 7-19　湿式电除尘器技术参数（一台炉）

序号	项目	单位	数值
1	除尘器台数	—	2
2	除尘器室数	—	2
3	电场数	—	1
4	阳极板材质	—	316L
5	板宽	m	4.19
6	板高度	m	10
7	板厚	mm	1.0
8	阴极线材质	—	316L
9	沿气流方向阴极线间距	mm	200
10	通道	个	20×4
11	极间间距	m	0.3
12	流通面积	m^2	120×2
13	烟气速度	m/s	3.16（+10%烟气量）
14	集尘面积	m^2	6704
15	EP 外形尺寸	—	见方案图
16	宽	m	29.4
17	纵深	m	5.8
18	高度	m	19.3（暂定）
19	壳体设计压力	kPa	3
20	每台电源	台	4（55kV/1600mA）
21	水膜水量（连续使用）	t/h	95.2
22	本体阻力	Pa	≤200
23	整流变压器数量	台	4
24	工业补充水量	t/h	27.2
25	外排废水量	t/h	27.2
26	NaOH（32%）耗量	kg/h	82

六、超低排放工程效果

改造后对“超低排放”示范工程 3、4 号机组湿式电除尘、FGD 系统、SCR 系统进行了性能考核试验。从表 7-20～表 7-22 可以看出，3、4 号机组的主要性能指标均达到了设计要求。图 7-15～图 7-17 所示为超低排放改造后 DCS 运行画面。图 7-18～图 7-22 所示为一天时间内，环保设施出口污染物排放浓度随负荷变化规律。从图中可以看出，由于锅炉参与调峰，负荷出现波动，但是烟气污染物都满足“超低排放”环保要求。珠海金湾电厂净烟气中 NO_x 排放浓度、SO_2 排放浓度和粉尘含量完全满足“超洁净”排放“50355”的要求。

表 7-20　　3 号机组 WESP 主要性能保证值和试验结果

序号	保证值项目	单位	保证值	试验值	结论
1	粉尘去除率（含石膏）	%	70	82.5	合格
2	$PM_{2.5}$去除率	%	70	80.4	合格
3	雾滴去除率	%	70	85.46	合格
4	SO_3 去除率	%	60	63.2	合格
5	本体阻力	Pa	200	79	合格
6	烟道阻力	Pa	500	435	合格

表 7-21　　3 号机组 FGD 系统主要性能保证值和试验结果

序号	保证值项目		单位	保证值	试验值	结论
1	SO_2 脱除率（吸收塔）		%	98.7	≥98.8	合格
2	SO_2 排放浓度		mg/m^3（标况、干基、6%O_2）	50	10～30	合格
3	除雾器出口液滴携带量		mg/m^3（标况、干基、6%O_2）	50	24.14	合格
4	FGD 出口烟尘浓度		mg/m^3（标况、干基、6%O_2）	—	3.28	合格
5	GGH 漏风率		%	0.5	0.37	合格
6	Ca/S 摩尔比		—	1.03	1.135，修正后 1.028	合格
7	吸收塔压力增加量		Pa	800	715，修正后 798	合格
8	石膏品质	自由水分	%	10.0	7.62	合格
		$CaSO_4 \cdot 2H_2O$ 含量	%	90.0	90.66	合格
		$CaCO_3$ 含量	%	3.0	7.16，修正后 2.0	合格

表 7-22　　SCR 主要性能保证值和试验结果

项目	单位	设计值	测试值		
负荷	MW	—	600	450	300
SCR 入口 NO_x 浓度	mg/m^3	350	266	269	300
脱硝效率	%	≥87	88.13	88.33	89.40
氨逃逸	μ/L	≤2.75	1.68	1.10	1.16
SO_2/SO_3 转化率	%	≤1.9	0.60	—	—
SCR 装置整体阻力	Pa	≤750	742	—	—
催化剂层阻力	Pa	≤300	247	—	—
氨耗量	kg/h	≤227	162.9	—	—
烟气温降	℃	—	4.1	—	—

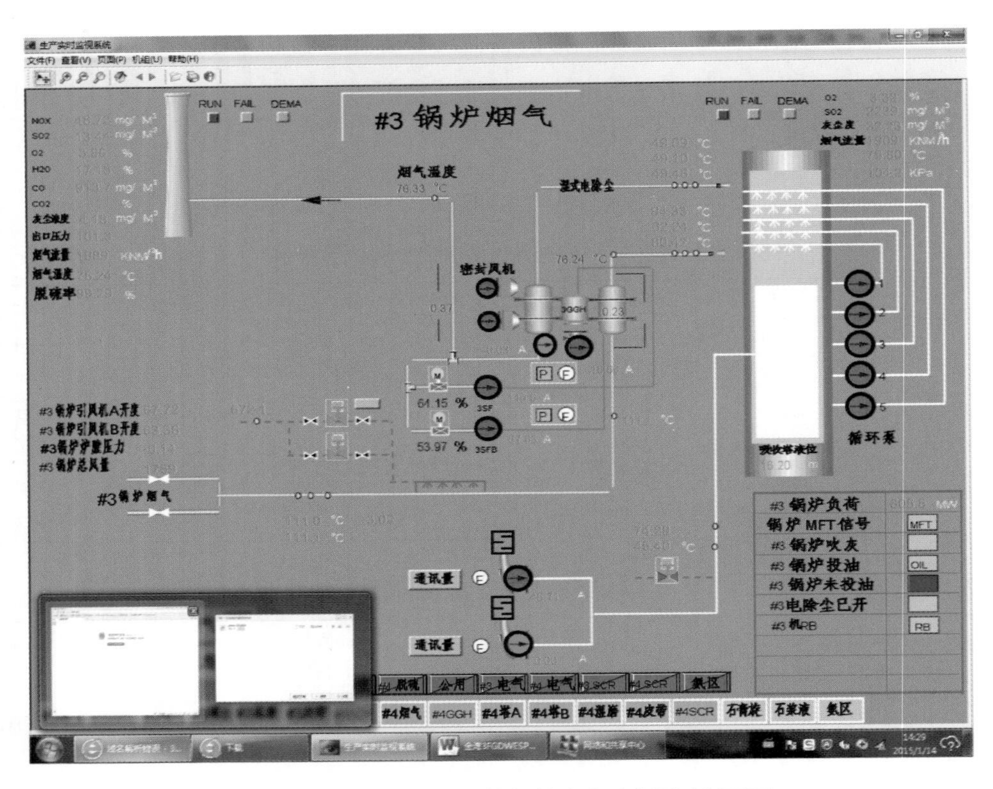

图 7-15　3 号机 FGD 系统超低改造后实际运行画面

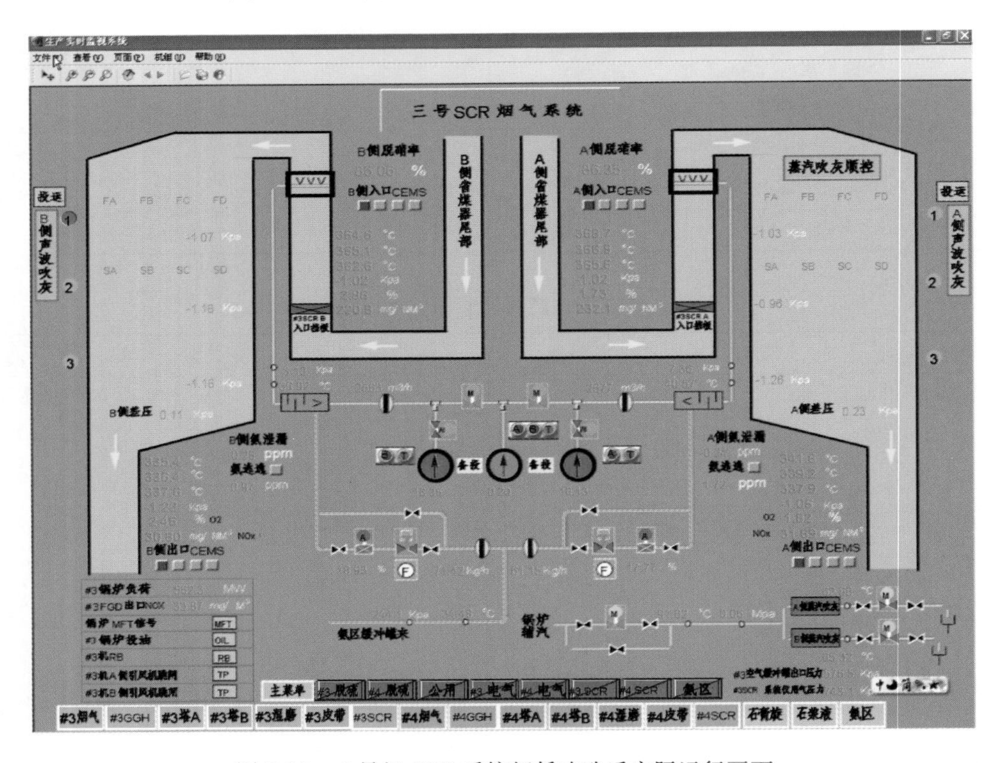

图 7-16　3 号机 SCR 系统超低改造后实际运行画面

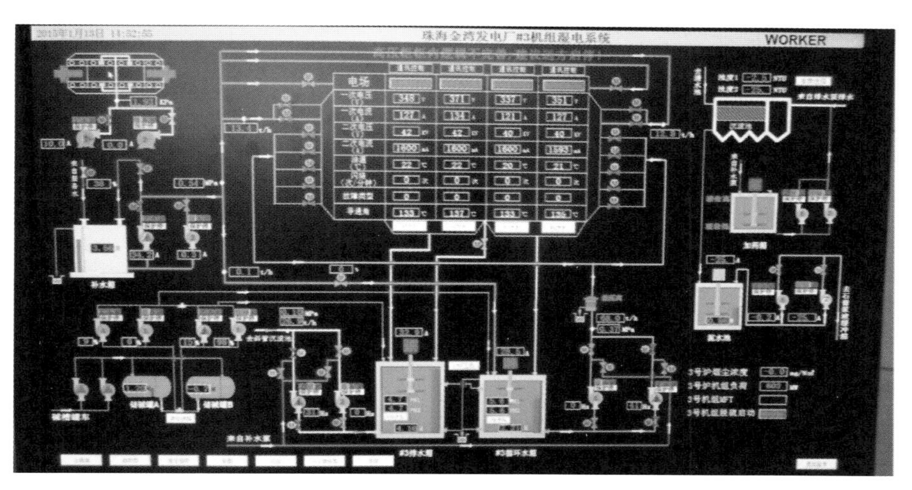

图 7-17 3 号机湿电系统超低改造后实际运行画面

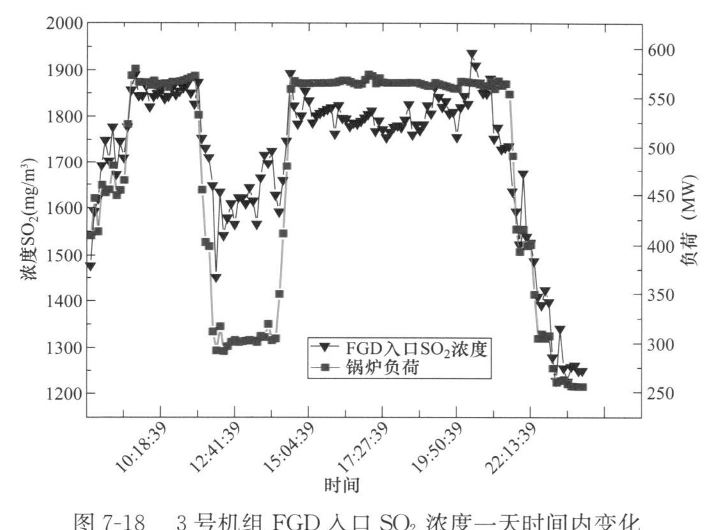

图 7-18 3 号机组 FGD 入口 SO_2 浓度一天时间内变化

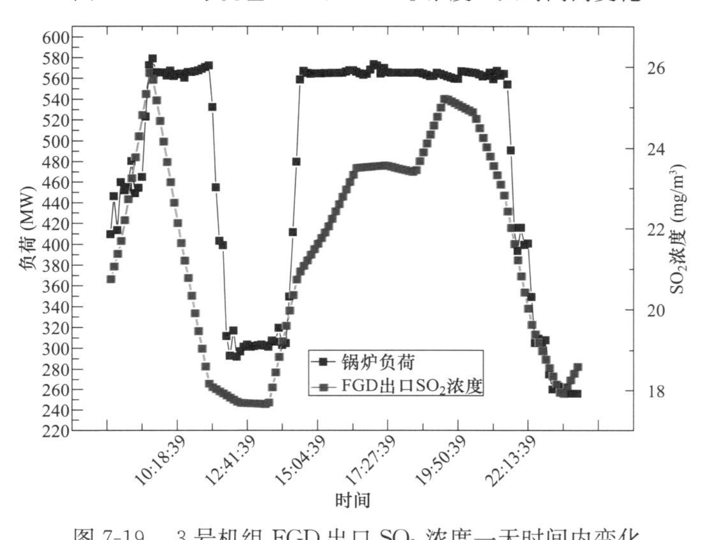

图 7-19 3 号机组 FGD 出口 SO_2 浓度一天时间内变化

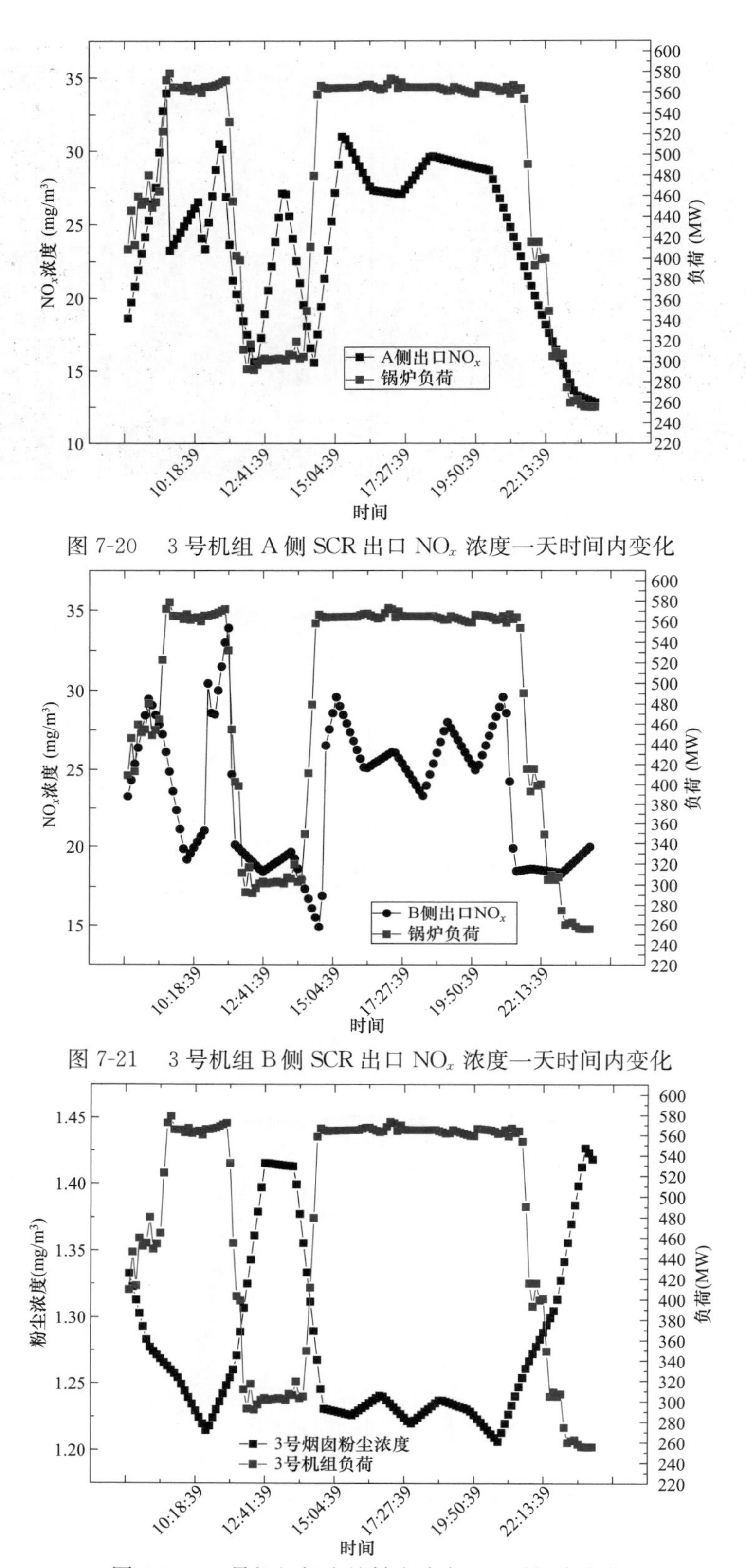

图 7-20　3 号机组 A 侧 SCR 出口 NO$_x$ 浓度一天时间内变化

图 7-21　3 号机组 B 侧 SCR 出口 NO$_x$ 浓度一天时间内变化

图 7-22　3 号机组烟尘处粉尘浓度一天时间内变化

第三节　1000MW 机组超低排放的工程实践

一、电厂概述

华润电力（海丰）有限公司 2×1050MW 机组锅炉型号为 HG-3100/28.25-YM4 型，由哈尔滨锅炉厂有限责任公司制造。锅炉为超超临界变压运行直流锅炉，采用 Π 型布置、单炉膛、一次中间再热、低 NO_x 主燃烧器和高位燃尽风分级燃烧技术、反向双切圆燃烧方式，炉膛为内螺纹管垂直上升膜式水冷壁，大气扩容式启动系统；调温方式除煤/水比外，还采用烟气分配挡板、燃烧器摆动、喷水等方式。锅炉采用平衡通风、露天布置、固态排渣、全钢构架、全悬吊结构。每台锅炉配备 6 台中速磨煤机冷一次风机正压直吹式制粉系统，燃用设计煤种时，5 台运行，1 台备用。另外，每台锅炉同步配备 SCR 脱硝系统及低温省煤器系统。表 7-23 所示为锅炉技术参数。

表 7-23　　锅炉技术参数

项目	单位	BMCR	BRL
过热蒸汽流量	t/h	3100	3007.9
过热蒸汽出口压力	MPa(g)	28.25	28.17
过热蒸汽出口温度	℃	605	605
再热蒸汽流量	t/h	2580.45	2502.27
再热器进口蒸汽压力	MPa(g)	6.199	6.004
再热器出口蒸汽压力	MPa(g)	6.009	5.820
再热器进口蒸汽温度	℃	370.9	365.4
再热器出口蒸汽温度	℃	603	603
省煤器进口给水温度	℃	299.3	297

二、该项目科研成果现场应用

华润海丰电厂在新建期间，应用了如下研究成果：

（1）采用煤粉炉 SO_2 超低排放技术路线中提出的“基于 FGD 系统入口不同 SO_2 浓度的 FGD 超低排放技术”，电厂实际技术路线为：采用单回路喷淋塔设计、1 炉 1 塔布置，无烟气旁路、无 GGH。

（2）采用煤粉炉 NO_x 超低排放技术路线中提出的“对脱硝系统保护逻辑进行优化，提高脱硝系统投运率；对 NO_x 生成端进行优化，减少锅炉侧 NO_x 生成；NO_x 脱除端进行优化，提高脱硝侧 NO_x 控制水平”。电厂实际技术路线为：脱硝空气预热器进行了防止硫酸氢铵堵塞的技术措施、脱硝流场及喷氨优化、脱硝催化剂单元加装，在脱硝系统进行了热工优化控制优化技术改造，完全采用了该科研项目研究成果。

（3）采用煤粉炉粉尘超低排放技术路线中提出的“粉尘浓度达到 $10mg/m^3$ 以下，可以采用 FGD 协同除尘技术，不用采用湿式电除尘技术；粉尘浓度达到 $5mg/m^3$ 以下，需要采用湿式电除尘技术”。电厂实际技术路线为：湿式电除尘器改造。

三、NO_x 超低排放

脱硝系统采用选择性催化还原（SCR）脱硝工艺，按照锅炉后部烟气通流方式，单炉体双 SCR 结构体布置，采用高灰型 SCR 布置方式，即 SCR 反应器布置在锅炉省煤器出口与空气预热器之间。脱硝系统设备处理 100%烟气量，脱硝效率按不小于 80%设计［入口烟气 NO_x（按 NO_2 计）含量为 $350mg/m^3$］。脱硝还原剂采用液氨法方案，两台锅炉脱硝的氨区公用系统集中布置。脱硝设备年利用小时按 7500h 考虑，运行小时按 8000h 考虑，装置服务寿命为 30 年，大修期为 6 年，SCR 反应器入口烟道灰斗与省煤器灰斗合并。省煤器出口脱硝烟道采用倾斜布置，倾斜角度不小于 30°，以避免积灰。

四、SO_2 超低排放

采用石灰石-石膏法脱硫，1 炉 1 塔。在设计煤种及校核煤种、锅炉最大工况（BMCR）、处理 100%烟气量条件下脱硫装置脱硫率保证值大于 90%。

五、烟尘超低排放

在电除尘器前布置有低温省煤器。低温省煤器型式为烟气-水换热器，安装在电除尘器入口烟道上。回收烟气的热量用来加热机组凝结水，减少机组抽汽，从而降低机组煤耗。湿法脱硫出口布置有湿式电除尘器。

六、超低排放工程效果

图 7-23～图 7-25 所示为超低排放下环保设施运行情况。从图中可以看出，华润海丰电厂在进行超低排放改造后，净烟气中 NO_x 排放浓度、SO_2 排放浓度和粉尘含量完全满足“超洁净”排放“50355”的要求。

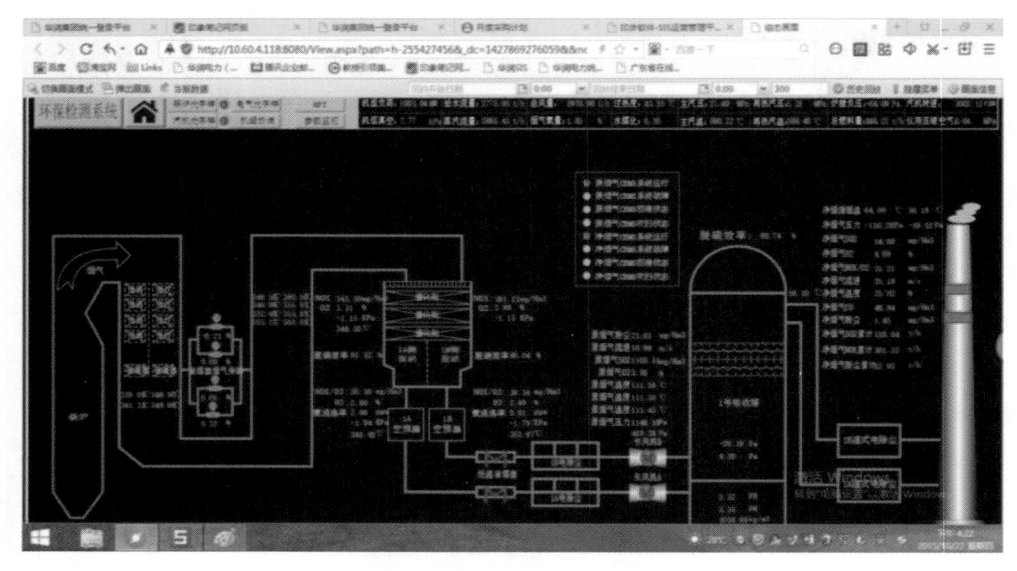

图 7-23　SCR 系统超低改造后实际运行画面

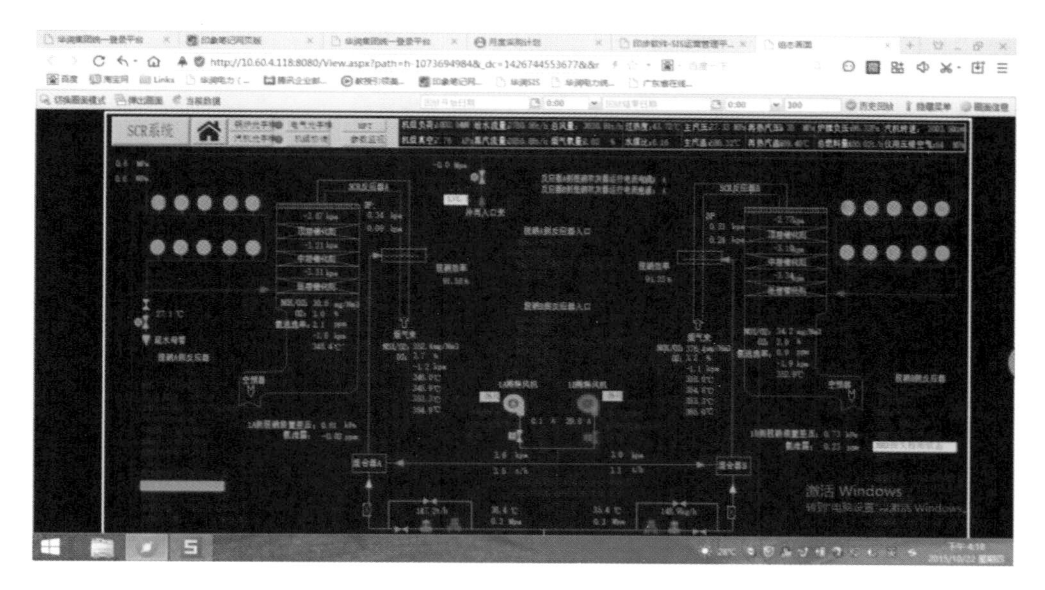

图 7-24　超低改造后脱硝系统运行画面

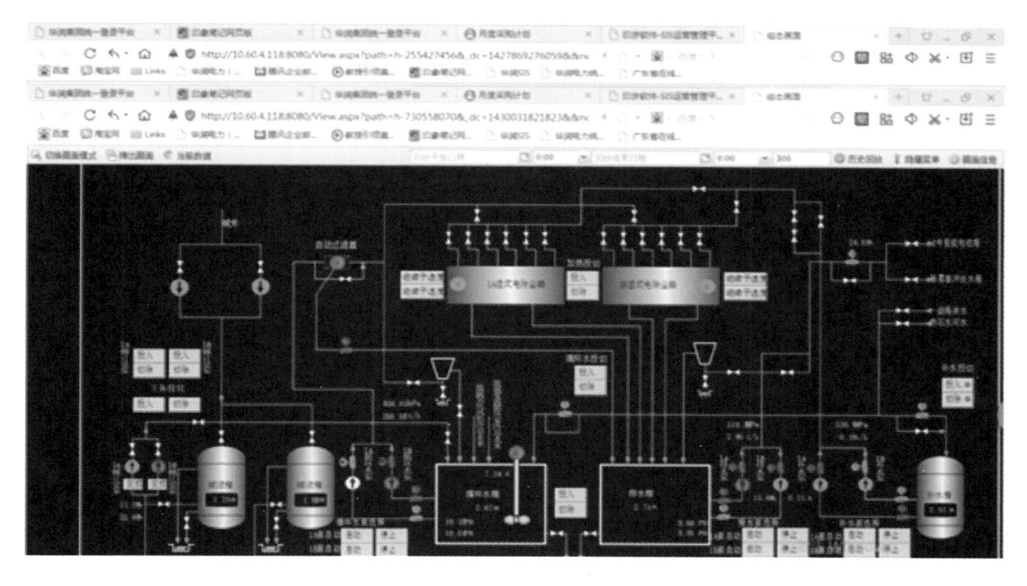

图 7-25　超低改造后湿式电除尘系统运行画面

参　考　文　献

[1] 王建峰，等. 300MW燃煤机组低低温除尘与电袋复合除尘技术经济性分析［J］. 中国电力，2015，48（8）：17-26.

[2] 史晓宏，等. 350MW燃煤机组降低烟尘排放技术的研究与实践［J］. 中国电力，2015，48（5）：93-96.

[3] 王运军，等. 600MW超临界发电机组污染物脱除及排放［J］. 中国电力，2013，46（12）：113-117.

[4] 邹磊，等. 1000MW超超临界锅炉低 NO_x 燃烧技术改造及性能优化试验［J］. 中国电力，2014，47（10）：92-97.

[5] 惠润堂，等. SCR法烟气脱硝后空气预热器堵塞及应对措施［J］. 中国电力，2014，47（10）：110-112.

[6] 杨泽伦. SCR烟气脱硝工程设计原则和关键设计技术［J］. 中国电力，2015，48（4）：27-31.

[7] 马双枕，等. SCR烟气脱硝过程硫酸氢胺的生成机理与控制［J］. 热力发电，2010，39（8）：12-17.

[8] 赵海宝，等. 低低温电除尘关键技术研究与应用［J］. 中国电力，2014，47（10）：117-121.

[9] 梁志宏. 基于我国新大气污染排放标准下的燃煤锅炉高效低 NO_x 协调优化系统研究及工程应用［J］. 中国电机工程学报，2014，34（增刊）：122-129.

[10] 杨青山，廖永进. 降低SCR脱硝装置最低投运负荷的策略研究［J］. 中国电力，2014，47（9）：153-155.

[11] 王奇伟. 某电厂烟气监测系统与脱硝自动控制改造［J］. 中国电力，2015，48（7）：120-123.

[12] 蒋宏利，丁海波，魏铜生. 切圆燃烧锅炉低负荷 NO_x 生成浓度偏高的原因及措施［J］. 中国电力，2014，47（12）：13-16.

[13] 王临清，朱法华，赵秀勇. 燃煤电厂超低排放的减排潜力及其 $PM_{2.5}$ 环境效益［J］. 中国电力，2014，47（11）：150-154.

[14] 黄军. 燃用神华煤2028t/h亚临界锅炉超低 NO_x 燃烧优化试验研究［J］. 中国电力，2014，47（12）：7-12.

[15] 周洪光，等. 燃用神华煤火电厂近零排放技术路线与工程应用［J］. 中国电力，2015，48（5）：89-96.

[16] 魏宏鸽，等. 湿法脱硫系统除尘效果分析与提效措施［J］. 中国电力，2015，48（8）：33-36.

[17] 谢尉扬. 提高SCR反应器入口烟气温度的技术方法［J］. 中国电力，2015，48（4）：36-39.

[18] 孙献斌，时正海，金森旺. 循环流化床锅炉超低排放技术研究［J］. 中国电力，2014，47（1）：142-145.

[19] 姜烨，等. 用于选择性催化还原烟气脱硝的 V_2O_5/TiO_2 催化剂钾中毒动力学研究［J］. 中国电机工程学报，2014，34（23）：3900-3906.

[20] 熊桂龙，等. 增强 $PM_{2.5}$ 脱除的新型电除尘技术的发展［J］. 中国电机工程学报，2015，35（9）：2218-2223.

[21] 李德波，等. 燃煤锅炉SCR烟气脱硝系统流场优化的数值模拟［J］. 动力工程学报，2015，35（6）：481-488.

[22] 李德波，等. 低氮改造后四角切圆燃煤粉锅炉变负荷下 NO_x 生成规律数值模拟研究 [J]. 热能动力工程，2015，30 (2)：253-261.

[23] 李德波，等. 700MW 机组 SCR 脱硝系统性能考核试验若干关键问题探讨 [J]. 广东电力，2015，28 (1)：1-6.

[24] 李德波，等. 660MW 四角切圆锅炉低氮改造后变磨煤机组合方式下燃烧特性数值模拟 [J]. 动力工程学报，2015，35 (2)：89-95.

[25] 李德波，廖永进，徐齐胜. 我国电站锅炉 SCR 脱硝系统服役过程中的运行规律 [J]. 动力工程学报，2014，34 (6)：477-481.

[26] 李德波，等. 我国 SCR 脱硝催化剂服役过程中运行规律的研究 [J]. 动力工程学报，2014，34 (10)：808-813.

[27] 李德波，等. 四角切圆燃煤锅炉变 SOFA 风量下燃烧特性数值模拟 [J]. 动力工程学报，2014，34 (12)：921-930.

[28] 邓均慈，李德波. 某电厂 SCR 脱硝催化剂严重磨损原因分析 [J]. 热能动力工程，2014，29 (5)：580-585.

[29] 李德波，等. 电站锅炉 SCR 脱硝系统现场运行优化 [J]. 广东电力，2014，27 (5)：16-19.

[30] 李德波，等. 大型火电机组 SCR 脱硝系统现场调试若干关键问题研究及应用 [J]. 广东电力，2014，27 (11)：21-26.

[31] 宋景慧，等. 不同燃尽风风量对炉内燃烧影响的数值模拟 [J]. 动力工程学报，2014，34 (3)：176-181.

[32] 李德波，等. SCR 脱硝系统导流板优化数值模拟 [J]. 广东电力，2014，27 (7)：1-5.

[33] 邓均慈，李德波，邓剑华. 300MW 四角切圆锅炉低氮改造关键技术研究与工程实践 [J]. 热能动力工程，2014，29 (6)：747-752.

[34] 李德波，等. 660MW 超超临界旋流对冲燃煤锅炉 NO_x 分布数值模拟 [J]. 动力工程学报，2015，33 (12)：913-919.

[35] 李德波，等. OPCC 型旋流燃烧器大面积烧损的关键原因及改造措施 [J]. 动力工程学报，2013，33 (6)：430-436.

[36] 李德波，等. 变风速下四角切圆锅炉燃烧特性的数值模拟 [J]. 动力工程学报，2013，33 (3)：172-177.

[37] 李德波，徐齐胜，岑可法. 大型电站锅炉数值模拟技术工程应用进展与展望 [J]. 广东电力，2013，26 (11)：54-63.

[38] 李德波，等. 改变燃尽风风量配比对 660MW 超超临界前后对冲煤粉锅炉炉内燃烧影响的数值模拟研究 [J]. 广东电力，2013，26 (6)：5-10.

[39] 李德波，等. 拉格朗日下颗粒相数值计算关键问题研究 [J]. 广东电力，2013，26 (10)：19-23.

[40] 李德波，沈跃良. 前后对冲旋流燃煤锅炉 CO 和 NO_x 分布规律的试验研究 [J]. 动力工程学报，2013，33 (7)：502-506.

[41] 李德波，狄万丰. 三合一引风机在 1045MW 火电机组中的应用 [J]. 发电设备，2013，27 (5)：311-315.

[42] 李德波，等. 运用燃烧数值模拟分析某台 660MW 超临界锅炉旋流燃烧器喷口烧损事故 [J]. 机械工程学报，2013，49 (16)：121-130.

[43] 李德波，张睿. 220t/h锅炉再燃改造的数值模拟 [J]. 热能动力工程，2012，27 (4)：459-463.

[44] 曾庭华. 循环流化床锅炉近零排放技术分析. 2014年CFB学术年会。

[45] Lei Guan，Zhongzhu Gu，Zhulin Yuan，et al. Numerical study on the penetration of ash particles in a three-dimensional randonmly packed granular filter [J]. Fuel，2016，122-128.

[46] Bao Jingjing，Yang Linjun，Yan Jinpei，et al. Experimental study of fine particles removal in the desulfurated scribbed flue gas [J]. Fuel，2013，73-79.

[47] Jingjing Bao，Linjun Yang，Shijuan Song，et al. Separation of fine particles from gases in wet flue gas desulfurization system using a cascade of double towers [J]. Energy and fules，2012，26，2090-2097.

[48] 郝雅洁，刘嘉宇，袁竹林，等. 除雾器内雾滴运动特性与除雾效率 [J]. 化工学报，2014，65 (12)：4670-4677.

[49] 赵汶，刘勇，鲍静静，等. 化学团聚促进燃煤细颗粒物脱除的试验研究 [J]. 中国电机工程学报，2013，33 (20)：53-58.

[50] 刘勇，赵汶，刘瑞，等. 化学团聚促进电除尘脱除 $PM_{2.5}$ 的试验研究 [J]. 化工学报，2014，65 (9)：3610-3616.

[51] Debo Li，Qisheng Xu，Yaming Liu，et al. Numerical simulation of particles deposition in a human upper airway，Advances in mechanical engineering，2014.

[52] Debo Li，Qisheng Xu，Yaming Liu，et al. Direct numerical simulation of a free particle-laden round jet with point-particles：Turbulence modulation，Advances in mechanical engineering，2014.

[53] Debo Li，Lili Fu，Qisheng Xu，et al. The fate of mercury during coal combustion：occurrence mode，transformation，existence form and emission [J]. Existence form and Emission，2015，accptted.

[54] Debo Li，Qisheng Xu，et al. Emission control of trace heavy metal elements in coal-fired power plants [J]. 2015 International Conference on architectural，Energy and Information Engineering，2015，accptted.

[55] Debo Li，Qisheng Xu et al. Investigation on enrichment behaviour of trace elements in coal-fired fine particulate matters [J]. 2015 International Conference on architectural，Energy and Information Engineering，2015，accptted.

[56] 刘嘉宇，郝雅洁，袁竹林，等. WFGD内脱硫浆液运动特性 [J]. 中南大学学报，2016，已录用.

[57] 刘亚明，束航，徐齐胜，等. SCR脱硝过程中 SO_2 催化氧化的原位红外研究 [J]. 燃料化学学报，2015，43 (8)：1019-1024.

[58] 刘亚明，潘丹萍，徐齐胜，等. 石灰石石膏法脱硫浆液结晶特性研究 [J]. 高校化学工程学报，2015，29 (4)：986-991.